Pythonエンジニア育成推進協会 監修

Python 3

Python 3 Skill-up Textbook

スキルアップ教科書

辻 真吾 Shingo Tsuji
小林 秀幸 Hideyuki Kobayashi
鈴木 庸氏 Youji Suzuki
細川 康博 Michihiro Hosokawa

技術評論社

■はじめにお読みください

●動作環境について

本書のプログラムは、以下の環境にて動作確認を行っております。

Python 3.5.7

●プログラムの著作権について

本書で紹介するプログラムの著作権は、すべて著者に帰属します。これらのデータは、本書の利用者に限り、個人・法人を問わず無料で使用できますが、転載や再配布などの二次利用は禁止いたします。

●本書記載の内容について

本書に記載された内容は、情報の提供のみを目的としています。したがって、本書を用いた運用は、必ずお客様自身の責任と判断によって行ってください。これらの情報の運用の結果について、技術評論社および著者はいかなる責任も負いません。

本書記載の内容は、第1刷発行時のものを掲載していますので、ご利用時には変更されている場合もあります。ソフトウェアはバージョンアップされることがあり、本書の説明とは機能や画面が異なってしまうこともあります。

以上の注意事項をご承諾いただいた上で、本書をご利用願います。これらの注意事項をお読みいただかずにお問い合わせいただいても、技術評論社および著者は対処できません。あらかじめ、ご承知おきください。

●Pythonは、Python Software Foundationの登録商標または商標です。
●Microsoft Windowsは、米国およびその他の国における米国Microsoft Corporation.の登録商標です。
●macOSは、米国およびその他の国における米国Apple Inc.の登録商標です。
●その他、本文中に記載されている製品の名称は、すべて関係各社の商標または登録商標です。
なお、本文中に™マーク、©マーク、®マークは明記しておりません。

一般社団法人 Python エンジニア育成推進協会　推薦文

　本書は、Python 3 エンジニア認定基礎試験の多くの範囲をカバーしています。また、ステップアップをしたいという方にお勧めの内容となっています。数値を扱う例が多く用いられており、データ分析や機械学習などの分野で Python を利用したい方に特にお勧めしたい 1 冊です。

　Python は様々な分野に応用ができ、マルチパラダイムなプログラミング言語です。さらに、一貫性を持ったコードが書きやすいという特徴もありますが、動けば良いというプログラミングができないわけではありません。Pythonic という Python らしさを正しく学び、正しさを自身で確認できるようになることが重要だと考えています。

　脱初心者を目指し、業務に使うためのノウハウが詰まった書籍となっていますので、スキルアップのお供として活用して頂ければと思います。

一般社団法人 Python エンジニア育成推進協会　顧問理事　**寺田 学**

Python 3 エンジニア認定基礎試験について

　近年、Python の普及は著しく、2019 年 5 月には求人数が 2 万件を超え、前年同月比 252％で伸びました。これは他の言語と比べて一番の伸びです（Indeed Japan 2019 年 5 月集計）。ニュースには人気言語ランキング 1 位や平均給与ランキング 1 位などの調査結果も見るようになりました。

　このような普及時期では教育の位置づけが重要です。そこで、一般社団法人 Python エンジニア育成推進協会は、Pythonic を理解した Python プログラマーの育成を推進するべく、Python 3 エンジニア認定試験を立ち上げました。それゆえに、出題内容も Pythonic であることが前提になっています。Pythonic とは、Python のフィロソフィーであり、プログラミングの作法になります。Python は Pythonic であるからこそ、保守性の高さや学びやすさなど Python のメリットが享受できると考えております。これから Python を学ぶ人には、Pythonic な Python の理解のチェックとして是非試験を活用してほしいです。このような取り組みが評価され、お陰様で、基礎試験は開始 2 年 1 か月で 5 千名という異例な受験者数を頂きました。2019年からはデータ分析試験も始まり、より受験者数が伸びると考えています。基礎試験に興味がある方は簡単に試験の紹介をいたしますので、是非ご覧ください。

Python 3 エンジニア認定基礎試験

概要	：文法基礎を問う試験
受験日	：通年
試験センター	：全国のオデッセイコミュニケーションズ CBT テストセンター
受験料金	：1 万円（税別）　学割 5 千円（税別）
問題数	：40 問（すべて選択問題）
試験時間	：60 分
合格ライン	：正答率 70％
出題範囲などの詳細	：https://www.pythonic-exam.com/exam/basic

本書は、一般社団法人 Python エンジニア育成推進協会が監修した Python 3 エンジニア認定基礎試験の参考書籍です。Python 3 エンジニア認定基礎試験の学習をされる際の補助教材として、活用いただけることを期待しています。

最後にこれから Python を始める方に個人的なアドバイスを述べます。Python はコミュニティが活発な言語です。本書の執筆者の方々が運営に参加されている Start Python Club（みんなの Python 勉強会）や、全世界、全国で開催されている PyCon は特に活発なコミュニティだと考えています。書籍で独学をされる際に、是非コミュニティにも顔を出してみてください。同じように勉強をはじめたばかりの人や同じような仕事をしている人、Python 学習や趣味のことで共感できる仲間に出会えるかもしれません。仲間と意見交換したり、勉強したり、オフ会に参加してみたりと、Python やってよかったなって思えるような出来事があるかもしれません。Python にはそんな楽しみ方もあります。

一般社団法人 Python エンジニア育成推進協会　代表理事　**吉 政　忠 志**

Start Python Club：https://startpython.connpass.com/
PyCon JP：https://www.pycon.jp/

まえがき

この本は次のような方へ向けて書かれた、Python プログラミングのスキルを向上するための本です。

・Python の基本文法は理解したが、思うようにプログラムが書けない
・Python 以外のプログラミング言語の知識があり、Python についても知っておきたい

if 文や for 文など、プログラミング言語に共通する基本的な概念についてはあまりページを割いていません。一方で、ジェネレータや関数デコレータなど、少し発展的な内容を含むようにしました。これ 1 冊で Python プログラミングに関する事柄はほとんど網羅できるはずです。

本書の特徴は、次の 3 点です。

1. 各節がほぼ独立した内容になっている
2. 各節に練習問題がある
3. Python チュートリアルに準拠している

1 つ目の特徴によって、本書は先頭から読んでいっても、好きなところから読み始めてよい構成になっています。手近なところに置いておき、知識が曖昧だと思う項目を、その都度読むというのもよいかもしれません。

2 つ目の特徴は本書の目玉です。どんな技術も習得するには練習が必要です。プログラミングも例外ではありません。見ている（読んでいる）だけでは上達しないので、実際に書くことが重要です。しかし、ただ書けといわれても困ります。何か題材があるとよいでしょう。本書の練習問題は、その多くがコードを書いて回答するものです。ヒントを参考にぜひコードを書いてみてください。また、答え合わせをして終わりにするのではなく、自分でプログラムの拡張を考え、改変してみるとよいでしょう。練習問題をプログラムを書くきっかけとして利用するというわけです。

3つ目のPythonチュートリアルは、Pythonの生みの親であるオランダ人プログラマー、グイド・ヴァンロッサム（Guido van Rossum）氏によって書かれた文章です。オライリー社から書籍の発売もありますが、Web上で原著と有志による日本語訳を読むことができます。この内容に準拠することによって、言語仕様を網羅するように務めています。

　Pythonは読みやすく書きやすいという特徴をもち、世界中でその利用が急速に拡大している言語です。Web開発やデータ分析の分野で幅広く利用されると同時に、コンピュータを使ったちょっとした作業を自動化するのが得意な言語でもあります。つまり、Pythonのスキルを磨くと、仕事が早く終わるかもしれません。本書がその一助になれば幸いです。

　最後に、本書の出版に尽力いただいたすべての方々に感謝します。株式会社リーディング・エッジ社の岸 慶騎さん、技術評論社の青木 宏治さん、そして優秀なレビュアーのみなさんには大変お世話になりました。ここに心からの感謝の気持ちを記しておきます。

2019年9月　まだ残暑の厳しい東京にて

著者代表　**辻　真吾**

■目次

本書の使い方 12

第1章

Python の基本

1.1	Python とその特徴	14
1.2	コードの実行方法	16
1.3	外部パッケージ	19
1.4	仮想環境	25

第2章

プログラミング入門

2.1	整数を使った計算	30
2.2	変数の使い方	35
2.3	小数	40
2.4	組み込み関数	44
2.5	文字列	52
2.6	文字列とメソッド	58
2.7	リスト	63
2.8	リストと添え字	69
2.9	演算子と真偽値	75
2.10	関数の引数	81
2.11	複数同時代入	87
2.12	モジュールの利用	93
2.13	import のいろいろな書き方	97

目次 ■

第**3**章

制御構文

3.1	if 文の基礎	104
3.2	if 文の応用	109
3.3	for 文の基礎	115
3.4	for 文の応用	119
3.5	while 文の基礎	125
3.6	while を使ったプログラミング	131
3.7	ファイルの操作	135
3.8	バイナリファイルの扱い	139

第**4**章

関数

4.1	関数の書き方	144
4.2	キーワード引数	150
4.3	引数リスト	157
4.4	関数とスコープ	162
4.5	関数はオブジェクト	169
4.6	ラムダ式	177
4.7	関数の中の関数	186
4.8	デコレータ	192
4.9	コーディングスタイル	199

009

■目次

第5章

データ構造

5.1	リストのメソッド	206
5.2	リスト内包表記	217
5.3	del を使った削除	224
5.4	タプル	229
5.5	集合（set）	235
5.6	集合を使った演算	242
5.7	辞書（dict）	250
5.8	辞書を使ったプログラミング	257
5.9	ループのテクニック	264
5.10	比較	272

第6章

クラス

6.1	クラスの基本	280
6.2	クラス変数とインスタンス変数	286
6.3	継承	296
6.4	反復子とジェネレータ	306
6.5	モジュールファイルを作る	318
6.6	スコープと名前空間	326

目次 ■

第7章

エラーと例外の処理

7.1	エラーと例外の基本	334
7.2	例外の種類と対応方法	342
7.3	ユーザ定義例外	349
7.4	クリーンアップ	353

第8章

標準ライブラリ

8.1	os	360
8.2	pathlib	368
8.3	collections	373
8.4	re	379
8.5	math／statistics	385
8.6	datetime	393
8.7	json	398
8.8	sqlite3	403
8.9	decimal	409
8.10	logging	417

Appendix

A.1	コンピュータの基本	426
A.2	Python のセットアップ	429
A.3	用語集	433
A.4	さらに学んでいくために	437

索引 441

本書の使い方

本書は、プログラム言語 Python を本格的に学習したい方に向けた教科書として執筆されています。Python の公式ドキュメントである『Python チュートリアル』の内容を、コードを動かしながら体系的に学ぶことができます。

●本書の構成

本書の各節は、解説パートと問題パートに分かれています。解説パートで文法を学んでから、問題パートで練習問題を解くことで、文法への理解を深めてください。

解説パート

解説パートでは、インタラクティブシェルや Jupyter Notebook などで実際にコードを動かしながら、Python の文法やプログラミングのコツを学ぶことができます。また、コードの後には出力結果を掲載しているので、Python の動作環境がなくても読み進めることができます。

問題パート

各節末には、プログラミングの理解を深めるための練習問題を用意しています。まずは問題文とヒントを参考に、答えを考えてください。その後、問題の解答や解説、コラムを読むことで、より深い文法知識や実践的なコーディングのテクニックを得ることができます。

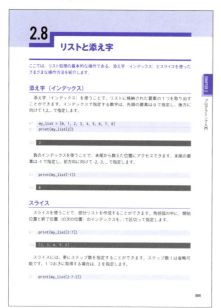

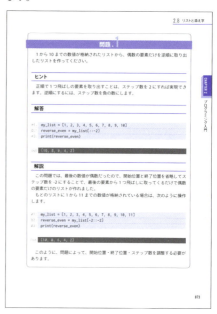

CHAPTER

1

Python の基本

1.1	Python とその特徴	14
1.2	コードの実行方法	16
1.3	外部パッケージ	19
1.4	仮想環境	25

1.1

Python とその特徴

プログラミング言語 Python とは、どのようなものなのでしょうか。ここでは、その特徴や
よく使われている分野などをまとめることで、人気の秘密に迫ります。

Python とは?

　世界にはたくさんのプログラミング言語があります。プログラミング言語は、大きく
分けると 2 種類あり、プログラムを書いた後、実行するためにコンパイルという作業
が必要なものと、そうでないものに分けられます。コンパイルを必要としない言語は
インタープリタ言語と呼ばれ、Python はこれに属します。他に、Ruby や Perl などが、
よく使われるインタープリタ言語です。

　Python はオープンソースで開発されており、誰でも自由に利用することができます。
また、非営利団体の Python Software Foundation によって、知的財産の管理などが
行われています。もともとこのプロジェクトは、1989 年の年末にオランダ人プログラ
マーである Guido van Rossum（グイド・ヴァンロッサム）氏によって始められました。
2018 年までは、彼が言語の機能追加などについて最高の決定権をもつ地位にありまし
たが、現在は開発の方向性を 5 人の委員の合議によって決定するようになりました。

Python の特徴

　Python は、教育用に開発された ABC という言語の影響を受けており、誰が書いても
読みやすいコードになるように工夫されています。

　これを実現するための大きな特徴の 1 つは、if 文や for 文などのブロックにおいて、
インデントを強制する点です。C や Java などのプログラミング言語では、ブロックを
波括弧で囲むことで表現するため、コードの先頭を揃えるインデントは強制ではありま
せん。ただ、ブロックの深さに応じてインデントを揃えた方が、コードが読みやすくな
ることは明白です。Python は、そうした配慮を言語仕様の中に取り込んでいるのです。

　Python インタープリタで、import this という文を実行すると、「The Zen of
Python」という Python プログラミングにおいて心がけるべき思想が表示されます。
いくつかの英文が表示されますが、次の 1 文は Python の思想を端的に表現した例とい
えそうです。

There should be one-- and preferably only one --obvious way to do it.

　何かをするときには、はっきりとしたやり方、できればたった 1 つのやり方がある
ことが望ましいという意味です。これに対して、いくつかの方法があって、プログラマー
が好きなものを選べばよいという設計思想もあります。Ruby や Perl はこうした発想で

作られています。これは考え方の問題なので、どちらがよいということはいえませんが、Python の考え方が一定の支持を得ていることは確かでしょう。

また、Python には、始めから多くの標準ライブラリが付属しています。日付データの処理、JSON ／ CSV ／ XML データの処理、SQL 型のデータベース、HTTP サーバ、数学計算など、プログラミングが楽になる道具が揃っています。これに加えて、優秀な外部パッケージが数多く開発されています。これらは pip コマンドを使って簡単にインストールできます。この点についてはこの章の 3 節で詳しく解説します。

現在、標準的に利用されている Python は、C 言語で実装されています※。Python はコンパイルを必要としないインタープリタ言語なので、C 言語のようにコンパイルしてから実行するプログラミング言語と比較すると、実行時間が余計にかかります。一方で Python は、C や FORTRAN など別のプログラミング言語で書かれたライブラリと容易に連携することができます。広く使われている外部パッケージの 1 つに、数値計算に特化した NumPy がありますが、実は NumPy の裏側では、C や FORTRAN で書かれたライブラリが Python から呼び出されて動作します。このような方法によって、Python の実行速度の問題をある程度解決できます。

> ※注　厳密にいうと Python は言語仕様なので、どの言語で実装するかは別の問題です。Java や .NET　Framework で実装された Python も存在します。

Python が得意とする領域

多くの UNIX 系 OS に始めから Python が同梱されていることからもわかるように、Python はちょっとした作業をスクリプトで自動化するのには打ってつけの言語です。本格的なプログラマーにならないまでも、Python を使ってテキストファイルや画像ファイルの処理が自動化できれば、仕事の効率が向上するはずです。

また、Python は Web アプリケーション開発に幅広く使われています。Zope（ゾープ）や Plone（プローン）、また Django（ジャンゴ）や Tornado（トルネード）といった、Python 製の秀逸な Web アプリケーションフレームワークが数多くあります。たとえば Zope は 2001 年ごろから使われており、Web 開発において Python はかなり古くから存在感があったといえそうです。

最近では、Python がデータ解析や Deep Learning を含む機械学習の分野で広く使われるようになっています。データ解析の実際の作業では、前処理と呼ばれる作業が全体の大部分を占めます。たとえば、CSV 形式のデータを読み込んで、欠損値や異常値を取り除いた後、機械学習の入力用にデータを整形するというような作業です。Python には沢山の標準モジュールや外部パッケージがありますので、こうした一連の作業が効率的に行えます。また、Deep Learning のライブラリの多くが Python のインターフェースをもっているので、前処理からモデルの構築までを一気通貫で処理できます。

1.2

コードの実行方法

Pythonのコードの実行方法として、標準的な対話モードを使った方法、ファイルにまとめる方法、Jupyter Notebookを利用する方法の3つを紹介します。本書では、Jupyter Notebookを主な実行環境として利用しますので、これに関しては少し詳しく操作方法を説明します。

対話モードを使う方法

Pythonはインタープリタ言語なので、コードを1行ずつ実行することが可能です。もっとも手軽な方法は、Pythonインタラクティブシェルを起動して対話モードに入ることです。CUIのシェルから、python3（Windowsなど環境によってはpythonまたはpy）とコマンド入力して実行すると、対話モードに入ります。また、標準Pythonに付属するIDLE（Integrated DeveLopment Environment for Python、Python統合開発環境）を起動しても、対話モードに入れます。対話モードでは、シェルの先頭行が >>> になります。

対話モードは、電卓代わりに利用するなど、ちょっとしたコードの実行には便利です。ただ、if文やfor文など複数行にわたるコードを書く場合、OSのCUIシェルからコマンドで起動した対話モードでは、確定した前の行に戻ることができず少し不便です。IDLEではこれが解消されていて、複数行にわたるコードも柔軟に編集できます。

ファイルにまとめる方法

コードを1つのファイルにまとめると、pythonコマンドの引数として実行できるだけでなく、import文でモジュールとして読み込むことができるようになるので便利です。テキストエディタなどでテキストファイルを作り、Pythonのコードをまとめて記述します。拡張子は .py とします。

例として作成した、test.py というファイルを以下に示します。

```
01:  #!/usr/bin/env python
02:
03:  def print_upto(num):
04:      '''引数numまで数える'''
05:      for i in range(num):
06:          print(i)
07:
08:  if __name__ == '__main__':
09:      import sys
10:      print_upto(int(sys.argv[1]))
```

1.2 コードの実行方法

このファイルを、CUI のシェルから次のように実行すると、0 から 9 までの数字が画面に表示されます。

```
python test.py 10
```

Python コードのファイルは、対話モードや次に説明する Jupyter Notebook 環境では、次のように import 文でモジュールとして読み込むことができます。

```
01: import test
02:
03: test.print_upto(10)
```

test.py の 1 行目は、シェバン行といわれるものです。この行は、macOS や Linux で test.py に実行権限をつけて、test.py 自体をコマンドとして実行したい場合に必要なものです。したがって、上の例のように python コマンドの引数として test.py を実行する場合には、この行はなくても構いません。

8 行目の if 文は、このファイルがスクリプトファイルとして実行された場合に True となり、ブロック内の処理が実行されます。なお、モジュールファイルとして読み込まれた場合は、__name__ の値は test になります。

Jupyter Notebook を使う方法

Jupyter Notebook を使うと、Web ブラウザを通じて Python のコードを実行できます。Jupyter Notebook は、Project Jupyter によって開発が進められています。IPython Notebook と呼ばれていた時期もありましたが、Python 以外の言語も実行できるようになったため、Jupyter Notebook となりました。この名残は拡張子に残っていて、Jupyter Notebook で作ったファイルの拡張子は、.ipynb となります。

Jupyter Notebook を起動して Web ブラウザに表示される画面には、カレントディレクトリのフォルダやファイルの一覧があります。画面右上の New ▼ をクリックし、Python3 を選択します。新しいタブが作られ、図のような画面が表示されます。

図：ノートブックの初期状態

　「Untitled」と書かれているところは、このノートブックの名前です。ここをクリックすることで、名前の変更が可能です。好きな名前に変更すると .ipynb という拡張子が付与され、ノートブック自体がまとめて 1 つのファイルになります。
　In [ ]: から始まる部分は、セルと呼ばれます。緑色になっている場合は編集モード、水色になっている場合はコマンドモードです。編集モードからコマンドモードへは Esc キーで、その逆は Enter キーでモードを変更できます。
　編集モードになっているセルにコードを入力します。Enter キーだけを押すと、セルの中で改行され、複数行の入力が可能です。
　コードを実行したい場合は Ctrl + Enter キーを押します。コードが実行され、出力がある場合は、直下に Out [1]: から始まるリストが表示されます。ツールバーの＋ボタンをクリックすると、新しいセルが追加されます。コードの実行と同時に新しいセルを追加したい場合は、Shift + Enter キーを押します。
　ツールバーの一番左は保存ボタンです。ただ、Jupyter Notebook は定期的に自動保存されるため、それほど意識して保存しなくても大丈夫です。セルはクリックでハイライトできますが、順に移動したい場合は、ツールバーの上下矢印ボタンを使います。時間がかかりすぎるコードを実行してしまったり、誤って無限ループを作ってしまった場合は、ツールバーの■ボタンを押します。これによってセルに Ctrl + C キーに相当する中断シグナルを送ることができます。プルダウンで Code となっているところは、セルの入力形式を選ぶものです。Code は Python のコードを示すので普段はこのまま使いますが、Markdown なども選択できます。Markdown 記法を使うと、見出しや強調などの書式がついたテキストを簡単な文法で書くことができます。この記法を使ってコメントなどを残しておくと、後で便利です。
　Jupyter Notebook を終了するには、まず開いているノートブックのタブを閉じます。この状態ではまだメモリ上にコードと実行結果が残っているので、もう一度ノートブックを開けば作業の続きができます。また、File メニューから Close and Halt をクリックすると、実行中のノートブック自体（これをカーネルといいます）が閉じるため、メモリ上の内容が消去されてタブが閉じます。jupyter notebook コマンドを実行したシェルに移動し、Ctrl + C キーを押すと、Jupyter Notebook が終了の確認メッセージを送ってきます。y を入力するとプロセスが終了します。

1.3

外部パッケージ

Python には、小さなものまで含めると 10 万種類以上の外部パッケージがあり、その数は今も増え続けています。Web アプリケーションの開発や機械学習を使ったデータ解析などは、こうした外部パッケージなしには実行することはできません。ここでは、pip と conda を使った外部パッケージの管理方法について紹介します。

pip を使った管理

　標準の Python に付属する pip コマンド※を使うと、パッケージのインストールやアップグレード、削除などを行うことができます。pip は、新たなパッケージのインストールなどでファイルのダウンロード処理が必要になると、The Python Package Index（pypi.org）に接続してファイルを取得します。

> ※注　環境によっては pip3 コマンドを利用します。一般的には、Linux や macOS では pip3 とし、Windows 環境では pip コマンドを使います。

　pip または pip3 は、OS のシェルから実行します。引数なしで実行すると、簡単なヘルプを参照できます。

```
$ pip

Usage:
  pip <command> [options]

Commands:
  install       Install packages.
  download      Download packages.
  uninstall     Uninstall packages.
  freeze        Output installed packages inrequirementsformat.
  list          List installed packages.
  show          Show information about installed packages.
  check         Verify installed packages have compatible dependencies.
  config        Manage local and global configuration.
  search        Search PyPI for packages.
  wheel         Build wheels from your requirements.
  hash          Compute hashes of package archives.
  completion    A helper command used for command completion.
  help          Show help for commands.

（省略）
```

CHAPTER 1

Python の基本

1 Pythonの基本

現在インストールされているパッケージの一覧は、freeze オプションで確認できます。

```
$ pip freeze
alabaster==0.7.12
anaconda-client==1.7.2
anaconda-navigator==1.9.6
anaconda-project==0.8.2
appdirs==1.4.3
appnope==0.1.0

(中略)

xlwings==0.13.0
xlwt==1.2.0
xmltodict==0.11.0
zict==0.1.3
zope.interface==4.6.0
```

　この出力をファイルに保存しておくと、後から環境の再構築が簡単にできます。ファイル名は何でも構いませんが、freeze が出力する形式は requirements 形式と呼ばれているため、requirements.txt というファイル名が好まれています。

◆バージョンも含めた一覧の作成

```
$ pip freeze > requirements.txt
```

◆環境の再構築

```
$ pip install -r requirements.txt
```

　なお、pip list コマンドを使ってもインストール済みのパッケージ一覧を取得できますが、requirements 形式になっていないため、環境の構築には利用できません。

個別のパッケージの管理

　install オプションの後にパッケージ名を指定します。以下の例でインストールしている bottle は、1つのファイルだけからなる軽量な Web アプリケーションフレームワークです。

1.3 外部パッケージ

```
$ pip install bottle
Collecting bottle
  Using cached https://files.pythonhosted.org/packages/47/f1/666d2522c8eda2
6488315d7ee8882d848710b23d408ed4ced35d750d6e20/bottle-0.12.16-py3-none-any.
whl
Installing collected packages: bottle
Successfully installed bottle-0.12.16
```

　インストールするパッケージが別のパッケージに依存する場合は、依存関係も含めいくつかのパッケージが同時にインストールされます。
　パッケージの削除は、uninstall です。

```
$ pip uninstall bottle
Uninstalling bottle-0.12.16:
  Would remove:
    /Library/Frameworks/Python.framework/Versions/3.7/bin/bottle.py
    /Library/Frameworks/Python.framework/Versions/3.7/lib/python3.7/site-
packages/bottle-0.12.16.dist-info/*
    /Library/Frameworks/Python.framework/Versions/3.7/lib/python3.7/site-
packages/bottle.py
Proceed (y/n)? y
  Successfully uninstalled bottle-0.12.16
```

　パッケージのバージョンを指定したインストールも可能です。このとき、バージョンは = ではなく == で指定するので、注意してください。

```
$ pip install bottle==0.12.16
Collecting bottle==0.12.16
  Using cached https://files.pythonhosted.org/packages/47/f1/666d2522c8eda2
6488315d7ee8882d848710b23d408ed4ced35d750d6e20/bottle-0.12.16-py3-none-any.
whl
Installing collected packages: bottle
Successfully installed bottle-0.12.16
```

　該当するバージョンがない場合には、エラーになります。
　すでにインストールされているパッケージをアップグレードすることもできます。--upgrade か -U を、install に続けて書きます。

```
$ pip install -U bottle
Requirement already up-to-date: bottle in /Library/Frameworks/Python.
framework/Versions/3.7/lib/python3.7/site-packages (0.12.16)
```

CHAPTER 1

Python の基本

最新版になっている場合は、その旨が出力されます。

パッケージ名を手がかりに、PyPI の中を検索することもできます。

```
$ pip search bottle
bottle-tornadosocket (0.13)          - WebSockets for bottle
bottle-websocket (0.2.9)             - WebSockets for bottle
bottle-agamemnon (0.1.0)             - Agamemnon integration for bottle
bottle-couchbase (0.2.0)             - Couchbase integration for Bottle.
bottle-memcache (0.2.1)              - Memcache integration for Bottle.
bottle-i18n (0.1.5)                  - I18N integration for Bottle.

(省略)
```

この検索は、Python Package Index の Web サイトからもできます。

conda を使った管理

conda は、Anaconda に付属するパッケージ管理ツールです。後の節でも説明しますが、パッケージ管理だけではなく、仮想環境の構築にも利用できます。ここでは、conda を使ったパッケージ管理についてまとめておきます。

conda は Python Package Index ではなく、Anaconda 社独自のレポジトリへパッケージを探しにいきます。したがって、同じパッケージでも最新版のバージョンが pip と異なる場合があります。一般的には、pip でインストールしたほうがより新しいものが取得されます。

conda list を使うと、インストールされているパッケージの一覧が取得できます。

```
$ conda list
# packages in environment at /Users/tsuji/anaconda3:
#
# Name                    Version                   Build  Channel
_license                  1.1                      py36_1
alabaster                 0.7.12                   py36_0
anaconda                  custom             py36ha4fed55_0
anaconda-client           1.7.2                    py36_0
anaconda-navigator        1.9.6                    py36_0
anaconda-project          0.8.2                    py36_0
appdirs                   1.4.3            py36h28b3542_0
appnope                   0.1.0            py36hf537a9a_0
appscript                 1.0.1            py36h1de35cc_1
argparse                  1.4.0                    pypi_0    pypi
arrow                     0.12.1                   pypi_0    pypi
```

1.3 外部パッケージ

　condaでは、環境の再構築は仮想環境ごとに行うようになっているため、この一覧を使ってパッケージの再インストールをする仕組みはありません。

　condaコマンドを引数なしで実行すると、簡単なヘルプが表示されます。

```
$ conda
usage: conda [-h] [-V] command ...

conda is a tool for managing and deploying applications, environments and
packages.

Options:

positional arguments:
  command
    clean        Remove unused packages and caches.
    config       Modify configuration values in .condarc. This is modeled
                 after the git config command. Writes to the user .condarc
                 file (/Users/tsuji/.condarc) by default.
    create       Create a new conda environment from a list of specified
                 packages.
    help         Displays a list of available conda commands and their help
                 strings.
    info         Display information about current conda install.
    init         Initialize conda for shell interaction. [Experimental]
    install      Installs a list of packages into a specified conda
                 environment.
    list         List linked packages in a conda environment.
    package      Low-level conda package utility. (EXPERIMENTAL)
    remove       Remove a list of packages from a specified conda environment.
    uninstall    Alias for conda remove.
    run          Run an executable in a conda environment. [Experimental]
    search       Search for packages and display associated information. The
                 input is a MatchSpec, a query language for conda packages.
                 See examples below.
    update       Updates conda packages to the latest compatible version.
    upgrade      Alias for conda update.

optional arguments:
  -h, --help     Show this help message and exit.
  -V, --version  Show the conda version number and exit.

conda commands available from other packages:
  env
  server
```

CHAPTER 1

Pythonの基本

023

1 Python の基本

　パッケージのインストールには、install を使います。

```
conda install パッケージ名
```

　パッケージを削除するには、remove または uninstall を使います。また、最新のバージョンへアップグレードするには、install の代わりに update または upgrade を指定します。conda update --all とすると、インストールされているパッケージを一括でアップグレードできます。

1.4 仮想環境

Pythonにはたくさんの外部パッケージがありますが、同じパッケージでも違うバージョンを別途インストールしたり、環境を目的ごとに分けたりしたいと思うことがあります。このようなときに役立つのが仮想環境です。

仮想環境とは？

Pythonにおける仮想環境とは、1つのPythonの中に仮想的な環境を作り、それぞれに別の外部パッケージをインストールできる仕組みです。仮想環境は必須ではありません。作らなくても外部パッケージをインストールすることは可能です。しかしその場合、同じパッケージの違うバージョンをインストールすることはできません。これを可能にするのが仮想環境です。

図：Pythonとその仮想環境の関係

図は仮想環境の概念図です。たとえば、主にWeb開発に使うweb、データ解析に使うdata、新しいパッケージをテストするtestなど、環境ごとに名前をつけて、自由に仮想環境を作ることができます。

仮想環境は、標準のPythonに付属するvenvや、Anacondaに付属するcondaを使って作ることができます。それぞれ使い方が少し違うので、簡単にまとめておきましょう。

venvの利用

venvはPythonに標準で付属するので、すぐに利用することができます。ホームディレクトリへ移動し、testという名前の仮想環境を作ってみます。

```
$ python3 -m venv test
```

-mは、モジュール名venvのファイルを、スクリプトファイルとして実行することを意味するオプションです。これでtestという名前の仮想環境ができました。このコマンドをホームディレクトリで実行した場合、その直下にtestというディレクトリが

1 Python の基本

できています。

　仮想環境へ入るには、次のコマンドを実行します。利用しているシェルによって少し違うので、詳しくは venv のドキュメント（https://docs.python.org/ja/3/library/venv.html）を参照してください。また、Windows の場合、PowerShell を使うとスクリプトファイルの実行ができない場合があります。これは、Windows のセキュリティの問題です。本書では、Windows ではコマンドプロンプトを使った例を紹介します。

◆Windows（コマンドプロンプト）の場合

```
C:¥>test¥Scripts¥activate.bat
```

◆macOS の場合

```
$ source test/bin/activate
```

　仮想環境に入ると、プロンプトが以下のようになります。

```
(test) $
```

　プロンプトに表示された (test) $ の括弧内は仮想環境の名前です。この状態で pip を使ってインストールしたパッケージは、この仮想環境の中だけで有効になります。
　仮想環境を抜けるには、次のコマンドを実行します。

```
(test) $ deactivate
```

　プロンプトの (test) がなくなり、もとの環境に戻ったことがわかります。

conda の利用

　conda は、パッケージのインストールだけではなく、仮想環境の作成にも利用できます。venv で作られる Python の仮想環境と conda で作る環境は、同じものではありません。conda で作る環境では、仮想環境の Python のバージョンも変更することができます。たとえば次のコマンドで、test35 という名前の Python 3.5 の仮想環境を構築できます。python=3.5 の部分を省略すれば、インストールされている Python に新たな環境が作成されます。

```
$ conda create -n test35 python=3.5
```

　仮想環境へ入るには、次のようにコマンドを実行します。Windows の場合は、PowerShell ではなく、スタートメニューから Anaconda Prompt を起動して、コマン

ドを入力してください。

◆ Windows の場合

```
$ activate test35
```

◆ macOS の場合

```
$ conda activate test35
```

　プロンプトに (test35) $ と表示され、仮想環境の中にいることがわかります。この状態で、conda コマンドを使って追加したパッケージは、この環境の中だけで使えるようになります。
　仮想環境を抜けるには、deactivate を使います。

◆ Windows の場合

```
(test35) $ deactivate
```

◆ macOS の場合

```
(test35) $ conda deactivate
```

COLUMN COLUMN COLUMN COLUMN COLUMN COLUMN

Python とデータサイエンス

　データサイエンスは、データ駆動型サイエンス（Data Driven Science）から生まれた言葉だといわれています。近年、科学の世界では、観測や測定に用いる機器の高度化によって、1度の実験で大量のデータが出るようになりました。まずデータを取得し、それを解析するところからはじまる科学が、データ駆動型サイエンスだといえます。データが大量にあるのは、科学の世界だけではありません。インターネットに接続されたスマートフォンの普及などもあり、実際の社会でも膨大なデータが日々生み出されるようになりました。こうしたデータを解析すれば、ターゲットにするべき顧客層の同定や、新たな市場の開拓が可能になるかもしれません。データサイエンスの重要性が各方面で高まっているのも納得できます。
　Python はデータサイエンスの分野でよく使われている言語の1つです。Python はさまざまな目的に使える汎用言語ですので、データ解析に特化した言語ではあり

ません。たとえば統計解析に特化した言語では、R が有名です。R は統計計算が必須なデータサイエンスに向いているので、この分野で広く使われています。どちらがよい言語か？ という議論にはあまり意味がありませんが、最近はデータサイエンスの分野でも、R より Python を好む人が増えているようです。データサイエンスに関する話題が集まる KDnuggets というサイトで、2017 年に Python が R を逆転したというアンケート結果が報告されました[※]。

※注 https://www.kdnuggets.com/2017/08/new-poll-python-r-other.html

Python でデータサイエンスをするには、外部パッケージが必要です。NumPy や SciPy、pandas などを使うと、データの数値的な処理ができるようになります。また、可視化のためのライブラリでは、matplotlib や Bokeh などが有名ですし、機械学習には scikit-learn が欠かせません。これらの外部パッケージが提供する機能の一部には、R に標準で備わっているものもあります。Python がなぜデータサイエンスの中心言語になり得たのかは、かなり深遠なテーマなので簡単に答えは見付からないでしょう。以下に、いくつか考えられる理由を挙げてみます。

- CSV や XML、Web スクレイピングなどいろいろなデータソースに対応できるので、データの前処理が楽にできる
- データ解析のエンジン部分を含めた Web アプリを Python だけで構築できる
- Deep Learning のライブラリが Python のインターフェースを備えていることが多い

もちろん他にも理由はあるでしょうし、これらが複雑に関係した結果が実際の社会ですので、理由を 1 つに特定することはできません。ただ、この分野で Python が中心的な役割を果たしているのは事実で、その度合はますます強くなっているといえそうです。データサイエンスの世界では、日々研究が進んでおり、新しい解析手法が次々に提案されています。Python を使った実装と共にこれらの論文が発表されることも多いので、データサイエンスを視野に Python を学習している方々には、うれしい未来が待っているといえるかもしれません。

CHAPTER

2

プログラミング入門

2.1	整数を使った計算	30
2.2	変数の使い方	35
2.3	小数	40
2.4	組み込み関数	44
2.5	文字列	52
2.6	文字列とメソッド	58
2.7	リスト	63
2.8	リストと添え字	69
2.9	演算子と真偽値	75
2.10	関数の引数	81
2.11	複数同時代入	87
2.12	モジュールの利用	93
2.13	import のいろいろな書き方	97

2.1

整数を使った計算

Pythonを始め多くのプログラミング言語では、整数と小数を区別して扱います。まずは整数の基本的な特徴と計算方法、更に知っておくべき注意点を紹介します。

整数型

プログラムの中で扱うデータには、型（かた）と呼ばれる種類があります。整数はもっとも基本的なデータ型です。半角で整数をそのまま書くと、Pythonがそれを整数のデータ型だと認識してくれます。

```
01:  341
```

```
Out  341
```

数学では、0より大きな整数を自然数と呼び、0やマイナスの数も含めた集合を整数と呼びますが、Pythonではこのような区別はありません。

演算子

足し算、引き算、掛け算はそれぞれ＋、−、＊で表現します。演算子には優先順位があり、掛け算は足し算と引き算より優先度が上です。これは数学で学ぶ規則と同じで、丸括弧を使って優先順位を変更できます。

```
01:  2 + 3 * 4
```

```
Out  14
```

```
01:  (2 + 3) * 4
```

```
Out  20
```

割り算は、/で実行できます。答えが割り切れる場合を含めて、整数型ではなく浮動小数点数型（以降では簡単に小数型と呼びます）が返されます。

```
01:  2 / 3
```

2.1 整数を使った計算

```
Out  0.6666666666666666
```

```
01:  4 / 2
```

```
Out  2.0
```

2.0 となっていることから、小数型であることがわかります。小数型については、後の節で扱います。

演算の結果を整数型にしたい場合は、// を使います。この場合、小数型でしか表現できない情報は切り捨てられます。これを切り下げ除算と呼ぶことがあります。

```
01:  2 // 3
```

```
Out  0
```

```
01:  -2 // 3
```

```
Out  -1
```

高度な整数演算

% という演算子を使うと、割り算の余りを計算することができます。

```
01:  5 % 3
```

```
Out  2
```

冪乗（べきじょう）を計算するには、** を使います。

```
01:  2 ** 6
```

```
Out  64
```

表現できる最大値に応じて、整数を更に細かなデータ型に分類するプログラミング言語もありますが、Python の整数は 1 種類のデータ型です。また、整数型はメモリが許す限り大きな数を表現できます。

```
01:  2 ** 607 - 1
```

2 プログラミング入門

```
Out  5311379928167670986689588206552468627329593117727031923199444138200403559
     8608522427391625022652292856688893294862465010153465793376527072394095199
     97876658735194383127083539321903172812712
```

この例の整数は、183桁あります。以下は少し数学的な話題なので、先を急ぐ方は問題[1]にチャレンジしてみてください。

nを自然数として$2^n - 1$で表現できる数は、メルセンヌ数と呼ばれます。いくらでも大きなメルセンヌ数を考えることができますが、nの値によって時々メルセンヌ数が素数（1とその数自身でしか割れない数）になることがあります。ちなみに、$2^{607} - 1$は素数なので、この183桁の数を割り切る整数は、1とこの数自身以外にはありません[※]。

> ※注　メルセンヌ数が素数になる場合は、nは必ず素数です。ただ、nが素数でもでき上がったメルセンヌ数が素数になるとは限りません。

問題. 1

2つの自然数、253と341の最大公約数を求めてください。最大公約数とは、2つの自然数に共通の約数のことです。

ヒント

ユークリッドの互除法というアルゴリズムが知られています。2つの自然数aとb（a＞b）があるとき、aとbの最大公約数は、aをbで割った余りをrとしたとき、bとrの最大公約数と等しいことが知られています。bをrで割った余りがsだとすれば、今度はrとsの最大公約数を求めればよいことになります。この計算を余りがでなくなるまで続け、最後に割り切れたときの答えが、aとbの最大公約数になります。

解答

次のような手順で、答えが11だとわかります。

```
01:  341 % 253
```

```
Out  88
```

```
01:  253 % 88
```

2.1 整数を使った計算

```
Out   77
```

```
01:   88 % 77
```

```
Out   11
```

```
01:   77 % 11
```

```
Out   0
```

解説

77 が 11 で割り切れる最後の計算はすぐわかるので、実行しなくてもよいでしょう。ユークリッドの互除法は、現在まで伝わる最古のアルゴリズムとして知られています。紀元前 300 年頃に、ユークリッドによって編纂（へんさん）されたと伝えられる「原論」という書物にその記述があります。

最大公約数を簡単に計算するには、math モジュールを使います。gcd（Greatest Common Divisor）という名前の関数があるので、2 つの数を引数にして実行します。

```
01:   import math
02:   math.gcd(253, 341)
```

```
Out   11
```

問題.2

9^{22} を 23 で割った余りを求めてください。同様に、22^{22} を 23 で割った余りはいくつでしょうか？

ヒント

% と ** では、** の方が演算子の優先順位が上です。

解答

次のようにコードを書けば計算することができます。

2 プログラミング入門

```
01:  9 ** 22 % 23
```

Out 1

```
01:  22 ** 22 % 23
```

Out 1

解説

　答えが両方とも 1 になっています。9^{22}=984770902183611232881、22^{22}=3414 27877364219557396646723584 となり、このような大きな数を割った余りが一致 するのは少し驚きです。実はこれ、偶然ではありません。1 〜 22 までの整数のど れを選んでも余りが 1 になります。これは、割る数（ここでは 23）に関係してい ます。23 は素数です。ある数 n を素数として、1 より大きく n より小さい数を選び、 それを n − 1 乗します。この数を n で割ると、必ず余りが 1 になります。これは、 フェルマーの小定理と呼ばれるもので、現在広く使われている公開鍵暗号の理論的 な基礎を与えるものになっています。

　この計算は、組み込み関数 pow を使っても実行できます。

```
01:  pow(9, 22, 23)
```

Out 1

2.2

変数の使い方

実際のプログラミングでは、データをそのまま利用することはほとんどありません。変数とデータを結びつけて、変数を使ってプログラムを書くことで計算を実行します。整数型のデータを例に、変数を使ったプログラミングについてまとめてみます。

データと変数

変数とデータを結びつけるには = を使います。次のコードで a という名前の変数が 10 という整数型のデータを表現するようになります。

```
01:  a = 10
```

変数 a と 10 が紐づいたので、変数を使ったコードが書けます。たとえば、a を 2 倍すると、20 になります。

```
01:  a * 2
```

```
Out  20
```

このコードは a を 2 倍してその結果を返すものなので、a は 10 のままです。

```
01:  a
```

```
Out  10
```

また、計算結果を a 自身に代入することができます。

```
01:  a = a * 2
02:  a
```

```
Out  20
```

この計算を一度に行う、複合代入演算子というものがあります。次のコードは、a を 2 倍してその結果が a に代入されます。

2 プログラミング入門

```
01:  a *= 2
02:  a
```

```
Out  40
```

他の演算子 +、-、/、//、%、** と、= を組み合わせることも可能です。

変数の書式

Python の変数は、半角の英数字とアンダースコアを組み合わせて作るのが基本です。ただし、頭文字に数字を使うことはできません。次のコードはエラーになります。

```
01:  2a = 10
```

```
Out  File "<ipython-input-23-f5abf2455226>", line 1
         2a = 10
          ^
     SyntaxError: invalid syntax
```

アルファベットは大文字と小文字のどちらを使ってもエラーにはなりません。PEP8（Python Enhancement Proposal 8、詳しくは 4.9 節を参照）には Python のコーディングに関する規約があり、変数名には半角の英数字とアンダースコアを組み合わせて使うことが推奨されています。たとえば、次のような変数名です。

```
01:  my_data = 10
```

このような表記を、スネークケースと呼ぶことがあります。
また、アンダースコアを使わず、単語の先頭文字を大文字にして接続する方法もあります。

```
01:  MyData = 10
```

こちらは、キャメルケースなどと呼ばれます。キャメルとはラクダのことで、大文字になっている部分がラクダのコブのように見えることからこの名前がついているようです。Python では、キャメルケースは変数名には使われず、クラスの名前に使われます。

変数とリテラル

変数にデータを代入する簡単なコードをもう 1 度見てみます。

036

2.2 変数の使い方

```
01:  a = 10
```

　変数 a に 10 を代入しているコードですが、a は変数なので、この後どのような値に
も変わる可能性があります。一方の 10 は、10 と書いたので、必ず 10 です。当たり前
のことをいっているようですが、この 10 という表現を、変数に対してリテラル（literal）
と呼びます。英語の形容詞としての literal は「文字通りの」という意味があるので、
まさに表記されているデータそのものという意味になります。今は整数を扱っているの
で、10 は「整数のリテラル表現」ということになります。この後の節で小数や文字列
を扱いますが、これらもコードの中に出てきたときは、小数や文字列のリテラル表現と
考えることができます。

変数の命名の注意点

　プログラミングにおいて、変数にどのような名前を選ぶかは難しい問題です。できる
だけ変数が格納するデータの特徴を反映した名前がよいでしょう。たとえば、整数の値
を格納することが決まっているなら、「my_data」ではなく、「my_int_value」などと
しておいた方がプログラムがわかりやすくなります。ただ、わかりやすい変数名をつけ
るというスキルはかなり高度なもので、すぐに身につくものではありません。また、チー
ムで開発する場合は、命名に関するルールが決まっていることもあります。臨機応変に
よりよい変数名をつけられるように、プログラミングの経験を積んでいきましょう。
　変数の命名に関して、必ず守るべきこともあります。プログラミング言語には予約語
（キーワード）と呼ばれる単語があります。予約語は for や if など、コードを書くとき
の基本となる単語です。これらは変数名として利用することができません。

```
01:  for = 40
```

```
Out  File "<ipython-input-26-df55a543f4f2>", line 1
       for = 40
           ^
     SyntaxError: invalid syntax
```

　for という単語は、3 文字の単語としては変数名として許されそうですが、実際には
変数名としては利用できません。
　また、予約語にはなっていないものでも、後で説明する組み込み関数は変数名として
利用してはいけません。たとえば、文字列やリストの長さを測る len という関数があり
ます。非常によく使う関数ですが、len という名前の変数を使うことができてしまいま
す。

```
01:  len = 10
```

2 プログラミング入門

しかし、変数として使ってしまうと、len 関数として使えなくなってしまいます。

```
01: len('abc')
```

通常は 3 が返ってくるコードですが、エラーになります。また、復帰させるには Python を起動し直す必要があります。

この他には、list や set なども、変数名にしないように注意する必要があります。たとえば、リストを用意して変数名をつけたいときは my_list などとすることができます。どうしても list という名前をつけたいときは、list_ とすることが PEP8 では推奨されています。ただ、その状況に応じてもっとわかりやすい変数名を考えるべきですし、その場でしか利用しないものであれば、a や b など簡潔な変数名でもよいでしょう。

変数名に英単語を使うか、日本語のローマ字表記を使うかも、意見が分かれるところです。半角英数字を使って変数名を書くので、英単語を使った変数名がおすすめです。もちろん、難しい単語を使うとわかりやすさが損なわれますので、臨機応変に日本語のローマ字表記を混ぜてもよいでしょう。

実は、Python では日本語を含むマルチバイト文字を変数として使うことができます。つまり、次のようなコードを書くことができます。

```
01: 壱 = 1
02: 七 = 7
03: 壱 + 七
```

ただし、プログラムはコメント以外半角文字で書く方が楽ですし、日本語を知らない人にとっては可読性が限りなくゼロになるので、おすすめできません。

問題1

次のコードのうち、変数を用意するコードとしてもっとも適切なものを 1 つ選択してください。また、理由もあわせて考えてください。

① my_value = 128
②八百万 = 800 * 10000
③ list = 10
④ as = 20

ヒント

予約語や組み込み関数、マルチバイト文字は変数名として使ってはいけません。

2.2 変数の使い方

解答

①

解説

①はもっとも一般的な変数の記述方法です。②はエラーにはなりませんが、マルチバイト文字を変数名に使うことはおすすめしません。③もエラーにはなりません。しかし、それより後のコードで組み込み関数 list が使えなくなってしまうので、書いてはいけないコードです。

④で使われている as は予約語です。この as を含め以下に示した 35 の予約語があります（バージョン 3.7）。

```
False    await   else    import   pass
None     break   except  in       raise
True     class   finally is       return
and      continue for    lambda   try
as       def     from    nonlocal while
assert   del     global  not      with
async    elif    if      or       yield
```

https://docs.python.org/3/reference/lexical_analysis.html#keywords

CHAPTER 2

プログラミング入門

039

2.3

小数

整数と小数は、Python の中では別のデータ型として扱われます。整数のときは考慮しな
くてもよかった注意点が、小数にはあります。理論的な背景は少し難しいので、ここでは
実際の場面で知っておくべき知識をまとめておきます。

小数の表現

もっともよく使われる小数の書き方は、小数点をつけて数字を表記するものです。

```
01: 1.2
```

```
Out 1.2
```

```
01: 3.
```

```
Out 3.0
```

```
01: .6
```

```
Out 0.6
```

アルファベットの e を使った冪乗（べきじょう）の表現も可能です。たとえば、2×10^2 は、次のように表現できます。

```
01: 2e2
```

```
Out 200.0
```

e を使った表現では、整数で表現できる数字も小数型になります。大文字の E を使う
こともできます。

```
01: 3.2E3
```

```
Out 3200.0
```

整数型はメモリの許す限り大きな数を扱うことができますが、小数型のデータは、表

040

現できる絶対値の最大値と最小値が決まっています。次のコードで最大値を確認できます。

```
01: import sys
02: sys.float_info.max
```

Out `1.7976931348623157e+308`

現代のコンピュータプログラミング言語で使われている小数は、浮動小数点数型（floating point）と呼ばれるもので、Python の中では float と表記されます。最小値も同様に確認できます。

```
01: sys.float_info.min
```

Out `2.2250738585072014e-308`

これらは絶対値なので、表現できる範囲は -sys.float_info.max 〜 sys.float_info.max ということになります。

小数と誤差

演算子 == は、両辺が等しいかどうかを調べてくれます。これを使って、小数の演算結果を調べてみましょう。たとえば、0.5 を 2 つ足すと、1 と等しくなります。

```
01: 1.0 == 0.5 + 0.5
```

Out `True`

これは予想通りの結果ですが、次の例はどうでしょうか？

```
01: 0.3 == 0.1 + 0.1 + 0.1
```

Out `False`

数学的には True になるべきですが、結果は False になります。これは仕様で決められた正しい動作なので、エラーというわけではありません。
何が起こっているのかを実感するために、10進数を扱う decimal モジュールを使ってみます。

```
01: from decimal import Decimal
```

後の章で詳しく説明しますが、次のコードで 0.5 を表現する Decimal 型のデータを

2 プログラミング入門

用意できます。

```
01:  Decimal.from_float(0.5)
```

```
Out  Decimal('0.5')
```

from_float は、引数に指定した小数型のデータから、Decimal 型のデータを作ります。0.1 で試してみましょう。

```
01:  Decimal.from_float(0.1)
```

```
Out  Decimal('0.1000000000000000055511151231257827021181583404541015625')
```

かなり 0.1 に近いデータですが、正確には 0.1 になっていないことがわかります。別の例でも試してみましょう。0.3 は少し足りていません。

```
01:  Decimal.from_float(0.3)
```

```
Out  Decimal('0.299999999999999988897769753748434595763683319091796875')
```

コンピュータの内部では、0 と 1 だけを使った 2 進数が使われます。2 進数を使って小数を表現する場合、10 進数を使った表現とは違う値になることがあるということは頭にいれておきましょう。ただ、それほど神経質になる必要はありません。この例からもわかるように、10 進数による表現と 2 進数による表現が違う場合でも、かなり近い値になっているからです。一方、高度な数値計算をする場合は、こうした誤差が問題になることがあります。詳しくは Python の公式ドキュメントが参考になります[※]。

※注　「浮動小数点演算、その問題と制限」https://docs.python.org/ja/3/tutorial/floatingpoint.html

---

問題.1

2 つの整数 a と b から作られる分数 $\frac{a}{b}$ を小数で表現することを考えます。a = 12、b = 55 としたとき、この分数を正確に 10 進数の小数で表現してください。組み込み関数 divmod を使うと割り算の商と余りを同時に計算できますので、これを利用してみてください。

ヒント

Python の割り算を使えば簡単に小数の表現を得られますが、これは正確ではありません。2 つの整数から作られる分数を小数で表現すると、必ず循環小数になることが知られています。

2.3 小数

解答

0.2181818181818181818181818181818181818・・・

解説

次のような割り算をすれば、簡単に小数で表現できます。

```
01: 12/55
```

```
Out  0.21818181818181817
```

1と8が並んでいるのに、最後が7になっているのがわかります。コンピュータの中で扱う小数には精度に限界があるので、これは仕方ありません。循環小数のことを知っていればこの結果を見て解答がわかりますが、計算を半分 Python にやってもらいながら、筆算を再現して正確な小数での表現を求めてみましょう。

まず、12は55より小さいので1の位は0になることがわかります。0.1の位は、120を55で割った商です。

```
01: 120//55
```

```
Out  2
```

0.01の位は、120を55で割った余りを10倍した数を再び55で割ったものになります。組み込み関数 divmod を使うと、商と余りを同時に計算できます。

```
01: divmod(120, 55)
```

```
Out  (2, 10)
```

```
01: divmod(100, 55)
```

```
Out  (1, 45)
```

```
01: divmod(450, 55)
```

```
Out  (8, 10)
```

0.218まで求まりました。再び余りが10なので、ここからは1と8の繰り返しになることがわかり、解答の小数表現が得られます。

2.4

組み込み関数

import 文などの前準備なしですぐに利用できる関数を、組み込み関数といいます。Python には組み込み関数が 60 個以上あり、日常的なプログラミングで便利に使えますが、細かい動作には注意すべき点もあります。よく使われる関数を中心に、まとめて紹介します。

データの型を調べる

type を使うと、データの型を調べることができます。

```
01:  type(3)
```

```
Out  int
```

```
01:  type(3.1)
```

```
Out  float
```

整数は英語で integer なので、int と表記されます。小数は浮動小数点（floating point）に由来して、float と表記されます。

変数に格納されているデータの型も、調べることができます。

```
01:  a = 3
02:  type(a)
```

```
Out  int
```

これを使って、データが整数型かどうかを確認することができます。

```
01:  type(a) is int
```

```
Out  True
```

```
01:  type(a) is float
```

```
Out  False
```

044

2.4 組み込み関数

データの型を調べる組み込み関数には、isinstance というものもあります。

```
01: isinstance(a, int)
```

Out True

int 型のような単純なデータ型の場合は、どちらを使っても結果は同じです。isinstance はクラスの継承関係も考慮してくれるので、少し複雑なプログラムを作るときは、isinstance を利用するとよいでしょう。

数値演算

冪乗は ** 演算子を使って計算できますが、pow という関数もあります。

```
01: pow(2, 10)
```

Out 1024

```
01: pow(16, 0.5)
```

Out 4.0

pow は、3 つ目の引数を取ることができます。指定すると、前の 2 つの引数で計算された値を割って、余りを返してくれます。

```
01: pow(9, 22, 23)
```

Out 1

9^{22} を 23 で割った余りは 1 です。2.1 節で計算した問題ですが、pow 関数を使った方が、数が大きくなった場合に効率的に計算してもらえます。

また、// 演算子と % 演算子を使うと、商と余りを求められますが、divmod 関数を使うとこれらを 1 回で計算できます。

```
01: divmod(13, 5)
```

Out (2, 3)

round を使うと、小数を整数に丸めることができます。

045

2 プログラミング入門

```
01: round(2.3)
```

```
Out  2
```

```
01: round(2.6)
```

```
Out  3
```

2つ目の引数を取って、丸める桁数を指定することもできます。これを利用して、小数を小数に丸めることもできます。

```
01: round(2.672, 2)
```

```
Out  2.67
```

```
01: round(2.679, 2)
```

```
Out  2.68
```

なお、round は、四捨五入ではありません。これは次の例からわかります。

```
01: round(1.5)
```

```
Out  2
```

```
01: round(2.5)
```

```
Out  2
```

5 はちょうど真ん中になりますが、round では偶数側に丸められる仕様になっています。これを、銀行丸めと呼ぶこともあるようです。

一方、次の結果は公式ドキュメントにも記述があるように、浮動小数点の誤差に起因する現象です。

```
01: round(2.675, 2)
```

```
Out  2.67
```

本来であれば 2.68 となるべきところですが、2.67 が返ってきます。

入出力

Jupyter 環境を利用していると、セルの入力の最後の行を評価してくれるので便利です。ただ、最終行以外で画面表示を得るには、print 関数を使います。

```
01:  print(2.3)
```

```
Out  2.3
```

print 関数は、引数をいくつか並べると、それらをすべて画面に表示してくれます。

```
01:  print(1, 2, 3, 4.5, 6.78)
```

```
Out  1 2 3 4.5 6.78
```

後の節で詳しく説明しますが、文字列を表現するには、シングルクォートまたはダブルクォートを使います。print を使って、画面に表示できます。

```
01:  print('abc')
```

```
Out  abc
```

ユーザから入力を受け取るには、input 関数を使います。引数に取った文字列が画面に表示され、ユーザの入力が input 関数の戻り値になります。次のコードを Jupyter 環境で実行すると、テキストの入力エリアが現れます。文字列を入力して最後に Enter キーを押すと、その文字列が変数 name に代入されます。

```
01:  name = input('お名前は? ')
```

```
Out  お名前は? Taro
```

```
01:  name
```

```
Out  'Taro'
```

繰り返しと長さ

文字列やリストの長さは、len 関数で調べます。

```
01:  len(name)
```

2 プログラミング入門

```
Out   4
```

iter 関数を使うと、文字列やリストのようにデータが順番に並んだオブジェクトを引数に取り、そのイテレータを返します。イテレータは、next の引数として与えられると、先頭から順番に格納されているデータを返します。

```
01:  name_iter = iter(name)
02:  next(name_iter)
```

```
Out   'T'
```

```
01:  next(name_iter)
02:  next(name_iter)
03:  next(name_iter)
```

```
Out   'o'
```

```
01:  next(name_iter)
```

```
Out   ----------------------------------------------------------------
      StopIteration                             Traceback (most recent call last)

      <ipython-input-69-a5e6d6e247d8> in <module>
      ----> 1 next(name_iter)


      StopIteration:
```

Jupyter のセルでは最後の行だけが評価されるので、途中の a と r は画面には出ていません。o の後にはデータがないので、そのことを伝えるために StopIteration が送出されます。

range 関数は、引数で指定された数の整数の列を返します。これは range 型のオブジェクトなので、list 関数を使ってリストに変更します。このようにデータの型を変更する操作をキャストと呼びます。

```
01:  list(range(3))
```

始めと終わりを指定することもできます。このとき、1つ目の引数は含み、2つ目の引数は含みません。

048

```
01:  list(range(1,10))
```

3つ目の引数を与えることで、データの間隔を変更することもできます。

```
01:  list(range(2,11,2))
```

```
Out  [2, 4, 6, 8, 10]
```

3つ目の引数を負にすることで、順番もコントロールできます。

```
01:  list(range(9,0,-2))
```

```
Out  [9, 7, 5, 3, 1]
```

整数の表記方法

整数は10進数で扱うのが普通です。この他に、コンピュータでは2進数や16進数がよく使われます。2進数には0と1しか数字がありません。1桁で表現できるのはこの2つだけなので、3がくると桁が上がります。10進数の7を2進数で表記すると111ですが、bin関数を使うと、この変換ができます。

```
01:  bin(7)
```

```
Out  '0b111'
```

関数の戻り値は文字列です。先頭の0bはこの文字列が整数の2進数リテラルであることを示していますので、0bをつければ2進数をそのままコードとして書くことも可能です。

```
01:  0b111
```

16進数は、0から9の数字にAからFの6文字を加えて、1桁で16種類の数字を表現します。10進数の15は16進数でFになります。これは組み込み関数hexで変換できます。

```
01:  hex(15)
```

```
Out  '0xf'
```

先頭に0xをつけた文字列は、16進数のリテラル表現であることを意味します。2進

2 プログラミング入門

数のときと同じように、そのままコードとして書くことができます。AからFの文字は、大文字でも小文字でも構いません。

```
01: 0xF
```

同様に、oct関数を使うと、8進数を扱うことができます。

問題.1

23（10進数）の2進数表記を得るコードを書いてください。bin関数を使えばすぐに結果が得られますが、ここではbin関数は使わずにその動作を再現することを目指してください。

ヒント

次の手続きに従うと、10進数を2進数表記に変換できます。

与えられた数を2で割っていき、余りが出たら下の桁から順に並べて、商が0になったら変換完了です。たとえば5は、2で割ると2余り1になるので、一番下の桁は1になります。2を2で割ると1余り0なので次の桁は0になります。最後は1を2で割って0余り1となり、2進数表記が101だとわかります。

解答

地道に計算するのであれば、次のようになります。

```
01: a, r1 = divmod(23,2)
```

```
01: a, r2 = divmod(a, 2)
```

```
01: a, r3 = divmod(a, 2)
```

```
01: a, r4 = divmod(a, 2)
```

```
01: a, r5 = divmod(a, 2)
```

```
01: a
```

```
01: print(r5, r4, r3, r2, r1)
```

2.4 組み込み関数

```
Out  1 0 1 1 1
```

解説

　解答をコンパクトなプログラムにまとめると、次のようになります。

　23 を 2 進数で表記したときに 5 桁になることを知らない場合は、その都度 a の中身が 0 になっているかどうかを確認する必要があります。同じコードが繰り返されているので、while 文を知っていれば短く書けます。文字列の連結や順番を逆にする方法などは、後の節で詳しく解説します。

```
01:  b23 = ''
02:  a = 23
03:  while a != 0:
04:      a, r = divmod(a, 2)
05:      b23 = str(r) + b23
06:  print(b23)
```

CHAPTER 2

プログラミング入門

051

2.5 文字列

文字列は、実際のプログラミングで頻繁に利用します。ここでは、まず基本的な文字列の作り方から紹介します。文字列と整数を使った演算や、その注意点についても説明します。

文字列の作り方

　文字をそのまま書くと変数名になってしまうので、データとして文字を扱いたい場合は、シングルクォート（単一引用符）もしくは、ダブルクォート（二重引用符）で囲みます。

```
01: 'abc'
```

```
Out  'abc'
```

```
01: "あいう"
```

```
Out  'あいう'
```

　どちらを使っても構いません。文字列の中にシングルクォートを含む場合は、全体をダブルクォートで囲みます。

```
01: "I'm fine."
```

```
Out  "I'm fine."
```

　これは逆のケースもあります。つまり、ダブルクォートを含む文字列をシングルクォートで囲って定義することができます。
　文字列は、英語では strings なので、str と表記されます。

```
01: type('xyz')
```

```
Out  str
```

　複数行にわたる文字列を作りたいときは、全体を引用符 3 つで囲みます。

052

2.5 文字列

```
01:  zen_of_python = '''The Zen of Python, by Tim Peters
02:
03:  Beautiful is better than ugly.
04:  Explicit is better than implicit.
05:  '''
```

```
01:  zen_of_python
```

```
Out  'The Zen of Python, by Tim Peters\n\nBeautiful is better than ugly.\
     nExplicit is better than implicit.\n'
```

この文字列は、import this というコードで表示される The Zen of Python の冒頭です。文字列の中に \n という文字が見えます。これは制御文字と呼ばれる特殊な文字です。\n は改行を意味します。print 関数を使うと、もとの複数行にわたる表記が再現されます。

```
01:  print(zen_of_python)
```

```
Out  The Zen of Python, by Tim Peters

     Beautiful is better than ugly.
     Explicit is better than implicit.
```

この他によく使われる制御文字として、タブを意味する \t があります。これらを文字列の中に書くことで、作る文字列を制御できます。

```
01:  my_str = 'この後改行\nしてからタブ\tで空白。'
02:  print(my_str)
```

```
Out  この後改行
     してからタブ　で空白。
```

制御文字は、バックスラッシュとアルファベットが組み合わさってできています。

なお、バックスラッシュは、Windows 環境では半角の円マーク（¥）として表示される場合があります。バックスラッシュと円マークは別の文字ですが、Windows 環境の日本語フォントでは、バックスラッシュの代わりに円マークが割り当てられている場合があるためです。macOS などの UNIX 系 OS では、バックスラッシュと円マークは別の文字として扱われます。

053

2 プログラミング入門

コメント

　プログラミングは繊細で複雑な作業なので、コメントは重要です。自分で書いたコードすらも、月日が経って読み返してみると、何をやっているのかすぐにはわからなくなることがよくあります。Python では、# で始まる行はコメント行と見なされます。行の途中から # で始まるコメントを書くことも可能です。

```
01: # これはコメント行です。
02:
03: print('a') # ここにも書けます。
```

```
Out   a
```

　複数行にわたるコメントを書きたい場合は、各行の先頭に # をつけてもよいですが、引用符 3 つを連続する文字列リテラルを使うことができます。

```
01: print('a')
02: '''
03: これは、複数行のコメントです。
04: a
05: と
06: bの間
07: '''
08: print('b')
```

```
Out   a
      b
```

文字列と演算

　文字列は、足し算でつなげることができます。

```
01: 'abc' + 'xyz'
```

```
Out   'abcxyz'
```

　数字を使った掛け算も可能です。

```
01: 'repeat me!' * 3
```

054

2.5 文字列

```
Out   'repeat me!repeat me!repeat me!'
```

　数値と文字列を直接足すことはできません。組み込み関数 str を使って数値を文字列に変換してから足す必要があります。

```
01:   'abc' + 2
```

```
Out   ---------------------------------------------------------------------
      TypeError                               Traceback (most recent call last)
      <ipython-input-35-4ff1db6dfe0e> in <module>
      ----> 1 'abc' + 2

      TypeError: must be str, not int
```

```
01:   'abc' + str(2)
```

　数値を文字列にするのではなく、文字列から数値型のデータを作ることもできます。整数のときは組み込み関数 int、小数は float を使います。

```
01:   int('4')
```

```
01:   float('9.8')
```

文字コード

　インターネットの急速な普及もあり、世界中で Unicode が利用されるようになってきました。Python も UTF-8 に従って文字を符号化しています。組み込み関数 ord を使うと、文字の Unicode コードポイントがわかります。

```
01:   ord('あ')
```

```
Out   12354
```

　10 進数の整数値が得られます。chr 関数を使うと、この整数を Unicode 文字に変換できます。

```
01:   chr(12354)
```

```
Out   'あ'
```

CHAPTER 2

プログラミング入門

055

2 プログラミング入門

問題.1

次のコードのうち、エラーになるものを選んでください。
① print('abc', 5)
② 'abc' + '5'
③ 'abc' + int('5')
④ str(5) + 'abc'

ヒント

Pythonでは、整数型と文字列型は別のデータ型として扱われます。

解答

③

解説

1は文字列と整数型の2つのデータ型を利用していますが、print関数に渡しているため、2つ目の引数5は整数型のままでも画面に問題なく表示されます。2はどちらも文字列型になっているので、足し算はエラーなく行われ、文字列が連結されます。4も同様で、整数型の5をstr関数で文字列に変換しているためエラーは起きません。3は文字列の '5' を整数型に変換してしまっているので、そのままでは文字列と連結できなくなりエラーが発生します。

問題.2

● 16個を4×4の正方形状に並べると、

のようになります。この対角線上を○に変更した文字列を画面に出力してください。

ヒント

文字列は+で連結でき、*で掛け算が可能です。Pythonに詳しい方は、for文や

if 文を使ってもよいかもしれません。

解答

素直にそのまま解く場合は、複数行にわたる文字列を作ればよいだけです。もちろん、右上から左下へ○を並べても構いません。

```
01: answer = '''○●●●
02: ●○●●
03: ●●○●
04: ●●●○
05: '''
06: print(answer)
```

制御文字と掛け算を使うと、別の書き方もできます。

```
01: w = '○'
02: b = '●'
03: answer = w + b*3 + '\n' + b + w + b*2 +'\n' + b*2 + w + b + '\n' + b*3 + w
04: print(answer)
```

for と if を知っていれば、もう少し賢いコードにできます。

```
01: answer = ''
02: for i in range(4):
03:     for j in range(4):
04:         if i == j:
05:             answer += w
06:         else:
07:             answer += b
08:     answer += '\n'
09: print(answer)
```

更に、次の節で学ぶ添え字を使った文字へのアクセスを使えば、コードをもっと短くできます。ぜひチャレンジしてみてください。

2.6

文字列とメソッド

文字列操作を実行するための基本的な操作方法と、よく使われるメソッドを紹介します。
Python の文字列操作は、他の言語に比べて簡単に実行できるようになっています。

添え字（インデックス）を使った操作

文字列はインデックスで個別の文字を指定することができます。文字列の先頭文字を示すインデックスは 0 です。

```
01:  my_str = 'abcあいうえ'
02:  print(my_str[0])
```

Out a

全角文字も 1 文字として数えられます。

```
01:  print(my_str[4])
```

Out い

インデックスに負の数を指定すると、末尾からの位置を示すことができます。一番最後の文字を表すインデックスは -1 で、そこから前に向かって -2、-3 となります。

```
01:  print(my_str[-2])
```

Out う

```
01:  print(my_str[-5])
```

Out c

インデックスに文字列の範囲外の数を指定すると、エラーになります。my_str は 7 文字なので、0 から 6 の数値が指定できますが、たとえば 10 を指定するとエラーになるのがわかります。

058

2.6 文字列とメソッド

```
01: print(my_str[10])
```

```
--------------------------------------------------------------------
IndexError                            Traceback (most recent call last)
<ipython-input-5-9cacc74baa01> in <module>
----> 1 print(my_str[10])

IndexError: string index out of range
```

文字列の文字数は、組み込み関数 len() で求めることができます。

```
01: len(my_str)
```

```
Out  7
```

文字列はイミュータブル（immutable）

リストの場合は、インデックスで指定した位置に値を代入することができます。しかし、文字列は変更することができません。文字列を変更しようとするとエラーになります。このように、内容を変更できない型を、「イミュータブル（immutable）」であるといいます。

```
01: my_str[2] = 'd'
```

```
Out  --------------------------------------------------------------------
TypeError                             Traceback (most recent call last)
<ipython-input-7-9328ff14c922> in <module>
----> 1 my_str[2] = 'd'

TypeError: 'str' object does not support item assignment
```

format メソッド

文字列中に変数の値を埋め込むには、format メソッドを使います。メソッドとは、クラスやオブジェクトに紐づいた関数で、処理のまとまりを呼び出すものです。ここでは、文字列クラスに紐づいた format メソッドを使います。次のように呼び出します。

```
01: a = 'abc'
02: b = 'xyz'
03: "{} {}".format(a, b)
```

CHAPTER 2

プログラミング入門

059

2 プログラミング入門

```
Out    'abc xyz'
```

単純な文字列の結合だけでなく、文字列に様々な記述をすることも可能です。

```
01:    title = 'name'
02:    value = 'John Smith'
03:    print( 'Your {} is {}.'.format(title, value))
```

```
Out    Your name is John Smith.
```

文字列だけではなく、数値を表示する場合にも使うことができます。

```
01:    age = 20
02:    print('Your age is {}.'.format(age))
```

```
Out    Your age is 20.
```

もちろん混在させることもできます。

```
01:    title = 'IQ'
02:    value = 100
03:    print('{} = {}'.format(title, value))
```

```
Out    IQ = 100
```

問題. 1

次のコードを実行すると、どうなるでしょうか?

```
01:    my_str = 'abcdefg'
02:    print(my_str[-10])
```

ヒント

負数のインデックスであっても、範囲外の値での動作は同じです。

2.6 文字列とメソッド

解答

インデックスが文字列の範囲外を指定しているので、エラーになります。

```
01: my_str = 'abcdefg'
02: print(my_str[-10])
```

```
Out ----------------------------------------------------------
    Traceback (most recent call last):
      File "<stdin>", line 1, in <module>
    IndexError: string index out of range
```

問題.2

次のプログラムを実行した場合、結果はどうなるでしょうか？

```
01: title = 'address'
02: value = 'tokyo'
03: string = '{}:{}'
04: print(string.format(title, value))
```

ヒント

文字列が変数に格納されていても、その記述に対して format メソッドが動作します。

解答

```
01: title = 'address'
02: value = 'tokyo'
03: string = '{}:{}'
04: print(string.format(title, value))
```

```
Out address:tokyo
```

2 プログラミング入門

解説

　format メソッドが実行されると、文字列 string 中に記述されている {} で表現された置換フィールドに値が代入されます。最初の置換フィールドに文字列 title の値が代入され、2 つ目には文字列 value の値が代入されます。その結果、文字列 "address:tokyo" が作成されます。

COLUMN COLUMN COLUMN COLUMN COLUMN COLUMN

フォーマット済み文字列リテラル

　Python 3.6 以降ではフォーマット済み文字列リテラルという仕組みが導入され、次のような書き方もできます。

```
01:  a, b = "Hello", "World"
02:  f"{a} {b}"
```

```
Out  'Hello World'
```

　こちらの方がより直感的です。明示的に文字列の format メソッドを呼び出さずに、文字列中に式を埋め込んでいます。
　これを fomat メソッドを使って書くと、次のようになります。

```
01:  a, b = "Hello", "World"
02:  "{} {}".format(a, b)
```

```
Out  'Hello World'
```

2.7 リスト

リストは、角括弧の中に要素を入れてカンマで区切ることで表現します。リストを使うことで、複数のデータをまとめて扱うことができます。リストには異なる型のデータを格納することもできますが、通常は同じ型のデータを格納します。

リストの基本

まず、角括弧だけで要素がない場合は、データの入っていない空リストになります。

```
01: []
```

次に、数値を要素にもつリストを作ってみましょう。
角括弧の中に数値をカンマ区切りで列挙すれば、数値要素のリストができます。

```
01: [2, 4, 8, 16]
```

リストを連結することもできます。リスト同士を演算子 + で連結するだけです。

```
01: [2, 4, 8, 16] + [3, 6, 9, 12]
```

```
Out  [2, 4, 8, 16, 3, 6, 9, 12]
```

変数に格納されたリストと連結することもできます。この場合は、変数の内容は変わりません。

```
01: my_list = [2, 4, 8, 16]
02: my_list + [3, 6, 9, 12]
```

```
Out  [2, 4, 8, 16, 3, 6, 9, 12]
```

```
01: print(my_list)
```

```
Out  [2, 4, 8, 16]
```

2 プログラミング入門

リストのメソッド

リストの末尾に要素を 1 つ追加するには、append() を使います。

```
01: my_list = [2, 4, 8, 16]
02: my_list.append(3)
03: my_list.append(6)
04: my_list.append(9)
05: print(my_list)
```

Out `[2, 4, 8, 16, 3, 6, 9]`

リストの末尾に別のリストを連結するには、extend() を使います。

```
01: my_list = [2, 4, 8, 16]
02: my_list.extend([3, 6, 9, 12])
03: print(my_list)
```

Out `[2, 4, 8, 16, 3, 6, 9, 12]`

並べ替えは、メソッド sort() を使います。sort() は、昇順に並べ替えます。なお、sort() を使うと、リストの内容が上書きされてしまいます。

```
01: my_list = [2, 4, 8, 16, 3, 6, 9, 12]
02: my_list.sort()
03: print(my_list)
```

Out `[2, 3, 4, 6, 8, 9, 12, 16]`

降順に並べることもできます。sort() の引数に「reverse=True」を指定して実行します。

```
01: my_list = [2, 4, 8, 16, 3, 6, 9, 12]
02: my_list.sort(reverse=True)
03: print(my_list)
```

Out `[16, 12, 9, 8, 6, 4, 3, 2]`

リストを逆順にするメソッド、reverse() もあります。単純に、リストの内容を逆順に並べ替えるだけです。reverse() も、実行するとリストの内容が上書きされます。

2.7 リスト

```
01: my_list = [2, 4, 8, 16, 3, 6, 9, 12]
02: my_list.reverse()
03: print(my_list)
```

```
Out  [12, 9, 6, 3, 16, 8, 4, 2]
```

この reverse() を sort() と組み合わせて使うことで、降順の並べ替えも実現できます。ただし、メソッドを 2 度呼ぶことになるので、あまり効率的ではありません。

```
01: my_list = [2, 4, 8, 16, 3, 6, 9, 12]
02: my_list.sort()
03: my_list.reverse()
04: print(my_list)
```

```
Out  [16, 12, 9, 8, 6, 4, 3, 2]
```

これまで見てきたように、sort() や reverse() を実行すると、もとのリストが上書きされてしまいます。これは、変数の値を変更したくない場合には不都合です。

これに対して、組み込み関数 sorted() を使うと、もとのリストの内容を変更せずに並べ替えができます。降順に並べる場合に「reverse=True」を指定するのは、sort() と同じです。

```
01: my_list = [2, 4, 8, 16, 3, 6, 9, 12]
02: new_list = sorted(my_list)
03: rev_list = sorted(my_list, reverse=True)
04: print(my_list)
05: print(new_list)
06: print(rev_list)
```

```
Out  [2, 4, 8, 16, 3, 6, 9, 12]
     [2, 3, 4, 6, 8, 9, 12, 16]
     [16, 12, 9, 8, 6, 4, 3, 2]
```

065

2 プログラミング入門

問題.1

　空リストを用意して、文字列 'orange', 'apple', 'grape', 'banana' を要素として追加してください。

ヒント

　文字列の場合も、数値と同じ操作で実現できます。

解答

　リストに要素を1つずつ追加し、内容を表示します。

```
01:  my_list = []
02:  my_list.append('orange')
03:  my_list.append('apple')
04:  my_list.append('grape')
05:  my_list.append('banana')
06:  print(my_list)
```

```
Out  ['orange', 'apple', 'grape', 'banana']
```

解説

　リストの基本的な操作は、要素の型に関わらず同じ動作をします。数値でも文字列でも同じです。append() は、リストの最後に要素を追加するメソッドです。

問題.2

　問題 [1] のような文字列要素のリストを、昇順および降順に並べてください。

ヒント

　文字列リストの昇順および降順の並べ替えは、数値リストと同じ方法で実現できます。

2.7 リスト

解答

並べ替えを実行し、リストの内容を表示します。

```
01: my_list = ['orange', 'apple', 'grape', 'banana']
02: my_list.sort()
03: print(my_list)
```

Out `['apple', 'banana', 'grape', 'orange']`

次に、降順にソートして表示します。

```
01: my_list = ['orange', 'apple', 'grape', 'banana']
02: my_list.sort(reverse = True)
03: print(my_list)
```

Out `['orange', 'grape', 'banana', 'apple']`

解説

sort() は数値の場合は昇順、すなわち小さい値からだんだん大きくなるように並びます。文字列の場合はアルファベット順になるように並びます。文字列の長さは関係なく、文字列の先頭文字から順に比較します。

2 プログラミング入門

COLUMN COLUMN COLUMN COLUMN COLUMN COLUMN

要素に複数の型が混在した場合

　ここでは、数値だけのリスト、文字列だけのリストを扱いましたが、リストの要素は混在することができます。リストの作成や追加、結合は、同じ操作で実現できます。

```
01: my_list = []
02: my_list.append('abc')
03: my_list.append(100)
04: my_list.extend(['xyz', -1])
05: print(my_list)
```

Out `['abc', 100, 'xyz', -1]`

　しかし、並べ替えを行おうとすると、エラーになります。これは、数値同士の比較、文字列同士の比較はできますが、数値と文字列は比較できないからです。

```
01: my_list.sort()
```

Out
```
---------------------------------------------------------------
TypeError                           Traceback (most recent call last)
<ipython-input-66-cbf3d7920d40> in <module>
----> 1 my_list.sort()

TypeError: '<' not supported between instances of 'str' and 'int'
```

2.8

リストと添え字

ここでは、リスト処理の基本的な操作である、添え字（インデックス）とスライスを使ったさまざまな操作方法を紹介します。

添え字（インデックス）

添え字（インデックス）を使うことで、リストに格納された要素の1つを取り出すことができます。インデックスで指定する数字は、先頭の要素は0で指定し、後方に向けて1,2,... で指定します。

```
01: my_list = [0, 1, 2, 3, 4, 5, 6, 7, 8]
02: print(my_list[2])
```

Out `2`

負のインデックスを使うことで、末尾から数えた位置にアクセスできます。末尾の要素は-1で指定し、前方向に向けて-2, -3, ... で指定します。

```
01: print(my_list[-1])
```

Out `8`

スライス

スライスを使うことで、部分リストを作成することができます。角括弧の中に、開始位置と終了位置（の次の位置）のインデックスを、: で区切って指定します。

```
01: print(my_list[2:7])
```

Out `[2, 3, 4, 5, 6]`

スライスには、更にステップ数を指定することができます。ステップ数1は省略可能です。1つおきに取得する場合は、2を指定します。

```
01: print(my_list[2:7:2])
```

```
Out  [2, 4, 6]
```

スライスで、開始位置に末尾側、終了位置に先頭側を指定して、ステップ数に負の数を使うことで、逆順に並んだリストを作ることができます。

```
01:  print(my_list[6:1:-1])
```

```
Out  [6, 5, 4, 3, 2]
```

また、スライスで作られた部分リストはもとのリストのコピーなので、開始位置と終了位置を省略する（:だけ記述する）と、もとのリスト全体のコピーを作成することもできます（いわゆる「浅いコピー」になります）。

```
01:  print(my_list[:])
```

```
Out  [0, 1, 2, 3, 4, 5, 6, 7, 8]
```

ステップ数と組み合わせて、逆順の並べ替えもできます。

```
01:  print(my_list[::-1])
```

```
Out  [8, 7, 6, 5, 4, 3, 2, 1, 0]
```

インデックスの場合は、範囲外の位置指定をするとエラーになりましたが、スライスの場合は、範囲外の位置指定をしてもエラーになりません。

```
01:  print(my_list[6:100])
```

```
Out  [6, 7, 8]
```

開始位置、終了位置ともに範囲外のインデックスを指定した場合は、空リストが返ります。

```
01:  print(my_list[50:100])
```

```
Out  []
```

開始位置を省略すると「先頭から」の意味になり、終了位置を省略すると「末尾まで」の意味になります。

2.8 リストと添え字

```
01: print(my_list[:3])
```

Out [0, 1, 2]

```
01: print(my_list[4:])
```

Out [4, 5, 6, 7, 8]

リストは要素を変更することができます。このように、内容を変更できる型を「ミュータブル（mutable）」であるといいます。インデックスを指定して先頭要素を置き換えるには、次のようにします。

```
01: my_list = [0, 1, 2, 3, 4, 5, 6, 7, 8]
02: my_list[0] = -1
03: print(my_list)
```

Out [-1, 1, 2, 3, 4, 5, 6, 7, 8]

スライスを使うと、スライスで指定した複数の要素を置き換えることができます。開始位置 2、終了位置 4 を指定して置き換えてみます。

```
01: my_list = [0, 1, 2, 3, 4, 5, 6, 7, 8]
02: my_list[2:4] = [102, 103]
03: print(my_list)
```

Out [0, 1, 102, 103, 4, 5, 6, 7, 8]

スライスで要素を指定する場合は、もとの要素数と置き換え後の要素数が違っていても構いません。プログラム的にわかりにくくなるので、実際にはあまり使わないほうがよいでしょう。

```
01: my_list = [0, 1, 2, 3, 4, 5, 6, 7, 8]
02: my_list[2:4] = [101, 102, 103, 104]
03: print(my_list)
```

Out [0, 1, 101, 102, 103, 104, 4, 5, 6, 7, 8]

スライスの開始位置と終了位置が同じ場合は、もとの要素は空になるので、指定した位置に右辺の値が挿入されます。

2 プログラミング入門

```
01: my_list = [0, 1, 2, 3, 4, 5, 6, 7, 8]
02: my_list[2:2] = [101, 102]
03: print(my_list)
```

```
Out    [0, 1, 101, 102, 2, 3, 4, 5, 6, 7, 8]
```

要素数を増やすだけではなく、減らすこともできます。

```
01: my_list = [0, 1, 2, 3, 4, 5, 6, 7, 8]
02: my_list[2:6] = [101, 102]
03: print(my_list)
```

```
Out    [0, 1, 101, 102, 6, 7, 8]
```

右辺を空リストにすれば、指定した範囲を削除することができます。

```
01: my_list = [0, 1, 2, 3, 4, 5, 6, 7, 8]
02: my_list[2:6] = []
03: print(my_list)
```

```
Out    [0, 1, 6, 7, 8]
```

2.8 リストと添え字

問題.1

1 から 10 までの数値が格納されたリストから、偶数の要素だけを逆順に取り出したリストを作ってください。

ヒント

正順で 1 つ飛ばしの要素を取り出すことは、ステップ数を 2 にすれば実現できます。逆順にするには、ステップ数を負の数にします。

解答

```
01:  my_list = [1, 2, 3, 4, 5, 6, 7, 8, 9, 10]
02:  reverse_even = my_list[::-2]
03:  print(reverse_even)
```

Out [10, 8, 6, 4, 2]

解説

この問題では、最後の数値が偶数だったので、開始位置と終了位置を省略してステップ数を -2 にすることで、最後の要素から 1 つ飛ばしに取ってくるだけで偶数の要素だけのリストが作れました。

もとのリストに 1 から 11 までの数値が格納されている場合は、次のように操作します。

```
01:  my_list = [1, 2, 3, 4, 5, 6, 7, 8, 9, 10, 11]
02:  reverse_even = my_list[-2::-2]
03:  print(reverse_even)
```

Out [10, 8, 6, 4, 2]

このように、問題によって、開始位置・終了位置・ステップ数を調整する必要があります。

CHAPTER 2

プログラミング入門

073

2 プログラミング入門

問題 . 2

リスト ['I', 'have', 'an', 'apple'] を、['I', 'have', 'a', 'pineapple'] に変更してください。

ヒント

スライスを使って要素を置き換えます。要素が文字列のリストでも、要素が数値のリストと同じ操作で実現できます。

解答

```
01: my_list = ['I', 'have', 'an', 'apple']
02: my_list[2:4] = ['a', 'pineapple']
03: print(my_list)
```

```
Out  ['I', 'have', 'a', 'pineapple']
```

変更もとの 'an' と 'apple' は、インデックスでいえば 2 と 3 です。したがって、スライスの開始位置には 2、終了位置には 3 の次の 4 を指定します。

別の解釈としては、インデックスの 2 以降をすべて置き換えるという見方もできます。したがって、終了位置を省略して次のように書くことも可能です。

```
01: my_list = ['I', 'have', 'an', 'apple']
02: my_list[2:] = ['a', 'pineapple']
03: print(my_list)
```

```
Out  ['I', 'have', 'a', 'pineapple']
```

2.9

演算子と真偽値

真偽値は、Python ではブール型というデータ型の 1 つと定義され、比較や論理演算の結果を表すために使われます。ここでは真偽値の基本と、真偽値を返す演算子を紹介します。

真偽値とは

　真偽値には、True（真）と False（偽）の 2 つがあり、True と False の先頭文字は大文字です。真偽値は、比較演算子などを使った式の結果として返され、主に if 文などの条件式で使われます。

　たとえば、次のような形で使われます。

```
01:  if True:
02:      print('True')
03:  else:
04:      print('False')
```

Out　True

　真偽値は、直接指定するよりも、何らかの条件判定の結果として返される値として使われるのが一般的です。

　次の例は、「x > 1」という比較演算子を使った式の結果によって、True が返されています。

```
01:  x = 3
02:  print(x > 1)
```

Out　True

比較演算子

　次のような比較演算子が用意されています。比較の結果として真偽値（True、False）が返ってきます。

CHAPTER 2

プログラミング入門

2 プログラミング入門

表1 比較演算子

演算子	記述	説明
==	x == y	x と y は等しい
!=	x != y	x と y は等しくない
<	x < y	x は y より小さい
<=	x <= y	x は y より小さいか等しい
>	x > y	x は y より大きい
>=	x >= y	x は y より大きいか等しい

ブール演算子

ブール演算（論理演算）を行う、ブール演算子（論理演算子）が用意されています。

表2 ブール演算子

演算子	記述	説明
and	x and y	x と y の両方が真（True）だったら真（True）
or	x or y	x と y のどちらかが真（True）だったら真（True）
not	not x	x が真（True）だったら偽（False）、偽（False）だったら真（True）

in 演算子

リストの要素であるかどうかや、文字列中に含まれているかどうかを調べるとき、in演算子を使います。in演算子も真偽値を返します。含まれている場合には True を返します。

```
01: my_list = [0, 2, 4, 6, 8, 10]
02: print(2 in my_list)
```

Out　True

文字列の場合は、部分文字列として含まれていれば True を返します。

```
01: my_str = 'This is a pen'
02: print('pen' in my_str)
```

Out　True

含まれていないときは、False を返します。

076

2.9 演算子と真偽値

```
01:  my_list = [0, 2, 4, 6, 8, 10]
02:  print(3 in my_list)
```

Out False

```
01:  my_str = 'This is a pen'
02:  print('apple' in my_str)
```

Out False

含まれていないことを判定する場合には、「not in」を使います。

```
01:  my_list = [0, 2, 4, 6, 8, 10]
02:  print(3 not in my_list)
```

Out True

None と is 演算子

値が存在しないことを表現するには、None を使います。変数を初期化する場合など
に使います。

```
01:  x = None
```

変数の値が None かどうかを判定するには、is 演算子を使います。

```
01:  print(x is None)
```

Out True

```
01:  print(x is not None)
```

Out False

なお、未定義の変数の値は None ではありません。未定義の変数 aaa に「aaa is
None」を実行すると、エラーになります。

```
01:  aaa is None
```

CHAPTER 2

プログラミング入門

077

2 プログラミング入門

```
Out -------------------------------------------------------------------
    NameError                          Traceback (most recent call last)
    <ipython-input-12-2db365bce791> in <module>
    ----> 1 aaa is None

    NameError: name 'aaa' is not defined
```

問題.1

次の式の値は何でしょうか？

```
01:  'apple' in ['pineapple', 'orange', 'banana']
```

ヒント

この式は、リストの要素に、該当文字列と一致する文字列があるかどうかを判定しています。

解答

False です。

```
01:  print('apple' in ['pineapple', 'orange', 'banana'])
```

```
Out  False
```

解説

文字列リストの場合も、in 演算子で一致する要素があるかどうかを判定します。要素文字列の部分文字列として 'apple' がありますが、リストの場合は、一致する要素の単位で判定するので、False になります。
ちなみに、文字列の 'apple' と 'pineapple' を in 演算子で判定すると、True になります。

```
01:  print('apple' in 'pineapple')
```

```
Out  True
```

078

2.9 演算子と真偽値

問題.2

3つの変数がそれぞれ次の値の場合、以下に示す3つの式の値は何になるでしょうか？

x = True
y = False
z = None

① x and z is None
② not x or not y
③ x and not y and z is None

ヒント

and演算子やor演算子よりも先に、is演算子やnot演算子が判定されます。最後に代入した値が、変数に格納されます。

解答

① True
② True
③ True

```
01:  x = True
02:  y = False
03:  z = None
04:  print(x and z is None)
05:  print(not x or not y)
06:  print(x and not y and z is None)
```

```
Out   True
      True
      True
```

解説

①「x」はTrue、「z is None」はTrue。
「x and z is None」→「True and True」→ True

CHAPTER 2

プログラミング入門

079

2 プログラミング入門

② 「x」は True なので「not x」は False、「y」は False なので「not y」は True。
「not x or not y」 → 「False or True」 → True

③ 「x」は True、「y」は False なので「not y」は True、「z is None」は True。
「x and not y and z is None」 → 「True and True and True」 → 「True and True」（先頭の True and True を評価した） → True

---

COLUMNCOLUMNCOLUMNCOLUMNCOLUMNCOLUMN

演算子の優先順位

表の上のものほど優先順位が高い演算子です。

** （冪乗）
*, /, //, %
+, -
in, not in, is, is not, <, <=, >, >=, !=, ==
not
and
or

080

2.10

関数の引数

ここでは、関数に引数を渡す方法についてまとめます。引数を扱うときは、引数の位置や名前が重要になります。また、数多くある関数のすべての引数の機能はとても覚えられませんので、ドキュメントを参照して調べる方法についても紹介します。

引数の位置

いくつかの引数を関数に渡す場合、指定する位置は重要です。

たとえば、pow 関数は 2 つの数字を受け取り、最初の引数を後の引数で冪乗した結果を返します。

```
01: pow(2, 3)
```

Out   8

引数の位置を入れ替えれば、結果も変わります。

```
01: pow(3, 2)
```

Out   9

このような引数のことを、位置引数と呼びます。

一方、print 関数はいくつかの引数を受け取ると、それらをすべて画面に表示します。カンマで区切って、引数をいくつでも並べることができます。

```
01: print(2, 3, 4)
```

Out   2 3 4

この例では 3 つですが、5 個でも 20 個でも構いません。このような引数のことを、可変長引数と呼びます。ここでも引数の位置は重要で、入れ替えれば結果が変わります。

```
01: print(4, 3, 2)
```

Out   4 3 2

081

キーワード引数

print 関数は、表示するべきデータを何で連結するかを、引数で指定することができます。この引数には、sep（separator の略）という名前がついています。このような引数のことを、キーワード引数と呼びます。

```
01:  print(2, 3, 4, sep='/')
```

```
Out   2/3/4
```

キーワード引数 sep に渡した '/' によって、3 つの数字が連結されました。キーワード引数は、位置引数の後に指定します。前に指定するとエラーになります。

```
01:  print(sep='-', 2, 3, 4)
```

```
Out    File "<ipython-input-22-15c5974d45fb>", line 1
         print(sep='-', 2,3,4)
                       ^
    SyntaxError: positional argument follows keyword argument
```

print 関数は、表示の最後にどのような文字をつけるかを、キーワード引数 end で指定できます。通常は改行コードが設定されていますが、目立つ文字列を指定することもできます。

```
01:  print(2, 3, 4, sep='/', end='----')
```

```
Out   2/3/4----
```

また、キーワード引数の間では位置を変更できます。変更しても、関数の動作には影響しません。

```
01:  print(2, 3, 4, end='----', sep='/')
```

ドキュメントの利用

Python にはさまざまな関数が用意されており、それらがまた多くの引数を取ります。print 関数の sep や end のような引数の機能を最初から覚えることは難しいですし、めったに使わない関数の引数は必ず忘れます。そこで、常に公式ドキュメントを参照するように心がけることが重要です。

2.10 関数の引数

　たとえば、print 関数の公式ドキュメント[※] を見ると、sep にはデフォルトで半角空白文字が、end には改行コードが割り当てられていることがわかります。これらは、引数のデフォルト値とも呼ばれます。

※注　https://docs.python.org/ja/3/library/functions.html#print

　また、sep や end の機能は覚えていても、肝心の引数名を忘れてしまうということもよくあります。組み込み関数 help() を使うと、関数の簡単な使い方が表示されます。

```
01:  help(print)
```

```
Out  Help on built-in function print in module builtins:

     print(...)
         print(value, ..., sep=' ', end='\n', file=sys.stdout, flush=False)

         Prints the values to a stream, or to sys.stdout by default.
         Optional keyword arguments:
         file:  a file-like object (stream); defaults to the current sys.
     stdout.
         sep:   string inserted between values, default a space.
         end:   string appended after the last value, default a newline.
         flush: whether to forcibly flush the stream.
```

　Jupyter Notebook を利用している場合は、マジックコマンド ? も便利です。? の後に関数の名前を書くことで、help() と同じように関数のドキュメントが表示されます。また、関数名を書いた後に Shift + Tab キーを押してもこのドキュメントを表示できます。

```
01:  ? print
```

図：Jupyter Notebook でのドキュメント表示

```
Docstring:
print(value, ..., sep=' ', end='\n', file=sys.stdout, flush=False)

Prints the values to a stream, or to sys.stdout by default.
Optional keyword arguments:
file:  a file-like object (stream); defaults to the current sys.stdout.
sep:   string inserted between values, default a space.
end:   string appended after the last value, default a newline.
flush: whether to forcibly flush the stream.
Type:  builtin_function_or_method
```

2 プログラミング入門

引数をまとめて渡す

可変長引数は便利ですが、指定するたびにカンマで区切って入力するのは少し面倒です。実は、引数として渡すデータがリストになっていれば、可変長引数を一度に渡すことができます。

```
01: arg_vals = [2,3,4]
02: print(*arg_vals)
```

Out 2 3 4

変数 arg_vals の前に、アスタリスク * がついていることに注意してください。この方法を、引数リストのアンパックと呼びます。* をつけることで、渡されたリストが要素の単位に展開され、それぞれの要素が print() の引数になります。

なお、変数 arg_vals をそのまま渡すと、リストをそのまま画面に表示するという動作になります。

```
01: print(arg_vals)
```

Out [2, 3, 4]

問題.1

20 を 3 で割って得られる商を余りで冪乗すると、値はいくつになるでしょうか？組み込み関数を使って 1 行で書いてください。

ヒント

組み込み関数 divmod() を使うと、商と余りを 1 度に計算できます。divmod() の戻り値はタプルですが、引数へのアンパック代入はタプルでも使えます。

解答

次のように書くと、1 行で計算できます。

```
01: pow(*divmod(20, 3))
```

2.10 関数の引数

Out `36`

解説

もちろん、1行で書かず次のようにすることもできます。

```
01: result = divmod(20, 3)
02: pow(result[0], result[1])
```

Out `36`

　このコードに関しては、実はもう少し便利な方法があります。興味がある方は次の節を参考にしてください。

問題. 2

　整数を格納したリストのすべての要素を、文字列に変換するコードを書いてください。sample_list = [2,3,4] などとして、適当なデータを用意します。

ヒント

　数値を文字列に変換するには、組み込み関数 str() を使います。また、map() という組み込み関数があるので、これを利用するとよいかもしれません。map() を知らない場合は、ドキュメントを参照してみましょう。

解答

　次のように書くと、整数が格納されたリストの要素がすべて文字列になります。map() の戻り値は map 型なので、list() を使ってリストに変換しています。

```
01: sample_list = [2,3,4]
02: list(map(str, sample_list))
```

Out `['2', '3', '4']`

2 プログラミング入門

解説

map() は 2 つの引数を取ります。1 つ目は関数で、2 つ目はシーケンス型などの反復可能体（イテラブル）です。map() は引数に取った関数を、それぞれの要素に適用します。関数の引数に関数を渡しているところがポイントです。たとえば、次のようなコードを書けば、文字列 '123' が 3 つの整数 1 と 2 と 3 になります。

```
01: list(map(int, '123'))
```

Out `[1, 2, 3]`

2.11

複数同時代入

Pythonでは、1つの式で複数の変数に同時に値を代入することができます。これは、シーケンスのアンパック（sequence unpacking）、またはアンパック代入と呼ばれます。

複数同時代入の書き方

まず、試しに次のような式を実行してみます。

```
01: a, b, c = 10, 20, 30
```

それぞれ、どんな値が代入されたかを確認してみましょう。

```
01: print(a)
02: print(b)
03: print(c)
```

```
Out  10
     20
     30
```

複数の変数から複数の変数への代入も、同様に実現できます。これを使うことで、変数値の入れ替えを次のように記述することができます。なお、変数 a, b には上記の値が入っているものとします。

```
01: a, b = b, a
```

```
01: print(a)
02: print(b)
```

```
Out  20
     10
```

これを次のように書いてしまうと、まったく違う結果になります。

2 プログラミング入門

```
01: a = 10
02: b = 20
03: a = b
04: b = a
05: print(a)
06: print(b)
```

```
Out  20
     20
```

この書き方で期待する結果を実現するためには、もう1つ変数が必要になります。この例では、複数同時代入ができることによって、プログラムを効率的に記述できるようになりました。

より複雑な複数同時代入

独立した数値ではなく、タプル（詳細は 5.4 節参照）によって複数の値を指定する場合はどうなるでしょうか。タプルを変数に代入して、それを別の複数の変数に代入させてみます。

```
01: d = (1, 2)
02: e, f = d
```

結果は次のようになります。

```
01: print(e)
02: print(f)
```

```
Out  1
     2
```

リストの場合も同様です。

```
01: x = [10, 30]
02: y, z = x
```

```
01: print(y)
02: print(z)
```

```
Out  10
     30
```

2.11 複数同時代入

もう少し複雑な値にしてみましょう。それでも期待する結果が得られます。

```
01:  p = (1, (10, 100))
```

```
01:  q, (r, s) = p
```

```
01:  print(q)
02:  print(r)
03:  print(s)
```

```
Out  1
     10
     100
```

なお、同時に代入する値は、別の型が混在していても構いません。

```
01:  a, b, c = 1, 2.3, 'mojiretsu'
```

```
01:  print(a)
02:  print(b)
03:  print(c)
```

```
Out  1
     2.3
     mojiretsu
```

問題.1

次の処理を実行した後で、変数 c の値は何になるかを選んでください。

```
01:  a, b, c, d = 1, 2, 3, 4
02:  a, b, c, d = c, d, a, b
```

① 1　② 2　③ 3　④ 4

2 プログラミング入門

ヒント

「a, b, c, d = 1, 2, 3, 4」で代入された値を列挙して、「a, b, c, d = c, d, a, b」の右辺
の変数をそれぞれ代入された値に書き換えてみましょう。

解答

①

```
01:  a, b, c, d = 1, 2, 3, 4
02:  a, b, c, d = c, d, a, b
03:  print(c)
```

Out 1

解説

　複数に代入する場合は、右辺の値をいったん確定してから左辺の変数に格納しま
す。まず、1行目の式を実行した段階では、それぞれの変数の値は次のようになっ
ています。

a = 1
b = 2
c = 3
d = 4

　この値を2行目の右辺に代入すると、2行目は次の式と等価になります。

```
01:  a, b, c, d = 3, 4, 1, 2
```

　これを実行すると、それぞれの変数の値は次のようになります。

a = 3
b = 4
c = 1
d = 2

　したがって、問題は変数cの値ですから、答えは①となります。

090

2.11 複数同時代入

問題.2

次の処理を実行後、変数 a の値は何になるでしょうか？

```
01:  a = 1
02:  b = 2
03:  a, b = b, a + b
04:  a, b = b, a + b
```

① 1　② 2　③ 3　④ 4

ヒント

それぞれ右辺の計算結果を、左辺に代入していきます。

解答

③

```
01:  a, b = 1, 2
02:  a, b = b, a + b
03:  a, b = b, a + b
04:  print(a)
```

Out　3

解説

複数に代入する場合は、右辺の値をいったん確定してから左辺の変数に格納します。まず、1行目の式を実行した段階では、それぞれの変数の値は次のようになっています。

a = 1
b = 2

この値を2行目の右辺に代入します。計算式が入っている場合、その計算式の結果で置き換えます。すると、2行目は次の式と等価になります。

CHAPTER 2

プログラミング入門

091

2　プログラミング入門

a, b = 2, 3

　この値を3行目の右辺に代入します。計算式も同様に計算して右辺に代入します。すると、3行目は次の式と等価になります。

a, b = 3, 5

　すなわち最終的には、それぞれの変数の値は次のようになります。

a = 3
b = 5

　したがって、問題は変数 a の値ですから、答えは③となります。

2.12

モジュールの利用

Python のコードがまとまったファイルのことを、モジュールと呼びます。モジュールの中の
コードは、他のプログラムから利用することができます。

モジュールの利用方法

　モジュールを使用する場合は、ファイル名を import 文で指定する必要があります。
たとえば、random モジュールを import する場合は次のように書きます。

```
01:  import random
```

　複数のモジュールを import する場合は、import 文を複数行に分けて書きます。たと
えば、random モジュールと math モジュールを読み込む場合には、次のように書きます。

```
01:  import random
02:  import math
```

　次のように 1 行で複数のモジュールを指定する書き方もできますが、推奨されてい
ません。

```
01:  import random, math
```

　ここでは、random モジュールを使ったコードの例を見てみましょう。random モ
ジュールの中には乱数を扱う各種関数が定義されています。具体的には、random モ
ジュールの公式ドキュメント[※]を見てみましょう。

> ※注　https://docs.python.org/ja/3/library/random.html

　まず、単純に乱数を発生させてみましょう。任意の整数を発生させるには「random.
randint()」を使います。第一引数が開始位置、第二引数が終了位置で、第一引数から第
二引数までの間の任意の数を返します。
　0 以上 10 以下の乱数を発生させる例は次のようになります。

```
01:  import random
02:
03:  print(random.randint(0, 10))
```

2 プログラミング入門

```
Out  4
```

また、リストからランダムに1つの要素を選択する場合は、「random.choice()」が使えます。random.choice() の引数にリストを渡すと、その中の任意の要素が1つ選ばれて返されます。

アルファベットを格納したリストから任意の1文字を選ぶ例は、次のようになります。

```
01: import random
02:
03: alphabet = ['a','b','c','d','e','f','g','h','i','j','k','l','m','n','o',
    'p','q','r','s','t','u','v','w','x','y','z']
04: print(random.choice(alphabet))
```

```
Out  g
```

リストから複数の要素を取り出す場合は、「random.sample()」を使うことができます。引数に指定したリスト中の複数の要素を、リストとして取得できます。

「random.sample()」では、取り出した複数の要素中には同じ要素は含まれません。

```
01: import random
02:
03: alphabet = ['a','b','c','d','e','f','g','h','i','j','k','l','m','n','o',
    'p','q','r','s','t','u','v','w','x','y','z']
04: print(random.sample(alphabet, 5))
```

```
Out  ['m', 'f', 'g', 't', 'l']
```

その他、標準モジュールとして次のようなものがあります。

表　主な標準モジュール

math モジュール	数学関数（log, sin, cos, sqrt, pow など）
sys モジュール	システム関数
os モジュール	os 操作
re モジュール	正規表現
datetime モジュール	日付や時刻

8章で詳しく紹介しているので、参照してください。

2.12 モジュールの利用

モジュールの自作

また、自作のモジュールを作成することもできます（詳細は 6.5 節を参照）。ここでは、ごく単純なモジュールを作成してみましょう。

次のようなコードの入ったテキストファイルを、「my_module.py」いう名前でカレントディレクトリに保存します。このファイル名がモジュール名になるので、名前には小文字の英数字とアンダースコアのみを使います。

【my_module.py】
```
01:  def func(v):
02:      return v + 3
```

これを実際に呼び出してみます。import で指定するモジュール名は、上記のファイル名から拡張子を除いた「my_module」になります。

```
01:  import my_module
02:  print(my_module.func(5))
```

Out   8

問題 .1

以下のコードを実行して、何が起こるかを確認してみましょう。

```
01:  import math
02:  print(math.pow(2, 3))
```

ヒント

math.pow() は冪乗を実行します。

解答

math.pow(2, 3) は、2 の 3 乗を計算します。したがって、「8.0」が表示されます。

解説

math モジュールには、数学に関する各種関数が定義されています。

095

2 プログラミング入門

　math.pow() は冪乗を実行する関数です。呼び出す場合には「math.pow()」と記述します。math.pow()は引数を浮動小数点数に変換してから実行します。そのため、結果は「8.0」となっています。
　一方、組み込み演算子の「**」を使った場合も、冪乗を求めることができます。

```
01:  print(2**3)
```

```
Out   8
```

　** を使った場合、入力された型そのままで演算されるので、「8.0」ではなく「8」が返されます。この他、組み込み関数の「pow()」でも同様の結果を得ることができます。組み込み関数「pow()」では整数で計算されるので、浮動小数点数に比べて、大きな値で計算してもオーバーフローしないというメリットがあります。

```
01:  print(pow(2,3))
```

```
Out   8
```

問題.2

　random モジュールを import せずに次のコードを実行した場合、どうなるかを確認してください。

```
01:  print(random.randint(0, 10))
```

ヒント

　random モジュールのクラスやメソッドは、random モジュールを import して初めて使うことができます。

解答

　エラーになり、実行できません。

2.13

import のいろいろな書き方

前節で、import 文の基本的な書き方を説明しましたが、モジュールを便利に使うために、他にも様々な書き方が用意されています。

モジュールの一部を読み込む（from）

前節では、次のように import 文を記述しました。

```
01: import random
```

この場合、random モジュールの「randint()」を呼び出すには「random.randint()」とモジュール名から記述する必要がありました。これを避けるために、次のように記述する方法があります。

```
01: from random import randint
```

これによって、関数の呼び出しは次のように記述できます。

```
01: from random import randint
02: print(randint(0, 10))
```

Out   9

この場合は、指定された randint 関数のみが読み込まれます。randint 関数と同時に choice 関数も読み込むには、次のように記述します。

```
01: from random import randint, choice
02: print(randint(0, 10))
03: print(choice(['a', 'b', 'c']))
```

Out   5
       b

モジュールに含まれるすべての関数を読み込むには、次のようにします。

CHAPTER 2

プログラミング入門

097

2 プログラミング入門

```
01:  from random import *
02:  print(randint(0, 10))
```

Out 4

　ただし、この記述はあまりおすすめしません。どのモジュールの関数を使っているのかが不明確になり、不用意に組み込み関数などを上書きしてしまう恐れもあり、また、プログラムの可読性が低下してしまうためです。

モジュールに別名をつける（import as）

　import 文を使うとき、「as」を使うことで、モジュールに好きな名前をつけることができます。
　書式は、「import モジュール名 as 別名」です。

```
01:  import random as rd
02:  print(rd.randint(0,10))
```

Out 10

　なお、モジュール（外部パッケージ）によっては、慣例としてよく使われる省略名があります。必ずしも使わなくてもよいですが、可読性を考慮して慣例に合わせておくのが望ましいでしょう。

```
01:  import numpy as np
02:  import pandas as pd
03:  import matplotlib.pyplot as plt
```

　また、次のように別名を記述することもできます。この場合、別名を定義されたのは、random ではなく randint ですので、注意してください。

```
01:  from random import randint as rint
02:  rint(1,10)
```

Out 2

モジュールの検索

　import 文は、モジュールの検索パス（sys.path）に従ってモジュールを探します。
　自作のライブラリを特定のディレクトリに格納しておき、その他のモジュールと同

098

じように利用する場合には、該当するディレクトリのパスを環境変数「PYTHONPATH」に定義しておくことで対応可能です。

Linux 系 OS や Mac などでは、~/.bashrc 等に次のように定義することで、パスを追加することができます（＜追加するパス＞は適宜該当するパスを書き込んでください）。

```
export PYTHONPATH="＜追加するパス＞:$PYTHONPATH"`
```

なお、「sys.path」に登録してある内容は、単なるリストとして定義されています。内容は print() で確認することができます。それぞれの環境で確認してみてください。

```
01:  import sys
02:  print(sys.path)
```

2 プログラミング入門

問題.1

次のコードの結果がどうなるかを確認してください。

```
01:  from math import pow
02:  pow(2,3)
```

ヒント

組み込み関数にも pow() が存在します。この場合、組み込み関数と math モジュールのどちらの pow() が呼び出されているかを考えてみてください。

解答

```
01:  from math import pow
02:  pow(2,3)
```

```
Out   8.0
```

解説

math モジュールを import せずに組み込み関数の pow() を呼び出した場合は、次のようになります。

```
01:  pow(2,3)
```

```
Out   8
```

```
01:  pow(2.0, 3)
```

```
Out   8.0
```

与えられた引数の型がそのまま継承されて、計算結果もその型で返ってきます。一方、math.pow() の場合は、引数の型に関係なく、浮動小数点数に変換して冪乗計算を行います。したがって、入力の型に関係なく戻り値は浮動小数点数型になっています。上記の結果では、整数型を引数にして「8.0」となっています。これは、math モジュール中の pow() が呼び出されていることを表しています。

2.13 import のいろいろな書き方

問題 . 2

次のプログラムの挙動を確認してください。

```
01:  import random
02:  from random import randint
03:
04:  print(random.randint(0,10))
05:  print(randint(0,10))
```

ヒント

「import random」も「from random import randint」も、どちらも正しい記述なので、正しく読み込まれます。

解答

```
01:  import random
02:  from random import randint
03:
04:  print(random.randint(0,10))
05:  print(randint(0,10))
```

```
Out  1
     3
```

※乱数を使っているので、出力結果は毎回異なります。

解説

1 行目の「import random」では、random.randint() として読み込まれています。一方、2 行目の「from random import randint」では、randint() として読み込まれています。前問の pow() の場合と異なり、同じ関数がそれぞれ別の関数として読み込まれていて、どちらもまったく同じ動作をするというだけです。

したがって、次の 2 行はどちらも正常に動作します。

```
01:  print(random.randint(0,10))
02:  print(randint(0,10))
```

ただし、現実的には無駄な動作ですし、後々不具合を起こす原因になりかねないので、import 文は整理して使用するのがよいでしょう。

CHAPTER 2

プログラミング入門

101

2 プログラミング入門

COLUMN COLUMN COLUMN COLUMN COLUMN COLUMN

Python とリスト構造

　Python のリスト（list）型は、格納するデータの種類やリスト自体の長さをあらかじめ決める必要がありません。append メソッドを使えばいつでも要素を追加できます。C 言語を知っている方は、これがどんなに便利なことであるか実感できるはずです。C 言語の配列は、その長さをあらかじめ決める必要があります。長さ 10 の配列を作ったら、そのままではその配列に 11 個目の要素を追加することができません。

　一般的に、リストというとサイズを変更できるデータ型を指し、配列というとサイズを変更できないデータ構造を意味する傾向がありますが、厳密に使い分けられてはいません。配列は、コンピュータのメモリ空間では連続した領域になっています。たとえば 4 バイトのデータを 10 個格納できる配列は、メモリ空間の連続した 40 バイトの領域に相当します。ところで、標準的な Python は CPython とも呼ばれ、C 言語で実装されています。そのため、CPython のリストの実体は、C 言語の配列です。サイズが変更できない配列に、どうやって append メソッドの機能を追加するのでしょうか？

　実は、Python はリストを用意するとき、すこしサイズに余裕を持った C 言語の配列を作ります。こうすることで、append メソッドで新たなデータの追加要請が来ても、すぐに対応できます。普段は気にすることがありませんが、このあたりは Python がうまくやってくれていて、リストが長くなるにつれ、サイズの余裕も十分に取るような仕組みになっています。ところで、リストの pop メソッドは、引数を省略すると末尾からデータを取り出し、削除します。引数に 0 を与えれば先頭要素を削除できますが、これらの計算時間には違いがあります。先頭からの取り出しは、末尾からの取り出しに比べて遅い処理になります。配列は、メモリ空間内の決まった場所に先頭から順番にデータを並べる構造なので、先頭の場所を変える処理にはすこし手間がかかることが原因です。pop ではなく、del を使った例ですが、5.3 節のコラムに実際の例がありますので、参考にしてください。pop メソッドのデフォルトの引数が末尾になっているのは、効率よく計算できる方法が選ばれているとも考えられます。こう考えると、引数のデフォルト値を忘れずにすむかもしれません。

CHAPTER

3

制御構文

3.1	if 文の基礎	104
3.2	if 文の応用	109
3.3	for 文の基礎	115
3.4	for 文の応用	119
3.5	while 文の基礎	125
3.6	while を使ったプログラミング	131
3.7	ファイルの操作	135
3.8	バイナリファイルの扱い	139

3.1

if 文の基礎

ここでは、プログラムの基本的な制御構造の 1 つである「分岐」を実現する、if 文について説明します。if 文は、指定した条件が成立する（真である）かどうかによって、何を実行するかを制御します。

if 文の構文

if 文は、条件式と、条件式が真だった場合の処理で構成されます。

```
01:  if 条件式:
02:      条件式が真だった場合の処理
```

たとえば、変数 a の値が 10 以上だった場合に変数 a の値を表示するコードは、次のようになります。

```
01:  if a >= 10:
02:      print(a)
```

最初の行では、if の後に半角スペースを書き、その後に条件式（ここでは「a >= 10」）を書きます。条件式の最後には「:」をつけます。

次の行が、条件式が真だったときに実行される処理です。この行は、インデントがついていることで、if 文の条件式が真だった場合に実行される処理であることがわかります。複数の処理を実行する場合には、2 行目と同じインデントをつけた複数行を記述します。

なお、インデントは Tab キーで入力する「タブ」ではなく、「半角スペース」4 つを使って入力します（エディタによっては、タブを自動的に半角スペースに変換してくれるものもあります）。これは、PEP8 というガイドラインに記載されている、Python のコーディングスタイルです。

後で出てくる for 文や while 文などの他の制御構造でも、インデントを使うことによって、制御構造内で実行するコードであることを示します。

条件式

条件式には、基本的に、真偽値もしくは真偽値を返す演算子を使った式や、関数などが入ります。2.9 節で説明した比較演算子やブール演算子が、それに含まれます。

◆比較演算子

比較演算子を使った条件式の例は、次のようになります。

```
01: if a > 10:
02:     print('OK')
```

◆in 演算子

in 演算子を使った条件式の例は、次のようになります。

```
01: if 'a' in ['a', 'b', 'c']:
02:     print('OK')
```

◆論理演算子

論理演算子は、複数の条件式をつなげて複雑な条件として判定する場合に使います。

```
01: if a > 10 and b < 15:
02:     print('OK')
```

◆数値やリスト

条件式の代わりに、数値や文字列、リストをそのまま記述することができます（エラーになりません）。

ただし、どれが True でどれが False になるのかは、必ずしも直感的にわからない場合があります。具体的には、0、0.0、空のリスト（やタプル、辞書、集合や range(0)）、None などが False となり、それ以外が True になります。

```
01: if 10:
02:     print('OK')
03: # 10 -> True
04:
05: if 0:
06:     print('OK')
07: # 0 -> False
08:
09: if [1, 2]:
10:     print('OK')
11: # [1, 2] -> True
12:
13: if []:
14:     print('OK')
15: # [] -> False
16: 続く
```

3 制御構文

```
17:  if 'False':
18:      print('OK')
19:  # 文字列の'False' -> True
```

なお、組み込み関数 bool() を使うことで、真偽値を明示することができます。

```
01:  bool(10)
```

```
Out  True
```

```
01:  print(bool(0))
02:  print(bool([1, 2]))
03:  print(bool([]))
04:  print(bool('False'))
```

```
Out  False
     True
     False
     True
```

問題.1

次のプログラムを実行した場合、表示されるのは次のうちどれでしょうか？

```
01:  a = 100
02:  if a >= 10:
03:      print(a)
```

① 0　② 10　③ 100　④ 何も表示されない

ヒント

「a >= 10」という条件式が真の場合、「print(a)」が実行されます。

解答

③

3.1 if 文の基礎

解説

1 行目で、変数 a に 100 が代入されています。2 行目で、変数 a が 10 以上かどうかを比較演算子「>=」を使って判定しています。結果は True（真）ですので、3 行目の処理を実行します。3 行目で、変数 a の値を表示します。

よって、答えは「③ 100」です。

実際に動作させて結果を確認してみましょう。

```
01: a = 100
02: if a >= 10:
03:     print(a)
```

```
Out  100
```

CHAPTER 3

制御構文

問題 . 2

次のプログラムを実行した場合、表示されるのは次のうちどれでしょうか？

```
01: a = 0
02: if a == 0:
03:     a += 1
04:     a *= 2
05:     a -= 1
06: print(a)
```

① 0　② 1　③ 2　④ 3

ヒント

if 文の下にインデントつきで複数行が書かれている場合、条件式が真のときは複数の行がすべて実行されます。

解答

②

107

3 制御構文

```
01:  a = 0
02:  if a == 0:
03:      a += 1
04:      a *= 2
05:      a -= 1
06:  print(a)
```

Out 1

解説

1行目で、変数 a に 0 が代入されています。

2行目で、変数 a が 0 であるかどうかを比較演算子「==」を使って判定しています。結果は True ですので、3行目～5行目の処理を実行します。

3行目～5行目は算術演算を行って変数 a の値を書き換えています。

3行目で、変数 a の値に 1 加算しています。結果、変数 a の値は 1 になります。

4行目で、変数 a の値を 2 倍しています。結果、変数 a の値は 2 になります。

5行目で、変数 a の値から 1 減算しています。結果、変数 a の値は 1 になります。

よって、答えは「② 1」です。

もし、2行目の比較演算子がたとえば「a > 0」だったなら、条件式の結果はFalse（偽）になり、3行目～5行目は実行されないまま、6行目の「print(a)」が実行されます。この場合は、変数 a の値は 1 行目で設定された 0 になっているので、「0」が表示されます。

3.2

if 文の応用

前節では、if 文による条件分岐の基本的な使い方を紹介しました。更に、else や elif、論理演算子などを組み合わせることで、より複雑な条件分岐も記述することができます。

else

　if 文では、条件式が真だった場合の処理だけでなく、偽だった場合の処理も書くことができます。

　条件式が偽の場合の処理を記述する書式は、次のようになります。

```
01:  if 条件式:
02:      条件式が真だった場合の処理
03:  else:
04:      条件式が偽だった場合の処理
```

　たとえば、変数 a の値が 10 以上だった場合に「OK」と表示し、変数 a の値が 10 未満だった場合に「NG」を表示するコードは、「else」を使って次のように書きます。

```
01:  if a >= 10:
02:      print('OK')
03:  else:
04:      print('NG')
```

　「else」の後ろに「:」（コロン）がついていることと、「else」の次の行にインデントがついていることに注意してください。

elif

　更に、複数の条件を加えることで、実行する処理を 3 つ以上に切り替えることもできます。上記に「elif」を加えて、これらを使い分けることで、複雑な条件が記述できます。

```
01:  if 条件式1:
02:      条件式1が真だった場合の処理
03:  elif 条件式2:
04:      条件式2が真だった場合の処理　続く
```

CHAPTER 3

制御構文

109

3 制御構文

```
05:    else:
06:        いずれの条件式も偽だった場合の処理
```

elif を複数回使うことで、更に多くの条件を記述することができます。たとえば、15の倍数なら「fifteen」、3の倍数なら「three」、5の倍数なら「five」を出力するには、次のように書きます。

```
01:    a = 30
02:    if a % 15 == 0:
03:        print('fifteen')
04:    elif a % 3 == 0:
05:        print('three')
06:    elif a % 5 == 0:
07:        print('five')
08:    else:
09:        pass
```

Out `fifteen`

条件式の判定は上から順に行われます。条件式が真になって処理を実行したら、それ以降の条件式が判定されることはありません。

まず、2行目の if 文の条件式を判定し、真だった場合には、「print('fifteen')」を実行します。

真でなければ、4行目の elif 文の条件式を判定し、真だった場合に「print('three')」を実行します。このとき、elif 文の行末に「:」（コロン）がついていることに注意してください。更に、上記の条件式が真でなければ、6行目の elif 文を判定し、真だった場合に「print('five')」を実行します。

ここまでの条件式がすべて偽だった場合に、8-9行目の else ブロックを実行します。

上記の例の場合、変数 a が 30 なので、15の倍数であるという条件（a % 15 == 0）が成立して、「print('fifteen')」が実行されます。3の倍数であるという条件（a % 3 == 0）や5の倍数であるという条件（a % 5 == 0）は、その前の条件が成立しているので判定が行われません。

また、この例ではいずれの条件式も偽だった場合の処理として「pass」が書かれていますが、「pass」は「何の処理も実行しない」ことを示します。このように、「何も実行しないことを明示する」ような場合に、「pass」を用います。何も実行しないのですから、次のように、else ブロックを記述しないほうがよいでしょう。

```
01:    if a % 15 == 0:
02:        print('fifteen')
03:    elif a % 3 == 0:
04:        print('three')  続く
```

```
05:    elif a % 5 == 0:
06:        print('five')
```

論理演算子

　複数の条件を組み合わせた条件式を記述するには、論理演算子を使います。Python
には、論理演算子として「and」「or」「not」が用意されています。詳細は、2.9節の「演
算子と真偽値」を参照してください。

　論理演算子の左右に条件を書くことで、全体としての真偽値を求めることができます。
論理演算子を含んだ全体の真偽値が、判定の結果になります。

　論理演算子によって結合された複数の条件は、左側の条件から順番に判定されます。
たとえば2つの条件を「and」でつないだ場合、左側の条件が偽であると判定されたと
きは、右側の条件を判定しなくても、条件式全体の値は必ず偽になります。このような
場合は、左側の条件を判定した段階で全体の条件式の判定ができているので、右側の条
件の判定は行われません。

　論理演算子「and」を使った、次のようなコードで考えてみましょう。

```
01:    a, b = 10, 20
02:    if a > 10 and b > 10:
03:        print('OK')
04:    else:
05:        print('NG')
```

　この条件式は、「a > 10」と「b > 10」という2つの条件が、論理演算子「and」でつ
ながれています。まず、左の条件「a > 10」が判定されます。a = 10なので、この判定
結果は偽となります。論理演算子andの場合は、「and」の左右の条件の両方が真のとき、
全体として真と判定されます。すなわち、一方が偽であるならば他方が真であろうと偽
であろうと関係なく、全体が偽であることが判定されます。左側の条件が偽であったの
で右側の「b > 10」の判定は実行されることなく、if文の条件式は偽と判定されます。

　一方、左側の条件が真だった場合は、右側の条件を判定しないと条件式全体は真偽値
が確定しないので、右側の条件も判定されます。

　別の例として、論理演算子「or」を使ってみましょう。

```
01:    a, b = 20, 10
02:    if a > 10 or b > 10:
03:        print('OK')
04:    else:
05:        print('NG')
```

　論理演算子orの場合は、andとは状況が反対になります。「or」の左右のどちらかが

3 制御構文

真であればよいのですから、左側の条件が真と判定された時点で、右側の条件の真偽に関係なく条件式全体が真であると判定され、右側の条件は判定されることはありません。

一方、左側の条件が偽と判定されると、全体の真偽値は未確定なので、右側の条件を判定して、条件式全体の真偽値を決定します。

これらは複雑なようですが、不要な判定処理を実行しないということでは合理的な処理です。

問題.1

次の処理を実行した後、変数 a の値は何になるでしょうか？

```
01:  a = 10
02:  if a > 10:
03:      a /= 2
04:  else:
05:      a += 1
```

① 5　② 6　③ 10　④ 11

ヒント

「a /= 2」は「a = a / 2」と等価、「a += 1」は「a = a + 1」と等価な式です。

解答

④

```
01:  a = 10
02:  if a > 10:
03:      a /= 2
04:  else:
05:      a += 1
06:  print(a)
```

```
Out  11
```

3.2 if 文の応用

解説

1 行目で変数 a に値 10 が代入されています。

2 行目の条件式「a > 10」は False（偽）になるので、3 行目は実行されず、「else」の実行文である 5 行目の「a += 1」が実行されます。これは、「a = a + 1」と等価な代入なので、「a = 10 + 1 = 11」となり、答えは「④ 11」になります。

問題.2

次の結果になるように、空欄を埋めてください。

変数 a の値が 100 以上の場合は 2 倍する。変数 a の値が 50 以上 100 未満の場合は 2 で割る。それ以外は 2 を足す。

```
01: if a >= 100:
02:     a *= 2
03: elif [      ]:
04:     a /= 2
05: else:
06:     a += 2
```

解答

a >= 50

```
01: a = 10
02: if a >= 100:
03:     a *= 2
04: elif a >= 50:
05:     a /= 2
06: else:
07:     a += 2
08: print(a)
```

Out 12

解説

if 文の条件式は、上から順に判定されていきます。問題文では、条件とその条件

CHAPTER 3

制御構文

113

3 制御構文

が True の場合に行う処理が記述されているので、この順に書いていけばよいことになります。2 つの条件とその処理、およびどの条件にも該当しなかった場合の処理が記述されているので、Python で次の形式を埋めることになります。

```
01:   if 条件式1:
02:       条件式1が真だった場合の処理
03:   elif 条件式2:
04:       条件式2が真だった場合の処理
05:   else:
06:       いずれの条件式も偽だった場合の処理
```

条件 1 は「変数 a の値が 100 以上のときには 2 倍する」と書かれているので、条件式 1 は「a >= 100」、真の場合の処理は「a *= 2」となります。

条件 2 は「変数 a の値が 50 以上 100 未満の場合は 2 で割る」と書かれています。100 未満と書かれていますが、すでに条件式 1 で 100 以上の場合を判定しているので、条件 2 では考える必要がなく、「変数 a の値が 50 以上の場合は 2 で割る」に該当する処理を記述することになります。条件式 2 は「a >= 50」、その場合の処理は「a /= 2」となります。

最後に「それ以外は 2 を足す」と書かれています。else の処理として「a += 2」となります。

以上を python で記述すると、次のようになります。

```
01:   if a >= 100:
02:       a *= 2
03:   elif a >= 50:
04:       a /= 2
05:   else:
06:       a += 2
```

したがって、 ☐ に入るのは「a >= 50」であることがわかります。

3.3

for 文の基礎

ここでは、プログラムの基本的な制御構造の 1 つである「反復」を実現する for 文について説明します。ただし、Python の for 文は、リスト型を始めとするデータに対して、繰り返し処理を行います。

for 文の構文

Python の for 文は、リスト型のデータなどから、その要素を順番に取り出して処理をするような形で用いられます。

```
01:  for 変数 in リストなど:
02:      繰り返したい処理
```

たとえば、次の例では、リスト中のすべての要素を順番に表示します。変数 i にリストの要素が順番に代入され、その都度 print() で表示されています。

```
01:  for i in [0, 1, 2, 3 ,4]:
02:      print(i)
```

```
Out  0
     1
     2
     3
     4
```

この際、if 文の場合と同様に、インデントによって繰り返したい処理が記述されていることに注意してください。

for 文の中には、リストそのものではなく、変数を書いても構いません。上記の処理は、次のように書き換えることができます。

```
01:  my_list = [0, 1, 2, 3 ,4]
02:  for i in my_list:
03:      print(i)
```

if 文の制御構造と組み合わせることもできます。次の例は、リスト中の要素のうち、2 で割り切れるものだけを表示します。条件式「i % 2 == 0」で、2 で割り切れるかどうかを判定しています。

3 制御構文

```
01:  my_list = [0, 1, 4, 9, 16, 25, 36]
02:  for i in my_list:
03:      if i % 2 == 0:
04:          print(i)
```

```
Out  0
     4
     16
     36
```

　この際、制御構造（for）の中に制御構造（if）が書かれることになるため、for 文のインデントに if 文のインデントが重なり、インデントが深くなっていることに注意してください。

　for 文では、反復可能体であれば、何でも指定することができます。ジェネレータ（6.4 節参照）を指定することもできます。ただし、取得した要素の型が何であるかの保証はありませんので、処理を書く際には、要素の型が何であるかを意識する必要があります。

問題.1

　次のリストから、文字数が 6 文字以上の文字列のみを格納したリストを作る処理を書いてください。

```
01:  my_list = ['tokyo', 'osaka', 'fukuoka', 'aichi', 'kyoto', 'chiba',
     'saitama', 'gunma']
```

ヒント

　文字数は、組み込み関数 len() を使うことで得られます。文字列リストの場合も数値リストの場合と同じで、for 文によってリストの先頭から順に要素を取り出して処理することができます。

解答

```
01:  my_list = ['tokyo', 'osaka', 'fukuoka', 'aichi', 'kyoto', 'chiba',
     'saitama', 'gunma']
02:  my_list_6 = []  続く
```

116

3.3 for 文の基礎

```
03:  for s in my_list:
04:      if len(s) >= 6:
05:          my_list_6.append(s)
06:  print(my_list_6)
```

Out `['fukuoka', 'saitama']`

解説

　ここで行うのは、もとのリストから条件に適合した要素を抜き出し、それらを格納した結果のリストを作ることです。もとのリストから要素1つ1つを抜き出すのに、for 文を使います。条件判定は比較演算子を用い、結果リストには append() メソッドで格納します。これらを使って、上記のプログラムができあがります。

　1行目は、もととなるリスト my_list を定義しています。

　2行目は、文字数6文字以上の文字列を格納するためのリスト my_list_6 を作成しています。最初は空リストとして定義しておきます。

　3行目は、for 文でもとのリストから要素を1つずつ取り出しています。

　4行目～5行目は、for 文で取り出された各要素に対する処理になります。4行目で、取り出された文字列 s の文字数が6文字以上かどうかを判定しています。5行目は、if 文の条件式が真だったとき（文字数が6文字以上だったとき）の処理です。リスト my_list_6 の末尾に要素を追加します。

　6行目の処理が行われるのは、3行目～5行目の for 文の処理が終わった後です。したがって、my_list の中の6文字以上の文字列が、リスト my_list_6 に格納されているはずです。6行目で、その my_list_6 を表示します。

問題. 2

　次のプログラムを動かした場合、最終的な変数 x の値は次のうちどれになるでしょうか？

```
01:  my_list = [1, 1, 2, 3, 5, 8, 13]
02:  x = 0
03:  for n in my_list:
04:      if n % 2 != 0:
05:          x += n
```

① 7　② 13　③ 23　④ 33

3 制御構文

ヒント

　条件式「n % 2 != 0」は、「n が 2 で割り切れない」ことを表し、n が奇数である
かどうかを判定しています。

解答

　③

```
01:  my_list = [1, 1, 2, 3, 5, 8, 13]
02:  x = 0
03:  for n in my_list:
04:      if n % 2 != 0:
05:          x += n
06:  print(x)
```

Out   23

解説

　1 行目は、もととなる数字を格納したリストです。
　2 行目は、最終的な計算結果が格納される変数の定義です。
　3 行目～ 5 行目は、for 文での処理になります。3 行目でリストから要素を 1 つ
ずつ取り出します。4 行目～ 5 行目は、取り出された要素（値）に対しての処理で
す。4 行目は、数値が 2 で割り切れないかどうか（奇数かどうか）を判定していま
す。5 行目では、条件式が真だった場合に、x にその値を加算しています。
　6 行目は、3 行目～ 5 行目の実行の結果、計算された x の値を表示します。
　このプログラムは、与えられた数値リストの要素のうち、奇数の数値の合計を求
めるものです。したがって、答えは「③ 23（＝ 1+1+3+5+13)」になります。

3.4

for 文の応用

ここでは、もう少し詳しく for 文の使い方を見てみましょう。実際のプログラムでは、単純な繰り返しではなく、範囲指定や中断などの処理が必要になります。それらの機能について解説します。

range()

前節では、for 文の中で数字列をリストとして記述しましたが、組み込み関数のrange() を使うこともできます。

```
01: for i in range(5):
02:     print(i)
```

```
Out  0
     1
     2
     3
     4
```

range(5) で指定した値 5 が、得られた数字列に含まれていないことに注意してください。range() は 0 から指定した終了値の 1 つ前までの数値を返します。

また、開始値や増分を指定することができます。開始値 5、終了値 10 を指定すると、次のようになります。

```
01: for i in range(5, 10):
02:     print(i)
```

```
Out  5
     6
     7
     8
     9
```

開始値 10、終了値 20、増分 3 を指定した場合は、次のようになります。

CHAPTER 3

制御構文

119

3 制御構文

```
01: for i in range(10, 20, 3):
02:     print(i)
```

```
Out  10
     13
     16
     19
```

　ここまで、range() を for 文に使ってきましたが、range() そのものについて詳しく見てみましょう。上記の for 文での使い方は、単なるリストの置き換えとみることもできます。しかし実際は、range() は指定したパラメータにもとづく range オブジェクトを返しています。

```
01: print(range(5))
```

```
Out  range(0, 5)
```

　range() を使ってリストを作成するには、list() を使ってキャストします。

```
01: print(list(range(5)))
```

```
Out  [0, 1, 2, 3, 4]
```

反復可能体（イテラブル、iterable）

　これまで紹介した range() やリストのような、for 文の in に記述できる要素のことを、反復可能体（イテラブル、iterable）といいます。
　この他には、タプルや文字列、辞書、集合などがイテラブルです。たとえば、文字列で 1 文字ずつ抜き出して表示する処理は、次のように書くことができます。

```
01: for s in 'hoge':
02:     print(s)
```

```
Out  h
     o
     g
     e
```

120

break 文

break 文は、for 文などの繰り返しの制御構造の中に書くことができます。break を使うと、それ以降の処理を行わず、その場で for 文の繰り返し処理が終了します。for 文で取得している要素が残っていても、残りの要素に対する処理は行われません。

たとえば、0 から 4 までの要素を繰り返してその値を表示する処理で、要素が 2 のときに break するプログラムは、次のようになります。

```
01:  for x in range(5):
02:      if x == 2:
03:          break
04:      print(x)
```

```
Out  0
     1
```

x が 2 のときは print(x) を実施することなく終了するので、0 と 1 のみを表示して終わります。

continue 文

continue 文も、break 文と同じように繰り返しの制御構造の中に書くことができます。continue を使うと、それ以降の処理を行わずに、for 文の次の要素の取得へと処理が移ります。continue の後に書いてある処理は、実行されません。

たとえば、0 から 4 までの要素を繰り返してその値を表示する処理で、要素が 2 のときに continue するプログラムは、次のようになります。

```
01:  for x in range(5):
02:      if x == 2:
03:          continue
04:      print(x)
```

```
Out  0
     1
     3
     4
```

x が 2 の場合のみ continue して print(x) を実施しないので、0 と 1 を表示した後、2 の表示をスキップして、3 と 4 を表示しています。

3 制御構文

問題 . 1

　次のプログラムを実行した場合、何が出力されるでしょうか？ また、continue を break に変えるとどうなるでしょうか？

```
01:  for i in range(10):
02:      if i % 2 == 0:
03:          continue
04:      print(i)
```

ヒント

「i % 2 == 0」という条件式は、i が偶数であることを判定します。

解答

　0 から 9 までの整数のうち偶数を除いたもの、すなわち奇数だけが表示されます。

```
01:  for i in range(10):
02:      if i % 2 == 0:
03:          continue
04:      print(i)
```

```
Out  1
     3
     5
     7
     9
```

continue を break に変えると、何も表示せず終了します。

```
01:  for i in range(10):
02:      if i % 2 == 0:
03:          break
04:      print(i)
```

解説

for 文で、0 から 9 までの整数値を順に取得します。

3.4 for 文の応用

2行目の「i % 2 == 0」という条件式は偶数かどうかを判定するので、偶数の場合は何もせずに次の要素を取得する先頭行に戻ります。それ以外、すなわち奇数の場合のみ、4行目の print() が実行されて表示されます。結局、0から9のうち、奇数である 1, 3, 5, 7, 9 が表示されます。

また、continue を break に変えると、偶数の要素がきたところで for 文が終了します。この場合は、最初の数値0が偶数なので、最初の要素のみを判定して for 文を終了し、結局何も表示されません。

問題.2

次のプログラムを動かした場合、最終的に変数 x の値は①〜④のうちどれになるでしょうか？

```
01:  numbers = [1, 1, 2, 3, 5, 8, 13, 21]
02:  x = 0
03:  for n in numbers:
04:      if n > 10:
05:          break
06:      x += n
```

① 8　② 13　③ 20　④ 33

解答

③

```
01:  numbers = [1, 1, 2, 3, 5, 8, 13, 21]
02:  x = 0
03:  for n in numbers:
04:      if n > 10:
05:          break
06:      x += n
07:  print(x)
```

```
Out  20
```

CHAPTER 3

制御構文

123

3 制御構文

解説

4 行目〜 5 行目の if 文がない場合を考えてみます。

```
01:  numbers = [1, 1, 2, 3, 5, 8, 13, 21]
02:  x = 0
03:  for n in numbers:
04:      x += n
```

これは、リストの要素を取り出して変数 x に足し合わせています。この場合は変数 x の値は 54 になります。

しかし、問題文のコードでは for 文の中に、

```
01:  if n > 10:
02:      break
```

という if 文が含まれています。これは、n が 10 より大きければ、for 文を終了することを表しています。もとのリストを見てみると、最初に出てくる 10 より大きい値は 13 です。その前までの値は x に加算されるので、答えは 1+1+2+3+5+8 = 20 となります。

3.5

while 文の基礎

while 文は、前節まで解説した for 文と同様に、繰り返し処理を行う構文です。for 文では、リストなどの要素数だけ繰り返しを行いましたが、while 文では繰り返しの条件を明示する形になっています。

while 文の構文

while 文は for 文と同じく、繰り返し処理を行います。ただし、繰り返しを判定する条件式が書かれていて、繰り返し条件が真の場合に繰り返しを続けます。

```
01: while 条件式:
02:     繰り返したい処理
```

while 文は、条件式が真の間は、繰り返し処理を続けます。

while を使って、1 から 10 までの数値を表示するプログラムを書くと、次のようになります。繰り返しごとに変数 a の値が 1 ずつ増加して、変数 a の値が 10 を超えた場合に、繰り返し条件「a <= 10」が偽となって繰り返しが終了します。

```
01: a = 1
02: while a <= 10:
03:     print(a)
04:     a += 1
```

もう少し複雑な例として、フィボナッチ数列を出力するプログラムを while 文で書いてみます。フィボナッチ数列は、前の 2 つの値の和が次の値になるような数列で、具体的には次のようになります。

1, 1, 2, 3, 5, 8, 13, ...

次のようなコードを書けば、フィボナッチ数列を出力できます。実行すると、20 未満のフィボナッチ数列を出力します。

3 制御構文

```
01:  a, b = 0, 1
02:  while b < 20:
03:      print(b)
04:      a, b = b, a + b
```

　繰り返しの条件「b < 20」が成立している限り、処理を繰り返します。条件式は、繰り返し処理を1度実行するごとに判定されます。この場合だと、1度繰り返すごとに変数 b の値が増加しているので、いずれ繰り返し条件が偽になり、繰り返しは終了します。変数 b の値は単純に1ずつ増加しているわけではないため、繰り返し回数が20回ではないことに注意してください。

continue と break

　for 文で出てきた「continue」と「break」は、while 文でも同様に繰り返しを制御することができます。
　使い方は、for 文の場合と同じです。

COLUMNCOLUMNCOLUMNCOLUMNCOLUMNCOLUMN

無限の繰り返し（無限ループ）

　ここで、while 文の便利な使用例を示しておきます。

```
01:  while True:
02:      pass
```

　繰り返し条件として True と記述すると、無限の繰り返しになります。更に、実行する処理は「pass」になっています、これは「何もしない」という処理で、while 文の構文としての形式を整えるために記述しています。つまりこれは、何もせずに無限に繰り返すだけのプログラムです。
　このプログラムを実行すると無限に繰り返しを続けるので、扱いには注意してください。実行した場合、これを停止するには、コンソールでの動作なら Ctrl+C キー、Jupyter Notebook 上で実行している場合は停止ボタン（■）をクリックします。

126

3.5 while 文の基礎

問題.1

次の空白を埋めて、10未満の数について繰り返しを行い、偶数を表示するプログラムを作ってください。

```
01: a = 1
02: while _____ :
03:     if a % 2 == 0:
04:         print(a)
05:     a += 1
```

ヒント

偶数判定はif文で記述できているので、whileの繰り返し条件として、10未満の数値であることを判定する条件式を記述する必要があります。

解答

a < 10

解説

問題文の空欄に、仮の繰り返し条件として「True」を書いてみます。

```
01: a = 1
02: while True:
03:     if a % 2 == 0:
04:         print(a)
05:     a += 1
```

このプログラムは、1以上の偶数を無限に表示し続けます。問題文には「10未満」という指定があります。プログラム中で、偶数表示に使われているのは変数aなので、aが10未満という条件をつければよいことがわかります。したがって、空欄には「a < 10」を記述します。実際に動作させてみると、10未満の偶数が表示されることが確認できます。

```
01: a = 1
02: while a < 10:
03:     if a % 2 == 0:  続く
```

CHAPTER 3

制御構文

127

3 制御構文

```
04:          print(a)
05:      a += 1
```

```
Out  2
     4
     6
     8
```

　ここでは、繰り返し条件を指定することで有限回の繰り返しを実現しましたが、if文を追加して、終了条件のときに break するように書くこともできます。

```
01:  a = 1
02:  while True:
03:      if a % 2 == 0:
04:          print(a)
05:      a += 1
06:      if a >= 10:
07:          break
```

　for 文の場合は要素がなくなれば終了しましたが、while 文では繰り返し条件によって繰り返しを制御しているので、条件式を間違えると無限の繰り返しや予期しない挙動になる場合があります。繰り返し条件の設定には注意が必要です。

問題.2

　次のプログラムを実行すると、最終的な変数 a の値は次のうちどれになるでしょうか？

```
01:  a = 0
02:  while a < 100:
03:      if a > 10:
04:          break
05:      a += 2
```

① 8　② 10　③ 12　④ 100

3.5 while 文の基礎

ヒント

while 文の繰り返し条件は「a < 100」ですが、if 文に break 文を実行するための条件式が書かれています。while 文中でも、break、continue は繰り返しの制御を行います。

解答

③

解説

while 文には、繰り返し条件として「a < 100」が書かれています。したがって、この条件が成立している限り while 文は繰り返しを続けます。

まず、内側の if 文を除いて考えてみましょう。

```
01: a = 0
02: while a < 100:
03:     a += 2
04: print(a)
```

```
Out  100
```

動作させてみると、100 が表示されます。a を 0 から 2 ずつ加算していき、a が 100 より小さい間繰り返すわけですが、a が 100 以上になった段階で while を終了します。ところが問題では、while 文の中に break を実行する if 文があります。

```
01:     if a > 10:
02:         break
```

これは、変数 a が 10 を超えた場合に while 文を終了させます。0 から 2 ずつ加算していくわけですから、0, 2, 4, 6, 8, 10, 12,... となって、a が 12 の場合にこの条件が True になります。したがって、最終的に変数 a の値は 12 となります。実際に動作させると、12 が表示されるのが確認できます。

```
01: a = 0
02: while a < 100:
03:     if a > 10:
04:         break
05:     a += 2
06: print(a)
```

CHAPTER 3

制御構文

129

```
Out  12
```

　break 文で終了しているので、実は while 文の繰り返し条件「a < 100」は繰り返しの制御としては機能していますが、終了を判定する点では機能していないことになります。つまり、次のように書いても最終的な結果は同じです。

```
01: a = 0
02: while True:
03:     if a > 10:
04:         break
05:     a += 2
06: print(a)
```

3.6

while を使ったプログラミング

ここでは、前節で学んだ while 文の理解を深めるために、コンピュータがランダムに選んだアルファベットを当てるゲームを、while 文を使って書いてみましょう。

アルファベット当てゲーム

　プログラム内で、事前にアルファベットを選んでおきます。対戦者は1文字のアルファベットを入力します。正解なら OK と表示して終了しますが、間違いなら NG と表示して、次の入力を待ちます。正解するまでループし続けます。

```
01: import random
02: alphabet = ['a', 'b', 'c', 'd', 'e', 'f', 'g', 'h', 'i', 'j', 'k', 'l',
    'm', 'n', 'o', 'p', 'q', 'r', 's', 't', 'u', 'v', 'w', 'x', 'y', 'z']
03: ch = random.choice(alphabet)
04: while True:
05:     val = input()
06:     if ch == val:
07:         print('OK')
08:         break
09:     else:
10:         print('NG')
```

　1行目で、「import random」で乱数発生に必要なモジュールを読み込みます。

　2行目で、アルファベットを格納したリストを定義しています。

　3行目で、「random.choice()」でリスト中の1要素をランダムに取り出します。

　4行目から9行目までは、入力を行い、それがランダムに選んだアルファベットと一致しているかどうかを判定し、一致するまで 'NG' を表示し続けるループ処理です。

　input() でプログラム実行時に文字列入力を受け取ります。Enter キーを押すまでに入力した文字列が返されます。このとき Enter キーの入力は input() の戻り値に含まれていません。入力した文字だけが返されます。

　input() では、0文字以上の文字列を受け取ります。ここでは、入力文字数のチェックは行っていませんが、1文字のアルファベットに対して、0文字の文字列または2文字以上が指定された場合は、一致しないと判定しています。文字が一致したかどうかは文字列の比較で判定し、一致した場合は break することで、while 文を終了しています。break する前に7行目で 'OK' を表示します。

　10行目は、文字列が一致しなかった場合の処理で、'NG' を表示しています。

3 制御構文

問題 . 1

　4桁の数字で構成された文字列をランダムに作成し、入力した文字列と一致したら終了し、一致しなければ入力を求め続けるプログラムを作成してください。なお、4つの数字は重複しないものとします。

ヒント

　基本的な動作は、上記のプログラムと同じです。違うのはアルファベット1文字が数字4桁に変わったところです。ここでは整数値ではなく、数字文字列4桁として扱います。4桁の数字列をランダムに作成する方法は2.12節を参照してください。また、文字列の結合はjoin()を使うことができます。

解答

```
01:  import random
02:  numbers = ['0','1','2','3','4','5','6','7','8','9']
03:  sample4 = random.sample(numbers, k=4)
04:  num4 = ''.join(sample4)
05:  while True:
06:      val = input()
07:      if val == num4:
08:          print('OK')
09:          break
10:      else:
11:          print(val, ': NG')
```

解説

　上記の例との違いは、アルファベット1文字が数字4文字に変わったところです。ランダムに数字4桁の文字列を作成しているのは、3行目と4行目の処理です。

　まず、3行目の「random.sample(numbers, k=4)」で、リスト numbers の数字文字列のリストから、重複なしで任意の4文字を取り出したリスト sample4 を作成します。そして、4行目の「.join()」でリスト sample4 に含まれる文字列を結合します。その際の区切り文字が「''」と指定されています。「''」は空文字列なので、結局、リストの文字を単純に結合した文字列が得られます。これが、ランダムに作成した4桁の数字文字列です。数値ではなく文字列になっているのは、先頭に '0' が来た場合に数値だと桁数が変わってしまうからです。

　その後の処理は、上記の例と同じです。単に入力文字列と4桁の数字文字列と

132

3.6 while を使ったプログラミング

の比較を行って、一致するまで繰り返しています。

問題.2

　4桁の重複のない数字の文字列をランダムに作成し、入力した文字列と一致した文字だけを表示して、一致しない箇所は X を表示する繰り返しのプログラムを作成してください。なお、4桁の数字すべてが一致したら、繰り返しが終了するものとします。

解答

```
01: import random
02: numbers = ['0','1','2','3','4','5','6','7','8','9']
03: num4 = ''.join(random.sample(numbers, k=4))
04: while True:
05:     val = input()
06:     if val == num4:
07:         break
08:     if len(val) != 4:
09:         print('input 4 numbers.')
10:         continue
11:     answer = ''
12:     for i in range(4):
13:         if num4[i] == val[i]:
14:             answer += num4[i]
15:         else:
16:             answer += 'X'
17:     print('-> ' + answer)
```

解説

　前半の処理は問題 [1] と同じですが、今回は、次のコードで文字数の判定をしています。この後、4桁の文字列と1文字ずつ比較するので、4桁以外の入力データは不正データとしてはじいています。

```
01:     if len(val) != 4:
02:         print('input 4 numbers.')
03:         continue
```

CHAPTER 3

制御構文

133

3 制御構文

　後半の一致した文字だけを表示する処理で、while 文の中に for 文があり、更に
その中に if 文があります。このように制御構造の中に制御構造を繰り返し入れ込
んでいくことができ、それに伴ってインデントが深くなっていきます。

COLUMNCOLUMNCOLUMNCOLUMNCOLUMNCOLUMN

代入式（Python 3.8 以降）

　Python 3.8 では、「代入式」が導入されます（「代入式」は「セイウチ演算子」
とも呼ばれていますが、本コラムでは「代入式」とします）。これまでも「代入文」
はありましたが、「代入文」では代入した結果の値は返ってきませんでした。「代入
式」では、代入した値が結果の値として返ってきます。書き方は次のように少し違
います。

代入文：　a = 2　　　　代入式：　a := 2

　この「代入式」が導入されることによって、これまで複雑に書かざるを得なかっ
た処理を単純化できるケースが出てきます。
　この節の最初のプログラムを、「代入式」を使って書き換えてみましょう。

```
01:  import random
02:  alphabet = ['a', 'b', 'c', 'd', 'e', 'f', 'g', 'h', 'i', 'j', 'k', 'l',
     'm', 'n', 'o', 'p', 'q', 'r', 's', 't', 'u', 'v', 'w', 'x', 'y', 'z']
03:  ch = random.choice(alphabet)
04:  while ch != (val := input()):
05:      print(val, ': NG')
06:  print('OK')
```

　while 文の中に、文の入力、入力値の比較、繰り返し条件をまとめることで、処
理がシンプルになり、全体の流れがわかりやすくなりました。
　ここで変更された箇所は、問題 [1]、問題 [2] でも同じ処理ですから、同様にシ
ンプルに記述することができます。たとえば、問題 [1] のプログラムは次のように
書き換えられます。

```
01:  import random
02:  numbers = ['0','1','2','3','4','5','6','7','8','9']
03:  num4 = ''.join(random.sample(numbers, k=4))
04:  while num4 != (val := input()):
05:      print(val, ': NG')
06:  print('OK')
```

3.7 ファイルの操作

ここでは、Python におけるファイル操作の基本として、テキストファイルを扱う方法について説明します。なお、バイナリファイルについては、次節で説明します。

ファイルのオープン

ファイルは、組み込み関数 open() を用いて操作します。
次のような内容の「sample.txt」を用意します。

```
01: abc
02: 100
```

このファイルから 1 行読み込んで表示するプログラムは、次のようになります。

```
01: f = open('sample.txt', 'r')
02: data = f.readline()
03: print(data)
04: f.close()
```

```
Out  abc
```

open() したファイルは、close() で閉じる必要があります。しかし、処理が複雑になってプログラムサイズが大きくなると、close() を書き漏らす恐れがあります。これに対して、with ブロックを使うと、ブロックの終了時に自動的にファイルが閉じられます。
上記のコードを with ブロックを使って書き換えると、次のようになります。

```
01: with open('sample.txt','r') as f:
02:     data = f.readline()
03:     print(data)
```

```
Out  abc
```

この記法を使えば、close() 忘れの心配をする必要はありません。
なお、open() の第二引数に 'r' を使いましたが、これは読み込み専用であることを示しています。これをモードと呼びます。他にもモードの指定がありますので、表で示しておきます。

r	読み込み専用（省略時も同じ）
w	書き出し専用（既存のファイルの場合は中身が消去されたうえで、書き込まれる）
a	追加書き出し（ファイルの末尾に追加される）
r+	読み書き両用

ファイルの書き込み

テキストをファイルに書き込むには、write() を使います。

```
01: with open('sample.txt','w') as f:
02:     f.write('test')
```

この例では、'test' という文字列がファイルに書き込まれます。

書き込まれるのは、write() では指定された文字列のみです。したがって、上記の例では、末尾に改行は書き込まれません。改行も書き込む場合は、文字列の末尾の改行を明示する必要があります。

```
01: with open('sample.txt', 'w') as f:
02:     f.write('test\n')
```

ファイルの読み込み

テキストファイルから 1 行を読み込むには、readline() を使います。通常のテキストを読み込んだ場合の末尾の改行の扱いについては、注意が必要です。プラットフォームによって、末尾の改行に相当する文字列は異なっています。しかし、readline で読み込まれた文字列の末尾の改行文字は「\n」に変換されています。様々な処理を行う場合は、この改行文字は不要ですので、除去する必要があります。たとえば、次のようにすることで、末尾の改行が除去されます。

```
01: with open('sample.txt','r') as f:
02:     data = f.readline()
03:     line = data.strip()
```

テキストファイルを先頭から順に 1 行ずつ読み込むのは、ファイルをオープンしてできるファイルオブジェクトを、for 文でループさせることで実現できます。

```
01: with open('sample.txt', 'r') as f:
02:     for line in f:
03:         print(line.strip())
```

3.7 ファイルの操作

一度にすべてを読み込むときは、readlines() を使うことができます。結果は、各行の文字列を要素としたリストになります。各行の文字列には、末尾に改行文字がついています。

```
01: with open('sample.txt', 'r') as f:
02:     lines = f.readlines()
03: print(lines)
```

f.readlines() の代わりに list(f) とすることでも、同じことが実現できます。

```
01: with open('sample.txt', 'r') as f:
02:     lines = list(f)
03: print(lines)
```

問題.1

次の空白を埋めてプログラムを完成させてください。実行すると、ファイルから1 行を読み込んで、その内容を表示します。

```
01: with open('sample.txt, [      ] ) as f:
02:     line = f.readline()
03:     print(line)
```

ヒント

読み込み用のモードを指定します

解答

'r' または 'r+' または無記入

解説

読み込みのモードなので、読み込み専用の「r」、または、読み書き両用の「r+」を指定します。また、無記入の場合は「r」とみなされて読み込み専用になります。ここでは、readline() でファイルから1 行を読み込んで、末尾の改行をそのまま残して print() を呼び出しています。

```
01: with open('sample.txt', 'r') as f:
02:     line = f.readline()  続く
```

CHAPTER 3

制御構文

137

3 制御構文

```
03:        print(line)
```

問題 . 2

各行に 1 から 10 の数字が書かれたファイル「numbers.txt」があります。次の
プログラムを実行した場合、最終的に何が表示されるでしょうか？ 4 つの中から
選んでください。

```
01: with open('number.txt', 'r') as f:
02:        sum = 0
03:        for data in f:
04:            num = int(data)
05:            sum += num
06:        print(sum)
```

① 0   ② 1   ③ 10   ④ 55

ヒント

テキストファイルから読み込んだデータは、文字列型になっています。数字文字
列を int() でキャストすると、整数型に変換できます。int 関数は、改行コードつき
の文字列も適切に整数化してくれます。

解答

④

解説

1 から 10 の数字が書かれたテキストファイルを 1 行ずつ読み込んで、その数値
を合計した結果を表示しています。

1 行目は、ファイルをオープンしてファイルオブジェクト f を作成します。
2 行目は、合計を格納する変数 sum を初期化しています。
3 行目〜 5 行目で数値を合計しています。
3 行目で、ファイルオブジェクトから 1 行読み込んで、
4 行目で、末尾の改行を削除して数値に変換して、
5 行目で、変数 sum に足しこんでいます。
6 行目で、結果を表示しています。

3.8

バイナリファイルの扱い

前節では、テキストファイルの読み書きを行いました。しかし、テキストファイルだけでは扱えないデータが存在します。たとえば、JPEGファイルなどの画像データを扱う場合などがそうです。

バイナリモードでの読み書き

　テキストでないファイルを読み書きする場合には、バイナリモードを使います。読み書きの場合のモード「r」や「w」に、「b」をつけて指定します。バイナリモードでの読み込みモードは「rb」（または「br」）で指定し、書き込みは「wb」（または「bw」）で指定します。バイナリモードにすることで、バイト型データとして読み書きされます。バイト型データは文字列とは異なり、1バイト単位で扱うことが可能です。
　バイナリモードで、バイトデータ「b'012345'」を書き込んでみましょう。

```
01:  with open('test.dat', 'wb') as f:
02:      f.write( b'012345')
```

書き込んだバイト数6が、戻り値として得られます。
これを読み込むには、次のようにします。

```
01:  with open('test.dat', 'rb') as f:
02:      data = f.read(6)
03:      print(data)
```

　f.read()で指定しているのは、読み込むバイト数です。今回は、書き込んだのが6バイトだったので、読み込みのときにも6を指定しています。したがって、読み込まれた「b'012345'」がそのまま変数dataに入っています。
　バイナリデータを扱う場合は、すべてを一度に処理するとは限らず、指定位置から指定バイトだけデータを取得するような場合が出てきます。これを実現するために、seek()メソッドが用意されています。ファイルオブジェクトは、ファイル中の位置を示す情報を内部にもっています。f.tell()で、次に処理を行うバイト位置が先頭から何バイト目かを示す数値を取得することができます。open()直後は、先頭位置である0バイト目を指しています。
　書き込み、読み込みによって、その次の位置に移動します。f.seek(バイト位置指定, 起点)を用いることで、起点からの指定バイト位置に移動します。指定は負の数でも構いません。起点は、0が先頭、1が現在位置、2が末尾になります。省略時には、ファイル先

3　制御構文

頭が起点とみなされます。

　上記のコードで書き込んだファイルを使って、tell() と seek() の挙動を見てみましょう。ここでは、個別の挙動を見たいので、あえて with ブロックは使っていません。

```
01: f = open('test.dat', 'rb')
02: f.tell()   # 先頭
```

```
Out  0
```

```
01: f.read(2)   # 2バイト読み込み
```

```
Out  b'01'
```

```
01: f.tell()    # 読み込んだ次のバイト位置に移動している
```

```
Out  2
```

```
01: f.seek(4)   # 先頭から5バイト目に移動
```

```
Out  4
```

```
01: f.tell()    # 先頭から5バイト目
```

```
Out  4
```

```
01: f.read(2)   # 2バイト読み込み
```

```
Out  b'45'
```

```
01: f.close()
```

pickle での読み書き

　複雑な Python オブジェクトをファイルに読み書きしたい場合、それを逐一 Bytes データ列に変換して読み書きするのは大変です。できれば、Python オブジェクトをそのまま読み書きしたいものです。ここでは、pickle を使うことでそれを実現します。

　まず、数値データをファイルに書き込みます。ファイル「sample.pkl」をバイナリの書き込みモードで開きます。この際、モードとして「wb」を指定しています。「w」は書き込み、「b」はバイナリであることを示しています。そして、pickle.dump() 関数を使ってファイルに数値データを書き込んでいます。dump() の第一引数は、ファイルに書き

140

3.8 バイナリファイルの扱い

込むオブジェクト、第二引数はファイルオブジェクトです。

```
01:  import pickle
02:  sample_num = 100
03:  with open('sample.pkl','wb') as f:
04:      pickle.dump(sample_num, f)
```

　次に、ファイルからデータを読み込みます。同じファイルを、モード「rb」で開きます。「r」は読み込み、「b」はバイナリであることを示します。

　pickle.load() 関数で、ファイルから読み込みます。load() の引数はファイルオブジェクトです。

　書き込み時の値 100 が読み込まれているのが確認できます。

```
01:  import pickle
02:  with open('sample.pkl','rb') as f:
03:      load_num = pickle.load(f)
04:      print(load_num)
```

Out `100`

問題.1

　次のプログラムは、1 から 10 までの数値のリストを、ファイル「test1.pkl」に書き込んでいます。空欄に入るものを次の中から選んでください。

```
01:  import pickle
02:
03:  with open('test1.pkl', 'wb') as f:
04:      my_list = list(range(1,11))
05:      pickle.dump( [_____] , f)
```

① 1　② my_list　③ 'test1.pkl'　④ 11

ヒント

　リストでも、dump 関数の書き方は同じです。ファイルに書き込む値を第一引数に記述します。

CHAPTER 3

制御構文

解答

②

```
01:  import pickle
02:  with open('test1.pkl', 'wb') as f:
03:      my_list = list(range(1,11))
04:      pickle.dump(my_list, f)
```

解説

pickle.dump() でファイルに書き込む場合は、第一引数のオブジェクトが指定されていれば、ほとんどの Python オブジェクトを書き込むことができます。実際に Bytes データに変換する処理はメソッド内で行っているので、呼び出す際に Bytes オブジェクトを意識する必要はありません。

問題 . 2

上記で作成したファイルから数値を読み込んで、リストに格納するプログラムを作成してください。

ヒント

読み込みの場合も、数値の場合とリストの場合では違いはありません。戻り値の型が違うだけです。

解答

```
01:  import pickle
02:  with open('test1.pkl', 'rb') as f:
03:      result = pickle.load(f)
04:      print(result)
```

解説

pickle.load() で読み込む場合は、その戻り値を変数で受け取ればよいだけです。ただし、そのデータの型や構造をわかったうえで処理しないと、数値のつもりでリストを受け取るようなことが起こってしまいます。

CHAPTER

4

関数

4.1	関数の書き方	144
4.2	キーワード引数	150
4.3	引数リスト	157
4.4	関数とスコープ	162
4.5	関数はオブジェクト	169
4.6	ラムダ式	177
4.7	関数の中の関数	186
4.8	デコレータ	192
4.9	コーディングスタイル	199

4.1

関数の書き方

この節では、関数の書き方を学びます。まず基本文法を身につけるために、引数を取らないもっとも簡単な関数から始めます。その後、引数を取る関数と値を返す関数の書き方について説明します。関数の書き方がわかったら、実際に動く関数を作ってみましょう。

何もしない関数

関数の基本的な書き方を知るために、何もしない関数を作ってみましょう。

関数は英語で function なので、名前は my_func とします。関数は、def というキーワードで定義します。pass を使って次のように書くことができます。

```
01: def my_func():
02:     pass
```

関数を定義するときは、関数の名前の直後に丸括弧「( )」が必要です。その後は、コロン「:」を書いた後に改行して、関数の中身を書きます。関数の中は、インデントする必要があります。せっかくなので実行してみましょう。

```
01: my_func()
```

関数の中身が pass のみなので、何も起こりません。一方、丸括弧を書かないで実行すると、my_func という名前が Python によって関数として識別されていることがわかります。

```
01: my_func
```

```
Out  <function __main__.my_func>
```

my_func を、引数を 1 つ取る関数に変更してみましょう。関数の名前の後の丸括弧（ ）の中には、変数名を書くことができます。丸括弧の中に書かれた変数を引数といいます。引数の名前を x として、次のように書くことができます。

```
01: def my_func(x):
02:     pass
```

ここで定義した変数 x のように、関数定義の際に丸括弧の中に書かれる変数を「仮引

144

4.1 関数の書き方

数」と呼びます。作った関数を実行してみましょう。何もしない関数ですが、引数を与えないとエラーになります。

```
01:  my_func()
```

```
Out  -------------------------------------------------------------------
     TypeError                                 Traceback (most recent call
     last)
     <ipython-input-5-db3ada79940f> in <module>()
     ----> 1 my_func()

     TypeError: my_func() missing 1 required positional argument: 'x'
```

何でもよいので、引数を与えればエラーは出ません。

```
01:  my_func(1)
```

ここで my_func に与えた引数 1 のように、関数を実行する際に与える引数を「実引数」と呼びます。

関数の名前は、変数の名前と同様に、すべて小文字を使って作る習慣があります。単語の間をアンダースコアでつなげた名前にするのが一般的です。

値を返す関数

関数から値を返すには、return を使います。my_func を改造して、受け取った値をそのまま返すようにしてみましょう。次のように書けます。

```
01:  def my_func(x):
02:      return x
```

実行してみましょう。Python では、変数のデータ型をあらかじめ決める必要はありませんので、整数でも文字列でも my_func の引数にできます。

```
01:  my_func(1)
```

```
Out  1
```

```
01:  my_func('test')
```

```
Out  'test'
```

CHAPTER 4

関数

145

4 関数

関数を実行した後に帰ってくるオブジェクトのことを、戻り値、または返り値と呼びます。

リストを変更する関数

今度は関数の中で引数を操作してみましょう。リストのように中身を変更できる (mutable な型をもつ) オブジェクトを引数として渡し、関数の中で変更を加えると、どうなるでしょうか？ 引数をリストとして処理し、1 を追加する関数を作ってみましょう。

```
01: def my_func(x):
02:     x.append(1)
```

適当なリストを用意して実行してみましょう。

```
01: my_list = [0,1,2,3]
02: my_func(my_list)
```

```
01: my_list
```

```
Out  [0, 1, 2, 3, 1]
```

リストに 1 が追加されていることがわかります。

リストを生成する関数

関数の中で新たにリストを定義して、それを返すことも可能です。引数に取った数値の長さ分だけ、0 を並べたリストを返す関数を作ってみましょう。

```
01: def my_func(x):
02:     result = [0]
03:     return result * x
```

```
01: my_func(3)
```

```
Out  [0, 0, 0]
```

4.1 関数の書き方

問題.1

　最初の 2 項が 0 と 1 で始まり、次の項からは直前の 2 つの項を足し算した値がその項の値となる数列を、フィボナッチ数列と呼びます※。引数を 1 つ取って、その数よりも小さい項までフィボナッチ数列を計算して画面に出力する関数を書いてください。

※注　ここでは、フィボナッチ数列の最初の 2 項を 0 と 1 としていますが、第 3 章 3.5 節で見たように、最初の 2 項を 1 と 1 と定義する方法もあります。

　フィボナッチ数列は次のような数字の並びになります。たとえば、15 より小さい項までと指定されると、次のような数字の並びになります。

0, 1, 1, 2, 3, 5, 8, 13

ヒント

　Python では、次のコードで簡単に 2 つの変数の値を入れ替えることができます。

```
01: a = 0
02: b = 1
03: b, a = a, b
04: print(a, b)
```

Out `1 0`

解答

```
01: def fib(n):
02:     '''nより小さなフィボナッチ数列を列挙する'''
03:     a, b = 0,1
04:     while a < n:
05:         print(a, end=' ')
06:         a, b = b, a+b
```

CHAPTER 4

関数

147

4 関数

実行例

```
01:  fib(1000)
```

Out `0 1 1 2 3 5 8 13 21 34 55 89 144 233 377 610 987`

解説

　関数が1つ取る引数を n としましょう。関数の定義 def fib(n): の直後に入っている複数行にわたる文字列は、docstring（ドキュメンテーション文字列）と呼ばれます。ドキュメントの自動生成ツールや、Jupyter Notebook のヘルプ機能など、関数の docstring を参照しているツールは多くあるので、関数を作ったら docstring を書くようにするとよいでしょう。

　最初の2項分のデータを用意し、あとは while 文で引数で指定された値より小さな項のときは画面にその値を出力します。print 関数の end 引数に空白を渡して、改行を抑制しています。

問題 . 2

　関数 fib を改造し、生成されたフィボナッチ数列を画面に出力するのではなく、リストに格納して返すようにしてください。

ヒント

関数の中でリストを定義して、return 文で関数の外へ返します。

解答

```
01:  def fib2(n):
02:      '''nより小さなフィボナッチ数列をリストで返す'''
03:      result = []
04:      a, b = 0,1
05:      while a < n:
06:          result.append(a)
07:          a, b = b, a+b
08:      return result
```

4.1 関数の書き方

実行例

```
01: fib2(1000)
```

```
Out   [0, 1, 1, 2, 3, 5, 8, 13, 21, 34, 55, 89, 144, 233, 377, 610, 987]
```

解説

　基本的な機能は同じです。resultという名前のリストを用意して、数列の各項を格納していきます。

　ところで、この関数はnが大きくなると巨大なリストを作ってしまいます。これは、場合によってはメモリを圧迫する可能性があるので注意が必要です。このような問題を未然に防ぐ方法に、ジェネレータを使った方法があります。ジェネレータについては、6.4節を参照してください。

CHAPTER 4

関数

4.2 キーワード引数

この節では、関数の引数について学びます。前節で解説した関数で扱っていた引数は、先頭から順に、対応する位置の仮引数にコピーされるものでした。このタイプの引数を「位置引数」（**positional arguments**）と呼びます。位置引数はよく使われますが、個々の位置の意味を覚えておかなければならないという欠点があります。**Python** では、この欠点を補う「キーワード引数」という引数も利用できます。必要なときにキーワード引数を用いることによって、プログラミングのミスを少なくし、コードを読みやすくすることができます。

キーワード引数とは

関数に引数を与えるとき、kwarg=value という形式で与えることができます。このような引数の与え方を「キーワード引数」（keyword arguments）と呼びます。

ここで、位置引数の例として、賃貸物件の特徴を返す関数を作って実行してみます。bedrooms は寝室の数、walk_min は最寄駅から歩いた場合の時間、house_type は{アパート、マンション、一軒家}のいずれか、rent_yen は家賃（千円単位）を表しているものとします。

```
01: def house_for_rent(bedrooms, walk_min, house_type, rent_yen):
02:     '''賃貸物件の特徴を受け取り、賃貸物件の特徴を辞書形式で返す関数'''
03:     return {'bedrooms': bedrooms, 'walk_min': walk_min,
                'house_type': house_type, 'rent_yen': rent_yen}
```

```
01: house_for_rent(2, 15, 'アパート', 50)
```

```
Out  {'bedrooms': 2, 'house_type': 'アパート', 'rent_yen': 50, 'walk_min': 15}
```

ところで、上記の関数の定義を知らないまま関数を呼び出して使用すると、何番目がどの引数かわからなくなることがあります。間違えて house_type と walk_min を入れ替えてしまった場合は、次のようになるでしょう[※]。

[※注] 辞書を用いた場合、Python 3.5 以前の場合は、関数で定義した辞書の順番が必ずしも保存されないことに注意してください。順番を保存したい場合は、Python 3.6 以降を使うか、標準ライブラリ collections の OrderddDict を使うことができます。

```
01: house_for_rent(2, 'マンション', 2, 100)
```

4.2 キーワード引数

```
Out   {'bedrooms': 2, 'house_type': 2, 'rent_yen': 100, 'walk_min': 'マンション'}
```

walk_min は数字になっていてほしいのに、'マンション'になってしまいました。
一方、キーワード引数を用いて書くと、次のようになります。

```
01:   house_for_rent(rent_yen=100, walk_min=2, bedrooms=2, house_type='マンション')
```

```
Out   {'bedrooms': 2, 'house_type': 'マンション', 'rent_yen': 100, 'walk_min': 2}
```

仮引数に使われている変数名から、意味が推測しやすくなりますし、書く順番が入れ
替わっても、仮引数に正しい値を入れることができます。

引数のデフォルト値

関数を定義するとき、仮引数を kwarg=value という形式で書いておくと、value の
部分がデフォルト値になります。この場合、引数を与えることは必須ではなくなり、引
数に値を与えない場合はデフォルト値が設定されます。
試しに、先ほど定義した賃貸物件の特徴を返す関数を引数なしで実行してみると、エ
ラーが返されて、位置引数4つが必要だけれども指定されていないと教えられます。

```
01:   house_for_rent()
```

```
Out   ------------------------------------------------------------------
      TypeError                                 Traceback (most recent call
      last)
      <ipython-input-7-b2c7062ef653> in <module>()
      ----> 1 house_for_rent()

      TypeError: house_for_rent() missing 4 required positional arguments:
      'bedrooms', 'walk_min', 'house_type', and 'rent_yen'
```

ここで、house_for_rent 関数を次のように引数にデフォルト値を与えて定義し直し
てみます。

```
01:   def house_for_rent(bedrooms=2, walk_min=6, house_type='アパート',
      rent_yen=50):
02:       return {'bedrooms': bedrooms, 'walk_min': walk_min,
                  'house_type': house_type, 'rent_yen': rent_yen}
```

引数なしで実行すると、エラーは発生せず、デフォルト値が設定されます。

```
01:  house_for_rent()
```

```
Out   {'bedrooms': 2, 'house_type': 'アパート', 'rent_yen': 50, 'walk_min': 6}
```

また、一部の引数だけに値を設定し、他はデフォルト値を使うといったことも可能です。

```
01:  house_for_rent(5, house_type='マンション')
```

```
Out   {'bedrooms': 5, 'house_type': 'マンション', 'rent_yen': 50, 'walk_min': 6}
```

1番目の位置引数に5が代入され、house_type にマンションが代入され、その他の引数にはデフォルト値が設定されました。

ただし、関数呼び出しのときに注意しなければならないのは、キーワード引数は位置引数より後に配置しなければならないということです※。次のように、キーワード引数、位置引数の順に引数を与えて関数を呼び出そうとすると、エラーになります。

※注　関数定義時も同様に、キーワード引数は位置引数よりも後に定義しなければなりません。関数定義時にキーワード引数、位置引数の順に定義しようとすると、SyntaxError: non-default argument follows default argument というエラーメッセージが出力されます。

```
01:  house_for_rent(house_type='マンション', 5)
```

```
Out   File "<ipython-input-11-f56259286c72>", line 1
        house_for_rent(house_type='マンション',5)

       ^
    SyntaxError: positional argument follows keyword argument
```

問題. 1

　任意の整数を引数として、今日から何日後かを判定して、{ 昨日、今日、明日、今日より1日を超えて離れた日 }の4種類に分類判定する関数を作成してください。引数のデフォルト値は0とします。

ヒント

「if , elif, else」を使って条件分岐します。

4.2 キーワード引数

解答

```
01: def number_to_day(num=0):
02:     '''任意の整数が与えられたら今日、昨日、明日、それ以外を判定して返す
03:
04:     戻り値
05:         昨日（numが-1の場合）
06:         今日（numが0の場合）
07:         明日（numが1の場合）
08:         今日より1日を超えて離れた日（numが上記以外の場合）
09:     '''
10:     if num == 0:
11:         day = '今日'
12:     elif num == 1:
13:         day = '明日'
14:     elif num == -1:
15:         day = '昨日'
16:     else:
17:         day = '今日より1日を超えて離れた日'
18:     return day
```

実行例

```
01: number_to_day()
```

```
Out  '今日'
```

```
01: number_to_day(1)
```

```
Out  '明日'
```

```
01: number_to_day(num=3)
```

```
Out  '今日より1日を超えて離れた日'
```

```
01: help(number_to_day)
```

CHAPTER 4

関数

153

4 関数

```
Out    Help on function number_to_day in module __main__:

       number_to_day(num=0)
           任意の整数が与えられたら今日、昨日、明日、それ以外を判定して返す

           戻り値
               昨日（numが-1の場合）
               今日（numが0の場合）
               明日（numが1の場合）
               今日より1日を超えて離れた日（numが上記以外の場合）
```

解説

　関数には 1 つの仮引数を作成します。ここでは関数名を number_to_day とし、仮引数を num としました。引数のデフォルト値を 0 とするために、num=0 としています。

　if, elif, else 構文を使って条件を場合分けし、day という変数に ' 今日 ',' 明日 ',' 昨日 ',' 今日より 1 日を超えて離れた日 ' のいずれかを代入します。最後に return 文で day 変数を返します。

問題 . 2

　最初の 3 つの数字が 3, 0, 2 で、これらを 0 番目から 2 番目までの数列とします。その後に続く数字が p(n) = p(n-2) + p(n-3) で表されるとき、この数列を「ペラン数列」といいます。これらの数列のうち、100 より小さい数列をすべてリストで返す関数を作ってください。引数のデフォルト値は 100 とします。

ヒント

　最初の 3 つの数列を a,b,c とするとき、1 つずれた次の数列は、b,c,a+b で表すことができます。関数の中でリストを定義して、return 文で関数の外へ返します。

解答

```
01:   def perrin(m=100):
02:       '''mより小さなペラン数列をリストで返す
03:
04:       ペラン数列：3, 0, 2, 3, 2, 5, 5, 7, 10, 12, 17, 22, 29, 39, ... 続く
```

154

4.2 キーワード引数

```
05:     '''
06:     a, b, c = 3, 0, 2
07:     result = []
08:     while a < m:
09:         result.append(a)
10:         a, b, c = b, c, a+b
11:     return result
```

実行例

```
01:  perrin()
```

```
Out  [3, 0, 2, 3, 2, 5, 5, 7, 10, 12, 17, 22, 29, 39, 51, 68, 90]
```

解説

　フィボナッチ数列は有名ですが、ペラン数列もおもしろい性質をもっています。素数に興味がある人はコラムに書かれたペラン数についての解説を読んでみてください。

4 関数

COLUMNCOLUMNCOLUMNCOLUMNCOLUMNCOLUMN

ペラン数列

　ペラン数を p(n)、n を 1 以上の整数（自然数）とするとき、p(n) を n で割り切れるような n は、1, 2, 3, 5, 7, 11, 13, 17, 19, 23, ... となります。1 を除けばこれは素数の列に見えます。実際、p を任意の素数とするとき、p(p)/p は必ず成り立ちます。

```
01: p_list = perrin(100000)
02: x_list = list()
03: for n,p in enumerate(p_list):
04:     if n == 0:
05:         continue
06:     print((p, n), end=" ")
07:     if p % n == 0:
08:         x_list.append(n)
09:
10: x_list
```

```
Out (0, 1) (2, 2) (3, 3) (2, 4) (5, 5) (5, 6) (7, 7) (10, 8) (12, 9)
    (17, 10) (22, 11) (29, 12) (39, 13) (51, 14) (68, 15) (90, 16)
    (119, 17) (158, 18) (209, 19) (277, 20) (367, 21) (486, 22)
    (644, 23) (853, 24) (1130, 25) (1497, 26) (1983, 27) (2627, 28)
    (3480, 29) (4610, 30) (6107, 31) (8090, 32) (10717, 33) (14197,
    34) (18807, 35) (24914, 36) (33004, 37) (43721, 38) (57918, 39)
    (76725, 40)
        [1, 2, 3, 5, 7, 11, 13, 17, 19, 23, 29, 31, 37]
```

　しかし、逆は成り立ちません。すなわち、p(n) が n で割り切れるような合成数（素数でない数）n は存在します。ただし、そのような数でもっとも小さいものは 271441 = 521**2 です。

4.3

引数リスト

この節では、複数の引数をまとめて扱うときに便利な、任意引数のリストと引数リストのアンパックについて解説します。ここで紹介するテクニックを使うと、関数に渡す引数の数が非常にたくさんある場合や、引数の数が状況によって多かったり少なかったりする場合にも対応することができます。キーワード引数についても、同じように対応できます。

位置引数のタプル化

関数定義の中で仮引数の先頭に＊（アスタリスク）をつけると、複数の位置引数をタプルにまとめて、その仮引数にセットすることができます。

```
01: def show_args(*args):
02:     '''与えられた複数の位置引数をタプルにまとめて受け取りそのタプルを表示して返す'''
03:     print('Positional arguments:', args)
04:     return args
```

```
01: show_args(1, 2, 3, 'da!')
```

```
Out  Positional arguments: (1, 2, 3, 'da!')
     (1, 2, 3, 'da!')
```

ここで注意してほしいのは、仮引数の先頭に ＊ を用いたとき、「引数の数は任意」ということです。

キーワード引数の辞書化

仮引数の先頭に ＊＊（アスタリスク2個）をつけると、キーワード引数を1個の辞書にまとめることができます。仮引数の名前は辞書のキー、引数の値は辞書の値になります。

```
01: def show_kwargs(**kwargs):
02:     '''与えられた複数のキーワード引数を辞書にまとめて受け取りその辞書を表示して返す'''
03:     print('Keyword arguments:', kwargs)
04:     return kwargs
```

実行してみましょう。

```
01: show_kwargs(pasta='ペンネ', drink='赤ワイン', main_dish='肉料理', n_customers=3)
```

```
Out  Keyword arguments: {'pasta': 'ペンネ', 'drink': '赤ワイン', 'main_dish':
     '肉料理', 'n_customers': 3}
     {'drink': '赤ワイン', 'main_dish': '肉料理', 'n_customers': 3, 'pasta': '
     ペンネ'}
```

引数リストのアンパック

あらかじめタプルに入れておいた複数の値を引数として渡したいときは、引数リストのアンパックを行います。アンパックとは、リストやタプルの要素を展開してバラバラにすることです。

位置引数をもつ関数に値を渡す場合は、渡したい引数のタプルをオブジェクトとして作成してから、そのタプルのオブジェクトの先頭に＊（アスタリスク）をつけて、関数の引数に与えます。

```
01:  positional_args = (4, 5, 6, 'ya')
02:  show_args(*positional_args)
```

```
Out  Positional arguments: (4, 5, 6, 'ya')
     (4, 5, 6, 'ya')
```

タプルの代わりにリストを使っても同じようにできます。

```
01:  positional_args = [4, 5, 6, 'ya']
02:  show_args(*positional_args)
```

```
Out  Positional arguments: (4, 5, 6, 'ya')
     (4, 5, 6, 'ya')
```

キーワード引数の場合は、辞書をオブジェクトとして作成してからそのリストの先頭に＊＊（アスタリスク 2 個）をつけて関数の引数に与えます。

```
01:  keyword_args = {'pasta': 'ペンネ', 'drink': '赤ワイン', 'main_dish': '肉料
     理', 'n_customers': 3}
02:  show_kwargs(**keyword_args)
```

```
Out  Keyword arguments: {'pasta': 'ペンネ', 'drink': '赤ワイン', 'main_dish':
     '肉料理', 'n_customers': 3}
     {'drink': '赤ワイン', 'main_dish': '肉料理', 'n_customers': 3, 'pasta': '
     ペンネ'}
```

4.3 引数リスト

問題 . 1

　任意の数の単語と、区切り文字 separator を受け取り、区切り文字でつなげる関数を作成してください。たとえば、引数に 4 個の単語 'a', 'b', 'c', 'd' と区切り文字 '_' を渡すと、'a_b_c_d' を返すようにします。

ヒント

　文字列オブジェクトには、join という便利なメソッドがあります。たとえば、区切り文字を文字列オブジェクトとして join の引数に文字列のタプル（またはリスト）を渡すと、区切り文字でつなげてくれます。

```
01:  names = ('a', 'b', 'c')
02:  sep = '_'
03:  sep.join(names)
```

```
Out  'a_b_c'
```

解答

```
01:  def concat_words(*args, separator='.'):
02:      '''任意の数の位置引数と区切り文字を受け取り、区切り文字でつなげる'''
03:      return separator.join(args)
```

実行例

```
01:  concat_words('a', 'b', 'c', 'd', separator='_')
```

```
Out  'a_b_c_d'
```

```
01:  concat_words('4_choume', 'Minatoku', 'Tokyo', 'Japan', separator=' ')
```

```
Out  '4_choume Minatoku Tokyo Japan'
```

解説

　任意の数の位置引数を *args で受け取り、区切り文字を separator で受け取るよ

CHAPTER 4

関数

159

4 関数

うにします。仮引数 separator にはデフォルト値'.'を設定しています。関数を作成する際は、位置引数、任意個数の位置引数、キーワード引数、任意個数のキーワード引数の順に、書く必要があります。

問題.2

　任意個数の数字からなるリストを引数として受け取り、それらを二乗した数字からなるリストを返す関数を作成してください。たとえば、1,2,3,4 を受け取ったら、1,4,9,16 を返します。更に、100 個の数字からなるリストをその関数に渡して結果を表示してください。

ヒント

　リストを関数の引数としてアンパックして渡すには、* をリストの先頭につけます。

```
01: numbers = [1, 2, 3, 4]
02: def func_hint(*args):
03:     print("args:",args)
04:     print("len(args):",len(args))
05:
06: func_hint(*numbers)
```

```
Out  args: (1, 2, 3, 4)
     len(args): 4
```

　100 個の要素をもつ引数を生成するには、たとえば次のように書くことができます。

```
01: many_numbers = list(range(100))
02: print(many_numbers)
```

```
Out  [0, 1, 2, 3, 4, 5, 6, 7, 8, 9, 10, 11, 12, 13, 14, 15, 16, 17, 18,
     19, 20, 21, 22, 23, 24, 25, 26, 27, 28, 29, 30, 31, 32, 33, 34, 35,
     36, 37, 38, 39, 40, 41, 42, 43, 44, 45, 46, 47, 48, 49, 50, 51, 52,
     53, 54, 55, 56, 57, 58, 59, 60, 61, 62, 63, 64, 65, 66, 67, 68, 69,
     70, 71, 72, 73, 74, 75, 76, 77, 78, 79, 80, 81, 82, 83, 84, 85, 86,
     87, 88, 89, 90, 91, 92, 93, 94, 95, 96, 97, 98, 99]
```

4.3 引数リスト

解答

```python
01: def func_square(*args):
02:     results = []
03:     for n in args:
04:         results.append(n * n)
05:     return results
06:
07: numbers = [1, 2, 3, 4]
08: func_square(*numbers)
```

```
Out  [1, 4, 9, 16]
```

実行例

```python
01: many_numbers = list(range(100))
02: print(func_square(*many_numbers))
```

```
Out  [0, 1, 4, 9, 16, 25, 36, 49, 64, 81, 100, 121, 144, 169, 196, 225,
     256, 289, 324, 361, 400, 441, 484, 529, 576, 625, 676, 729, 784,
     841, 900, 961, 1024, 1089, 1156, 1225, 1296, 1369, 1444, 1521, 1600,
     1681, 1764, 1849, 1936, 2025, 2116, 2209, 2304, 2401, 2500, 2601,
     2704, 2809, 2916, 3025, 3136, 3249, 3364, 3481, 3600, 3721, 3844,
     3969, 4096, 4225, 4356, 4489, 4624, 4761, 4900, 5041, 5184, 5329,
     5476, 5625, 5776, 5929, 6084, 6241, 6400, 6561, 6724, 6889, 7056,
     7225, 7396, 7569, 7744, 7921, 8100, 8281, 8464, 8649, 8836, 9025,
     9216, 9409, 9604, 9801]
```

解説

引数リストをアンパックして渡すことができることを使うと、引数が任意個数であっても渡すことができます。

4.4 関数とスコープ

この節では関数の「スコープ」について説明します。プログラムの中で使われる「名前」は、「どこ」で使われるかによって別々のものを参照することができます。「どこ」を「空間」と読み替え、「名前空間」とも呼びます。名前には、「変数名」「関数名」「クラス名」が含まれます。スコープを意識して使うようにすることで、プログラム内で名前を変更したときの影響の範囲をコントロールすることができます。

グローバル変数とローカル変数

関数の内側と外側は、別々の名前空間として区別されます。関数の外側はグローバル名前空間、内側はローカル名前空間と呼びます。グローバル名前空間で使われる変数を、グローバル変数と呼びます。それに対し、関数の中でのみ定義される関数を、ローカル変数と呼びます。

グローバル変数の値は、関数の中からも見ることができます。次のように、グローバル変数とローカル変数を定義して、参照してみましょう。

```python
01: # グローバル変数を定義します
02: animal = 'cat'
03: # グローバル変数をプリントします
04: print("animal:", animal)
05:
06: def my_func():
07:     # ローカル変数を定義します
08:     vegetable = 'carrot'
09:     # 関数の中でグローバル変数の値をプリントします
10:     print("animal in my_func:", animal)
11:     # ローカル変数の値をプリントします。
12:     print("vegetable in_the_func:", vegetable)
13:
14: my_func()
```

```
Out   animal: cat
      animal in my_func: cat
      vegetable in_the_func: carrot
```

関数の中からは、グローバル変数もローカル変数も見ることができています。
一方、ローカル変数の値は関数の外から見ることができませんので、次を実行すると

4.4 関数とスコープ

NameError: name 'vegetable' is not defined と表示されてエラーになります。

```
01: print("vegetable:", vegetable)
```

　以上のように、関数の内側からはグローバル名前空間を参照できますが、関数の外側から内側のローカル名前空間を参照することはできません。このように、どの名前空間にアクセスできるかを決める範囲を「スコープ」と呼びます。
　関数の中でグローバル変数と同じ名前のローカル変数を定義した場合は、関数の中ではローカル変数の値が優先されます。このとき、関数の実行によってグローバル変数は書き換えられません。

```
01: animal = 'cat'
02: print("animal:", animal)
03:
04: def my_func():
05:     animal = 'dog'
06:     print("animal in my_func:", animal)
07:
08: my_func()
09:
10: print("animal global after my_func:", animal)
```

```
Out  animal: cat
     animal in my_func: dog
     animal global after my_func: cat
```

　関数の中でグローバル変数を書き換えたいときは、グローバル変数を使うことをglobal 文を使って明示してから、その変数を使います。

```
01: animal = 'cat'
02: print("animal:", animal)
03:
04: def my_func_alter():
05:     global animal
06:     animal = 'dog'
07:     print("animal in my_func_alter:", animal)
08:
09: my_func_alter()
10:
11: print("animal global after my_func_alter:", animal)
```

CHAPTER 4

関数

163

4 関数

```
Out  animal: cat
     animal in my_func_alter: dog
     animal global after my_func_alter: dog
```

　my_func_alter() を実行する前後で、変数 animal の値が変わっていることがわかります。

COLUMNCOLUMNCOLUMNCOLUMNCOLUMNCOLUMN

グローバル変数のリストの変更

　関数の外で定義したリストを関数の中で変更すると、外のリストが変更されます。

```
01:  global_list = ['tomato', 'spinach', 'pumpkin', 'potato', 'lettuce']
02:
03:  def add_to_head(vegetable):
04:      print("global_list in the func:", global_list)
05:      global_list.insert(0,vegetable)
06:      print("inserted to the head")
07:      print("global_list in the func:", global_list)
08:
09:  add_to_head('cabbage')
10:  add_to_head('eggplant')
11:
12:  print("global_list:", global_list)
```

```
Out  global_list in the func: ['tomato', 'spinach', 'pumpkin', 'potato',
     'lettuce']
     inserted to the head
     global_list in the func: ['cabbage', 'tomato', 'spinach', 'pumpkin',
     'potato', 'lettuce']
     global_list in the func: ['cabbage', 'tomato', 'spinach', 'pumpkin',
     'potato', 'lettuce']
     inserted to the head
     global_list in the func: ['eggplant', 'cabbage', 'tomato', 'spinach',
     'pumpkin', 'potato', 'lettuce']
     global_list: ['eggplant', 'cabbage', 'tomato', 'spinach', 'pumpkin',
     'potato', 'lettuce']
```

　このように、グローバル変数がリストの場合は、global 文を使わずに関数の中から中身を変更できます。ただしこの場合でも、変数に別のデータを代入する場合は、global 文が必要になります。

164

4.4 関数とスコープ

問題.1

関数を 3 つ作って選挙のときに使う投票箱を作ってください。
ただし、投票箱は次のような機能をもつものとします。

1. vote_num という変数を定義します。
2. 投票する vote() を実行すると vote_num の数が 1 つ増えます。
3. 箱を空にする reset_box() を実行すると、vote_num の値は 0 になります。
4. 箱を確認する check_box() を実行すると、箱の中の票数を表示します。

ここでは、上記の 3 つの関数の中で global 文を積極的に使うようにしてください※。

※注　global 文を使わない方法もあり、通常はその方が好まれます。

ヒント

作成する 3 つの関数の中で、投票箱 vote_num というグローバル変数を、global 文で宣言して使います。

解答

```
01: vote_num = 0
02: def vote():
03:     print("投票します")
04:     global vote_num
05:     vote_num += 1
06:
07: def reset_box():
08:     global vote_num
09:     print("箱を空にします")
10:     vote_num = 0
11:
12: def check_box():
13:     global vote_num
14:     print("票の数は {} です".format(vote_num))
```

CHAPTER 4

関数

165

4 関数

実行例

```
01: vote()
02: check_box()
03: vote()
04: check_box()
05: for i in range(3):
06:     vote()
07: check_box()
08: reset_box()
09: check_box()
```

```
Out  投票します
     票の数は 1 です
     投票します
     票の数は 2 です
     投票します
     投票します
     投票します
     票の数は 5 です
     箱を空にします
     票の数は 0 です
```

解説

　選挙での投票箱に関する変数とその操作を、まとめて作ります。vote() を実行すると vote_num の値が1だけ増えるようにするには、vote_num を global 宣言して、vote += 1 でインクリメント（1だけ増や）します。

　さて、ここでは global 文を使って、関数の中からグローバル変数である vote_num の値を操作しました。実はこのような書き方はあまり推奨されません。global 文を使うと関数の独立性が失われ、関数実行時に思わぬ副作用をもたらすことがあるからです。

　そこで、global 文を使わずに上記の機能を実現する方法があります。もっともわかりやすいのはクラスを定義して使う方法です。クラスについては第6章で学びます。他には、引数を連れ回す方法（問題 [2] 参照）、あるいはリストを使う方法（コラムと問題 [2] の解説参照）などがあります。

166

4.4 関数とスコープ

問題 . 2

再び、選挙のときに使う投票箱を作ってください。ただし、今回は global 宣言を使わないでください。

ヒント

ここでは、global 文の使用を避けるため、関数の引数に global 変数を受けて、戻り値を使って global 変数を書き換えることができるように関数を定義します。

解答

```
01: vote_num = 0
02:
03: def vote(vote_n):
04:     print("投票します")
05:     vote_n += 1
06:     return vote_n
07:
08: def reset_box(vote_n):
09:     print("箱を空にします")
10:     vote_n = 0
11:     return vote_n
12:
13: def check_box(vote_n):
14:     print("票の数は {} です".format(vote_n))
15:     return
```

実行例

```
01: vote_num = vote(vote_num)
02: check_box(vote_num)
03: vote_num = vote(vote_num)
04: check_box(vote_num)
05: for i in range(3):
06:     vote_num = vote(vote_num)
07: check_box(vote_num)
08: vote_num = reset_box(vote_num)
09: check_box(vote_num)
```

CHAPTER 4

関数

167

4 関数

```
Out  投票します
     票の数は 1 です
     投票します
     票の数は 2 です
     投票します
     投票します
     投票します
     票の数は 5 です
     箱を空にします
     票の数は 0 です
```

解説

　関数を使ってグローバル変数を書き換えるには、引数に変数を受け取って、処理後の変数を戻り値に指定する関数を定義します。その関数を使用するときにグローバル変数を引数に受け取って、戻り値をグローバル変数に代入します。このようにすれば、グローバル変数が変更されることが明確になり、関数自体は汎用性の高いものになります。

　もう1つの方法は、グローバル変数の関数のリストを使う方法です。関数の外のリストは関数の中から自由に変更することができますので、リストを使えばglobal 宣言は必要ありません。

```
01:  vote_box = []
02:  label = "票"
03:  def vote():
04:      print("投票します")
05:      vote_box.append(label)
06:
07:  def reset_box():
08:      print("箱を空にします")
09:      vote_box.clear()
10:
11:  def check_box():
12:      print("票の数は {} です".format(len(vote_box)), end=" ")
13:      print("vote_box:", vote_box)
```

　check_box() 関数の中の、print("vote_box:", vote_box) の行を消去すれば、上記のコードは問題 [1] の解答とまったく同じ出力を与えます。

168

4.5

関数はオブジェクト

Pythonでは、すべてのものがオブジェクトです。オブジェクトには、数値、文字列、タプル、リスト、辞書、などが含まれます。オブジェクトは、変数に代入したり、関数の引数にしたり、関数の戻り値として使ったりすることができます。オブジェクトに対するこれらの操作は、関数に対しても同じようにできます。関数はオブジェクトだからです。

関数を変数に代入

関数は、変数に代入することができます。

ここで、関数の一例としてsum()という組み込み関数を調べてみましょう。sum()は、反復可能体（iterable）を引数として受け取ると、その合計を返します。反復可能体には、リスト、タプル、range()関数の戻り値などが含まれます。

```
01:  sum([1, 2, 3, 4])
```

```
Out  10
```

```
01:  sum(range(10))
```

```
Out  45
```

この関数sum()を新しい変数add_allに代入してみると、それはsum()と同じ機能をもつ関数として振る舞います。

```
01:  add_all = sum
02:  add_all([1, 2, 3, 4])
```

```
Out  10
```

```
01:  add_all(range(10))
```

```
Out  45
```

関数は、リスト、タプル、集合、辞書の要素としても使うことができます。また、関数は辞書のキーとしても使えます。

4 関数

関数の引数に関数

　関数の引数には、関数を取ることができます。そのことを示すために、簡単な関数を定義しましょう。

```
01: def say_hello():
02:     print('こんにちは')
```

　この関数を実行すると、「こんにちは」と表示されます。

```
01: say_hello()
```

```
Out  こんにちは
```

　次に、関数を引数に取る別の関数を定義します。引数として受け取った変数を関数とみなして、2回実行するように書いてみます。

```
01: def run_any_func(func):
02:     for i in range(2):
03:         func()
```

　この関数に引数として関数の名前 say_hello を渡すと、他のデータ型と同様に、関数をオブジェクトとして使うことになります。

```
01: run_any_func(say_hello)
```

```
Out  こんにちは
     こんにちは
```

　say_hello() 関数が2回実行されました。ここで、引数に say_hello() ではなく、say_hello を渡したことに注意してください。括弧 () があると、関数の戻り値を代入したことになってしまうのです。括弧 () をつけない場合は、関数をオブジェクトとして扱うことができます。

関数からの戻り値に関数

　続いて、戻り値として関数を返す関数を作ってみましょう。

4.5 関数はオブジェクト

```
01: def multi_func(number):
02:     if number == 0:
03:         print('min', end=" ")
04:         return min
05:     if number == 1:
06:         print('max', end=" ")
07:         return max
08:     else:
09:         print('sum', end=" ")
10:         return sum
```

引数の値に応じて、使う関数を変更する関数ができました。実行してみましょう。

```
01: num_list = [1,2,3,4]
02: for i in [0,1,2]:
03:     func = multi_func(i)
04:     print(func(num_list))
```

```
Out  min 1
     max 4
     sum 10
```

同じプログラムを、次のように書くこともできます。関数の戻り値が関数なので、戻り値に引数を与えることができるのです。

```
01: num_list = [1,2,3,4]
02: for i in [0,1,2]:
03:     print(multi_func(i)(num_list))
```

```
Out  min 1
     max 4
     sum 10
```

以上、関数からの戻り値に関数を使う例でした。これを発展させると、関数の引数が関数で、かつ、関数の戻り値が関数であるような関数を作ることもできます。そのような関数については関数の中の関数の節の説明を経た後、4.8節で説明します。

4 関数

問題 . 1

組み込み関数 sum()、min()、max() は、いずれも引数に反復可能体（iterable）を受け取り、それぞれ、総和、最小値、最大値の計算結果を返します。引数に与える反復可能体の要素は通常は数値で、返す結果も数値です。

これらの組み込み関数を要素とするリストを作成し、このリストに関してループ処理を行い、1 から 10 までの自然数について上記 3 つの組み込み関数で処理した結果を表示してください。

ヒント

組み込み関数を要素とするリストは、通常の変数と同様にオブジェクトの名前を列挙することで作成できます。

```
01:  functions = [sum, min, max]
```

1 から 10 までの数を生成するには、range(1, 11) を使います。range(10) でないことに注意してください。

```
01:  numbers = range(1, 11)
02:  list(numbers)
```

```
Out  [1, 2, 3, 4, 5, 6, 7, 8, 9, 10]
```

解答・実行例

```
01:  functions = [sum, min, max]
02:  number_list = range(1, 11)
03:  for func in functions:
04:      print("Function: {}, Result: {}".format(
              func.__name__, func(number_list)))
```

```
Out  Function: sum, Result: 55
     Function: min, Result: 1
     Function: max, Result: 10
```

4.5 関数はオブジェクト

解説

　組み込み関数 sum、min、max は 3 つとも反復可能体（iterable）を受け取る関数なので、同じ使い方ができます。そこで、これらをリストにまとめて functions という変数に入れます。処理させる反復可能体を range(1, 11) で与え、number_list という変数に代入しておきます。リスト function についてループを回し、func に対し number_list を引数として渡して処理します。

問題 . 2

　組み込み関数 map は第一引数に関数、第二引数に反復可能体（iterable）を受け取り、反復可能体の各々の要素を使って関数による計算を施し、計算結果を与える反復子（iterator）を返します。map を使うと、for ループの階層構造を減らすことができ、しかも高速に動作するというメリットがあります。

　map を使って、下記に示す 3 つ一組みの数字文字列からなる 4 つの座標のリスト

```
01:  s_coordi_list = ["1.0,2.2,3.5", "2.1,3.2,5.5", "1.2,1.3,2.2",
02:  "2.1,3.1,4.5"]
```

を、下記に示す 3 つ一組みの数値リストからなる 4 つの座標のリストに変換してください。

```
01:  f_coordi_list = [[1.0, 2.2, 3.5], [2.1, 3.2, 5.5], [1.2, 1.3, 2.2],
02:  [2.1, 3.1, 4.5]]
```

ただし、for ループを使わないでください。

ヒント

　文字列 "1.0,2.2,3.5" が与えられたとき、これをカンマ区切りで 3 つの要素に分割したリストにするには、文字列オブジェクトの split() というメソッドが使えます。

```
01:  s_coordi = "1.0,2.2,3.5"
02:  s_coordi.split(",")
```

```
Out   ['1.0', '2.2', '3.5']
```

文字列オブジェクトで表現された数字を数値オブジェクトに変換するには、組み込み関数 float() が使えます。

```
01: s_num = "1.0"
02: f_num = float(s_num)
```

文字列オブジェクトも数値オブジェクトも print() で表示すると区別がつきませんが、type() で調べると、オブジェクトの種類が違うことがわかります。また、これらのオブジェクトをリストの要素に入れて表示すると、文字列の場合はシングルクォート「'」でくくられて表示されます。

```
01: print(type(s_num), s_num)
02: print(type(f_num), f_num)
03: [s_num, f_num]
```

```
Out  <class 'str'> 1.0
     <class 'float'> 1.0
     ['1.0', 1.0]
```

map() の使い方の例を示します。たとえば、1 から 7 までの自然数のリストを与えて、それらの要素を 2 倍した値を連続して作成するには、次のようにします。

```
01: num_list = list(range(1, 8))
02:
03: def double(x):
04:     '''与えられたオブジェクトを2倍する'''
05:     return x * 2
06:
07: for e in map(double, num_list):
08:     print(e, end=" ")
```

```
Out  2 4 6 8 10 12 14
```

ところで、map() 関数はイテレータオブジェクトを返すだけなので、戻り値は次のように、map オブジェクトであることが示されるだけです。実際の計算は、反復子が参照されるまで行われません※。

※注　実際の計算が反復子が参照されるまで行われないことを、遅延評価と呼びます。遅延評価には、メモリを一度に大量消費せずに済むなどのメリットがあります。

4.5 関数はオブジェクト

```
01:   map(double, num_list)
```

```
Out   <map at 0x1113694e0>
```

　計算結果をリストに保存したいときは、下記のように組み込み関数 list() を使います。set()、tuple() も同様にして使えます。

```
01:   list(map(double, num_list))
```

```
Out   [2, 4, 6, 8, 10, 12, 14]
```

解答・実行例

　for 文を使わずに、map() だけでリストを加工した解答と実行例を示します。

```
01:   s_coordi_list = ["1.0,2.2,3.5", "2.1,3.2,5.5", "1.2,1.3,2.2",
      "2.1,3.1,4.5"]
02:
03:   def str_to_float_coordi(s_coordi):
04:       '''与えられた文字列をカンマで分割しfloat型に変換して数値リストを返す'''
05:       p = s_coordi.split(",")
06:       return list(map(float, p))
07:
08:   def str_to_float_coordi_iter(s_coordi_list):
09:       '''与えられたリストの要素を str_to_float_coordi() 関数で処理して結果
      を指す反復可能体(iterable)を返す'''
10:       return map(str_to_float_coordi, s_coordi_list)
11:
12:   f_coordi_list = list(str_to_float_coordi_iter(s_coordi_list))
13:
14:   print(f_coordi_list)
```

```
Out   [[1.0, 2.2, 3.5], [2.1, 3.2, 5.5], [1.2, 1.3, 2.2], [2.1, 3.1, 4.5]]
```

解説

　関数 str_to_float_coordi() は、与えられた文字列をカンマで分割し、float 型に変換して数値リストを返します。関数 str_to_float_coordi_iter() は、与えられたリストの要素を str_to_float_coordi() 関数で処理して結果を指す反復可能体を返します。この関数に問題の座標文字列のリストを与え、計算を実行させるために list()

4 関数

を使い、結果を変数 f_coordi_list に保存しています。最後にそれを print 文で示します。

ちなみに、map で書いたところに for 文を使う場合は、下記のように書くことができます※。

※注 この場合、遅延評価は行われません。

```
01: s_coordi_list = ["1.0,2.2,3.5", "2.1,3.2,5.5", "1.2,1.3,2.2", "2.1,3.1,4.5"]
02:
03: def str_to_float_coordi(s_coordi):
04:     '''与えられた文字列をカンマで分割しfloat型に変換して数値リストを返す'''
05:     p = s_coordi.split(",")
06:     f_coordi = []
07:     for n in p:
08:         f_coordi.append(float(n))
09:     return f_coordi
10:
11: f_coordi_list = []
12: for s_coordi in s_coordi_list:
13:     f_coordi_list.append(str_to_float_coordi(s_coordi))
14:
15: print(f_coordi_list)
```

```
Out   [[1.0, 2.2, 3.5], [2.1, 3.2, 5.5], [1.2, 1.3, 2.2], [2.1, 3.1, 4.5]]
```

また、同じことはリスト内包表記を使って書くこともできます。

```
01: s_coordi_list = ["1.0,2.2,3.5", "2.1,3.2,5.5", "1.2,1.3,2.2", "2.1,3.1,4.5"]
02:
03: def str_to_float_coordi(s_coordi):
04:     '''与えられた文字列をカンマで分割し float 形に変換して数値リストを返す'''
05:     p = s_coordi.split(",")
06:     f_coordi = [float(n) for n in p]
07:     return f_coordi
08:
09: f_coordi_list = [str_to_float_coordi(s_coordi) for s_coordi in s_coordi_list]
10: print(f_coordi_list)
```

176

4.6

ラムダ式

ラムダ式（**lambda 式**）は、無名関数とも呼ばれます。名前をもたない使い捨ての関数です。ラムダ式の最大のメリットは、関数を定義するときに 1 行で簡潔に書くことができることです。関数の引数に関数を渡すときや、他のところで何度も使うわけではないシンプルな関数を一時的に使いたいときなどに便利です。

ラムダ式の定義方法：def による宣言との比較

今まで使ってきた関数の定義方法は、

```
01:  def <関数名>(<引数>):
02:      <式>
03:      return <式>
```

となっていました。
一方、ラムダ式の定義方法は、

```
01:  lambda <引数>:<式>
```

です。def を使用する通常の関数の定義方法は、関数名を定義して使用していたのに対し、lambda を使用する方法は関数名がありません。具体例は次のようになります。たとえば、数値の引数を受け取って 2 乗した値を返す関数を def を使って定義し、引数に 10 を渡すと次のようになります。

```
01:  def square(x):
02:      '''与えられた数値の2乗を返す'''
03:      return x ** 2
04:
05:  print(square(10))
```

```
Out  100
```

これをラムダ式で書くと次のようになります。

4 関数

```
01:  # 与えられた数値の2乗を返す
02:  sq_func = lambda x: x ** 2
03:
04:  print(sq_func(10))
```

Out `100`

　ラムダ式を使って定義した関数も、従来の書き方で定義した関数と同じように機能することがわかります。

　ところで、ラムダ式を使って定義した関数も関数オブジェクトなので、上記のように変数に代入して使用することができます。しかし、変数に代入して使用することは推奨されていません。ラムダ式はそもそも名前をもたないことによって関数を使い捨てとし、プログラムを簡潔にする目的で使うものだからです。名前をもたせるのであれば、従来の書き方のほうが可読性が高いでしょう。

実践的なラムダ式の使い方：関数の引数に関数を渡す場合

　ラムダ式が真価を発揮するのは、関数を引数にもつ関数を使う場合です。組み込み関数では map() や filter() が関数を引数にもつ関数として知られています。

　たとえば、1 から 10 の数値のリスト i_num_list が与えられたとき、No.1、No.2 のように数字入り文字列のリストに変換したい場合は、map() を用いて次のようにします。

```
01:  i_num_list = range(1, 11)
02:  s_num_list = list(map(lambda i: "No." + str(i), i_num_list))
03:  print("文字列リスト:", s_num_list)
```

Out `文字列リスト: ['No.1', 'No.2', 'No.3', 'No.4', 'No.5', 'No.6', 'No.7', 'No.8', 'No.9', 'No.10']`

　map() 関数の戻り値は反復可能体（iterable）なので、そのまま for 文の in に続けて書くことができます。

```
01:  # 数値を文字に変換して修飾します
02:  for s in map(lambda i: "No." + str(i), range(1,11)):
03:      print(s, end=" ")
```

Out `No.1  No.2  No.3  No.4  No.5  No.6  No.7  No.8  No.9  No.10`

　次は filter() 関数です。たとえば、1 から 10 の数値のリストから 2 の倍数だけ取り出すには、次のように書けます。

178

4.6 ラムダ式

```
01:  # 偶数だけ取得します
02:  for e in filter(lambda i: i%2==0, range(1,11)):
03:      print(e, end="  ")
```

Out 2 4 6 8 10

　ちなみに、def で定義した関数を用いると次のようになります。ラムダ式で書いたほうが行数が減りますし、グローバル空間で定義する関数を減らすことができます。可読性とのバランスを考えて、ラムダ式を使うか def を使うかを決めるとよいでしょう。

```
01:  def is_even(x):
02:      '''偶数なら True'''
03:      return x % 2 == 0
04:
05:  # 偶数だけ取得します
06:  for e in filter(is_even, range(1,11)):
07:      print(e, end="  ")
```

Out 2 4 6 8 10

役に立つ実例：sort の key に使う

　リストをソートしたいとき、リストオブジェクトのメソッド sort() を使用する方法と、組み込み関数の sorted() を使う方法があります。ここでは、リストのメソッド sort() を使う方法について見てみます。

　リストのメソッド sort() は、仮引数 key に関数を渡すことができます。key は引数としてリストの要素を受け取り、順位を評価できるようなオブジェクト（数値や文字列など）を戻り値とする関数でなければなりません。

　次のような複数のペア要素をもつタプルからなるリストを考えます。

```
01:  pairs = [(2, 'down'), (1, 'up'), (4, 'charm'), (3, 'strange'), (6,
         'top'), (5, 'bottom')]
02:  print(pairs)
```

Out [(2, 'down'), (1, 'up'), (4, 'charm'), (3, 'strange'), (6, 'top'), (5,
     'bottom')]

　各タプルの 1 番目の要素（数字）をキーとしてリストを小さい順に並べるには、リストのメソッド sort() を引数なしで使います。

```
01: pairs.sort()
02: print(pairs)
```

```
Out  [(1, 'up'), (2, 'down'), (3, 'strange'), (4, 'charm'), (5, 'bottom'), (6,
     'top')]
```

　一方、各タプルの 2 番目の要素（文字）をキーとして並べるには、引数にラムダ式を使います。ペアには 0 番目と 1 番目の要素があるので、ペアのタプルを引数 x として受け取ったときに 1 番目の要素を出力する関数を key に与えます。

```
01: pairs.sort(key=lambda x: x[1])
02: print(pairs)
```

```
Out  [(5, 'bottom'), (4, 'charm'), (2, 'down'), (3, 'strange'), (6, 'top'), (1,
     'up')]
```

順序を逆向きに並べたいときは、引数に reverse=True を与えます。

```
01: pairs.sort(key=lambda x: x[1], reverse=True)
02: print(pairs)
```

```
Out  [(1, 'up'), (6, 'top'), (3, 'strange'), (2, 'down'), (4, 'charm'), (5,
     'bottom')]
```

　ところで、組み込み関数 sorted の場合は、第一引数にリストなどの反復可能体を与え、戻り値にソートされたリストを返します。このとき、引数に与えたソート対象のオブジェクトは改変されません。key と reverse をキーワード引数として受けつける点はリストのメソッド sort() と同じなので、同様に使えます[※]。

> ※注　ソートについては下記のページも参考になります。
> https://docs.python.org/ja/3/howto/sorting.html

ラムダ式の中の if 文

　三項演算子を使うことで、代入の条件分岐を 1 行で書くことができます。三項演算子の書き方は、< 戻り値 1> if < 条件 > else < 戻り値 0> で、＜条件＞が True なら＜戻り値 1 ＞、False なら＜戻り値 0 ＞を返すことができます。
　たとえば、引数を受け取り、偶数なら "even"、奇数なら "odd" を返すラムダ式は、次のように書けます。

4.6 ラムダ式

```
01: n = 3
02: func = lambda n: "even" if (n % 2 == 0) else "odd"
03: func(n)
```

Out   'odd'

これは、三項演算子で書いた次の式をラムダ式の中に置いただけです。

```
01: n = 3
02: x = "even" if (n % 2 == 0) else "odd"
03: print(x)
```

Out   odd

ちなみに、上記の三項演算子は次の式と同じ意味です。

```
01: n = 3
02: if (n % 2 == 0):
03:     x = "even"
04: else:
05:     x = "odd"
06: print(x)
```

Out   odd

問題 . 1

　1 から 7 までの数字（整数）が range(1, 8) という反復可能体（iterable）で与えられたとき、それをゼロ埋めされた 4 桁の数字文字列の反復可能体に変換してください。その際、for 文を使わずに、map() 関数とラムダ式を使って簡潔に記述してください。

ヒント

1 から 7 までの数字文字列のリストは、次のように作成できます。

```
01: list(range(1, 8))
```

Out   [1, 2, 3, 4, 5, 6, 7]

4 関数

　数値を文字列に変換して 4 桁でゼロ埋めするには、文字列型の format() メソッドの使い方を知っていると簡単にできます。

```
01: "{:04}".format(5)
```

```
Out  '0005'
```

　map() の第一引数は関数、第二引数はイテラブルを受け取ります。

解答

```
01: str_num_list = map(lambda x: "{:04}".format(x), range(1, 8))
02: str_num_list
```

```
Out  <map at 0x10a775cf8>
```

実行例

　リストに変換すると、値を確認することができます。

```
01: print(list(str_num_list))
```

```
Out  ['0001', '0002', '0003', '0004', '0005', '0006', '0007']
```

解説

　range() 関数は反復可能体を返しますが、リストではありません。また、map() 関数もリストではない反復可能体を返します。反復可能体の中身は、リストなどにキャストするとそのとき初めて計算されて値を見ることができます。このようなしくみを、遅延評価と呼びます。
　ところで、最初からリストを作成するつもりなら、リスト内包表記を用いて下記のようにすることもできます。

```
01: print(["{:0=4}".format(x) for x in range(1, 8)])
```

```
Out  ['0001', '0002', '0003', '0004', '0005', '0006', '0007']
```

　結果を得るために最初からリストに保存する方法と、遅延評価を行う方法では、何が違うのでしょうか？ 違いは、メモリを占有する時間です。遅延評価のほうが、

4.6 ラムダ式

計算時にメモリを占有する時間を最小限に抑えることができます。さらに、リスト内包表記と似た表記のまま遅延評価を行いたいときは、ジェネレータ表記が使えます。

```
01: print(("{:0=4}".format(x) for x in range(1, 8)))
```

```
Out  <generator object <genexpr> at 0x109635228>
```

```
01: print(list("{:0=4}".format(x) for x in range(1, 8)))
```

```
Out  ['0001', '0002', '0003', '0004', '0005', '0006', '0007']
```

問題.2

　生徒 10 人のデータを次のようにランダムに生成し、生徒名、身長、体重からなるタプルをいくつか格納した students_data が与えられたとき、students_data の要素を身長順と体重順に並べ替えてください。

```
01: import random
02: def generate_students_data(num_students=10):
03:     '''生徒名,身長,体重からなるデータをランダムに生成する
04:
05:     引数：num_students: 生徒の人数を取る
06:     戻り：num_students個のタプル（生徒名，身長，体重）からなるリスト
07:
08:     データの内容
09:         生徒名　'nXX', XX は 10 から 50 の番号
10:         身長　　150-190 cm からランダムに選んだ値
11:         体重　　50-80 kg　からランダムに選んだ値
12:     '''
13:     students_data = []
14:     for i in range(num_students):
15:         name = 'n' + str(random.randint(10, 50))
16:         height = random.randint(150,190)
17:         weight = random.randint(50,80)
18:         students_data.append((name, height, weight))
19:         if i == 0: print('i, name, height, weight')
20:         if i < 2 or i == num_students - 1:
21:             print(i, name, height, weight)
22:         elif i == 2: 続く
```

CHAPTER 4

関数

183

4 関数

```
23:             print('...')
24:     return students_data
25:
26: students_data = generate_students_data(10)
```

```
Out  i, name, height, weight
     0 n30 189 78
     1 n48 162 52
     ...
     9 n16 158 79
```

```
01: students_data
```

```
Out  [('n30', 189, 78),
      ('n48', 162, 52),
      ('n14', 161, 55),
      ('n19', 172, 72),
      ('n45', 152, 72),
      ('n20', 180, 72),
      ('n26', 152, 65),
      ('n38', 185, 80),
      ('n23', 161, 76),
      ('n16', 158, 79)]
```

ヒント

組み込み関数 sorted() の第一引数に students_data を、第二引数の key にラムダ式を使った関数を代入します。

解答

key に、並べ替えのキーとしたい列の要素を指定します。生徒名なら第 0 番目、身長なら第 1 番目、体重なら第 2 番目を指定します。

```
01: students_by_height = sorted(students_data, key=lambda s: s[1])
02: students_by_weight = sorted(students_data, key=lambda s: s[2])
```

実行例

身長が小さい順になっているかを確認します。

4.6 ラムダ式

```
01:  print('\nSort by height')
02:  for student in students_by_height:
03:      print(student)
```

```
Out  Sort by height
     ('n45', 152, 72)
     ('n26', 152, 65)
     ('n16', 158, 79)
     ('n14', 161, 55)
     ('n23', 161, 76)
     ('n48', 162, 52)
     ('n19', 172, 72)
     ('n20', 180, 72)
     ('n38', 185, 80)
     ('n30', 189, 78)
```

体重が小さい順になっているかを確認します。

```
01:  print('\nSort by weight')
02:  for student in students_by_weight:
03:      print(student)
```

```
Out  Sort by weight
     ('n48', 162, 52)
     ('n14', 161, 55)
     ('n26', 152, 65)
     ('n19', 172, 72)
     ('n45', 152, 72)
     ('n20', 180, 72)
     ('n23', 161, 76)
     ('n30', 189, 78)
     ('n16', 158, 79)
     ('n38', 185, 80)
```

解説

　組み込み関数 sorted() は、第一引数に反復可能体、第二引数にソートの key と
なる要素を指定するようになっていて、このとき、身長はタプルのインデックス
1 の要素なので key = lambda s: s[1] と書きます。s が変数（行 = タプル）で、s[1]
が戻り値です。体重はタプルのインデックス 2 の要素なので key = lambda s: s[2]
と書きます。

4.7

関数の中の関数

Pythonでは、関数の中で関数を定義して使用することができます。関数内で繰り返し使用される処理があるとき、関数を定義するとコードが見やすくなることがあります。しかし同時に、あまり汎用性がない関数をグローバル名前空間に増やしたくないという場合があります。そのようなとき、関数の中で関数を定義して使用するとよいでしょう。

関数内関数を作る

関数の中で関数を定義してみましょう。ここでは、関数の中で2つの引数の積を計算する関数を定義します。

```python
01: def outer(a, b):
02:     print('outer function (a, b) = ({}, {})'.format(a, b))
03:     def inner(c, d):
04:         print('inner function (c, d) = ({}, {})'.format(c, d))
05:         return c * d
06:     return inner(a, b)
```

```python
01: a = outer(4, 7)
02: print(a)
```

```
Out   outer function (a, b) = (4, 7)
      inner function (c, d) = (4, 7)
      28
```

例をもう1つ挙げます。

```python
01: def knights(saying):
02:     def inner(quote):
03:         return "We are the knights who say: '%s'" % quote
04:     return inner(saying)
05:
06: knights('Ni!')
```

```
Out   "We are the knights who say: 'Ni!'"
```

クロージャ

関数内関数は、クロージャとして機能します。クロージャとは、他の関数によって動的に生成される関数で、その関数の外で作られた変数の値を覚えておいたり、変えたりすることができます。ロジックは同じで、内部で使用するパラメータだけ異なる関数を動的に作成したいとき、クロージャが役に立ちます。

ここでは、円周率 pi の精度が異なる関数を動的に作成し、円の面積を計算して比較する例を示します。

```
01: def make_circle_area_func(pi = 3.14):
02:     '''円の面積を計算する関数を作る'''
03:
04:     def circle_area(radius):
05:         '''円の面積を計算する'''
06:
07:         return radius * radius * pi
08:
09:     return circle_area
10:
11: # pi が 初期設定 (3.14) のとき
12: circle_area_default = make_circle_area_func()
13: # pi が 3.1415926535 のとき
14: circle_area_precise = make_circle_area_func(pi = 3.1415926535)
```

```
01: type(circle_area_default), type(circle_area_precise)
```

```
Out  (function, function)
```

```
01: # 半径2の円の面積、pi の精度が異なる
02: print(circle_area_default(2))
03: print(circle_area_precise(2))
```

```
Out  12.56
     12.566370614
```

nonlocal 変数を使ったクロージャ

関数内関数を使う場合も、関数内で作成した変数のスコープは特別な文を使わない限り関数内のみとなります。しかし、関数内関数の変数をその1つ外側で定義して使いたいときがあります。そういうときは、nonlocal 変数を使うことができます。

たとえば、呼ばれるたびに返す数値を1ずつ更新していくカウンタ機能をもつ関数を生成する関数を定義してみます。これもクロージャの一例です。

4 関数

```
01:  def makecounter():
02:      '''呼ばれるたびにカウントを1ずつ増やすカウンタ関数を生成する'''
03:      n = 0
04:      def count():
05:          nonlocal n
06:          n += 1
07:          return n
08:      return count
09:
10:  counter = makecounter()
11:  print(counter())
12:  print(counter())
13:  print(counter())
```

```
Out  1
     2
     3
```

　nonlocal 宣言は、スコープの範囲を拡大するという意味では global 宣言と似ていますが、nonlocal は 1 つ外側までに拡大範囲を限定しているのに対し、global はスコープをそのモジュールの全範囲に拡大している点が違います。

関数内関数のメリット

　可読性をよくするためには、関数は小さくしたほうがよいといわれます。しかし、関数を作る際にはさまざまな悩みが発生します。ある処理をその関数内でしか使いたくない、その処理が他の関数から呼ばれてほしくない、グローバルな名前空間で関数を定義したくない、などです。そのような処理を簡潔に記述したいとき、関数内関数を使うメリットがあります。

　次のような関数を、重複を避けてもっと簡潔に書くことを考えてみましょう。

```
01:  def show_message(num=0):
02:      """入力値に応じて違うメッセージを表示する
03:
04:      入力：0 or それ以外
05:      """
06:
07:      if num == 0:
08:          flag = "Red"
09:          print("==== flag:", flag)
10:          print("Selection is", num, "which may be the default")
11:          print("====")
12:      else: 続く
```

4.7 関数の中の関数

```
13:         flag = "Blue"
14:         print("==== flag:", flag)
15:         print("Your choise is", num)
16:         print("====")
17:
18: show_message(0)
19: show_message(1)
```

```
Out  ==== flag: Red
     Selection is 0 which may be the default
     ====
     ==== flag: Blue
     Your choise is 1
     ====
```

if文の中身に、繰り返し出力する部分があります。これは、次のような関数内関数を使って、機能別に整頓することができます。

```
01: def show_message(num=0):
02:     """入力値に応じて違うメッセージを表示する
03:
04:     入力: 0 or それ以外
05:     """
06:
07:     def decolate(func):
08:         if num == 0:
09:             flag = "Red"
10:         else:
11:             flag = "Blue"
12:
13:         print("==== flag:", flag)
14:         func()
15:         print("====")
16:
17:     def show_selection(num=num):
18:         if num == 0:
19:             print("Selection is ", num, "which may be the default")
20:         else:
21:             print("Your choice is ", num)
22:
23:     decolate(show_selection)
24:
25: show_message(0)
26: show_message(1)
```

CHAPTER 4

関数

189

4 関数

問題 . 1

2つの数値を受け取り、それらを足し合わせた値を返す関数を返す関数を作成してください。

ヒント

2つの値を受け取って足し算を行う関数を add()、その関数を作成する関数を make_addfunc() とします。関数 add() の内容を make_addfunc() の中で定義し、add() の戻り値は足し算の結果、make_addfunc() の戻り値は関数 add とします。

解答

```
01: def make_addfunc():
02:     def add(x, y):
03:         return x + y
04:     return add
```

実行例

```
01: adder = make_addfunc()
02: answer = adder(1, 10)
03: print(answer)
```

Out ` 11 `

解説

実行の経過を把握しやすくするため、print 文を挿入します。

```
01: def make_addfunc():
02:     print('足し算する関数を作成')
03:     def add(x, y):
04:         print('{} + {} = {}'.format(x, y, x + y))
05:         return x + y
06:     return add
```

4.7 関数の中の関数

2つの変数を足し合わせる関数を作成して、adder変数に代入します。

```
01:  adder = make_addfunc()
```

```
Out  足し算する関数を作成
```

```
01:  answer = adder(1, 10)
```

```
Out  1 + 10 = 11
```

```
01:  print(answer)
```

```
Out  11
```

4.8

デコレータ

この節では、デコレータについて解説します。デコレータは関数を引数として1つ受け取り、別の関数を1つ返す関数です。デコレータは、たとえば、関数の内部を書き換えずに既存の関数に変更を加えたいときなどに役に立ちます。よくあるケースは、引数として何が渡されたかを見るためのデバッグ文の追加です。

デコレータの作り方

デコレータを作るには、これまで解説してきたテクニックのうち次のものを使います。

- 引数としての関数
- 関数内関数
- 戻り値としての関数
- *args と **kwargs

例として、任意の関数に対して、引数として何が渡され、結果がどうなるかを見るためのデコレータを作ってみます。

```
01:  def show_how_it_works(func):
02:      def my_function(*args, **kwargs):
03:          print('Running function:', func.__name__)
04:          print('Positional arguments:', args)
05:          print('Keyword arguments:', kwargs)
06:          result = func(*args, **kwargs)
07:          print('Result:', result)
08:          return result
09:      return my_function
```

次に、一例として、2つの数値を引数として受け取り、合計を返す関数を定義します。

```
01:  def add_two_numbers(a, b):
02:      return a + b
03:
04:  add_two_numbers(1, 8)
```

```
Out  9
```

192

4.8 デコレータ

　この関数を最初に定義したデコレータに代入して、戻り値の関数を変数に代入してから実行してみます。

```
01:  decolated_func = show_how_it_works(add_two_numbers)
02:  decolated_func(1, 8)
```

```
Out  Running function: add_two_numbers
     Positional arguments: (1, 8)
     Keyword arguments: {}
     Result: 9
     9
```

　関数の中身を変更せずに、修飾（デコレート）することができました。

デコレータ使用時のアットマーク @ を使った記述

　上記の続きで、更に、decolated_func を、もとの関数の名前と同じ名前の変数に代入してみます。すると、もとの関数は同じ名前のまま修飾された関数として動作します。

```
01:  add_two_numbers = decolated_func
02:  add_two_numbers(1, 8)
```

```
Out  Running function: add_two_numbers
     Positional arguments: (1, 8)
     Keyword arguments: {}
     Result: 9
     9
```

　さて、上のような、もとの関数の名前を変えずに関数を修飾する一連の操作は、関数の直前に「@ デコレータ名」を追加するだけで実現できます。

```
01:  @show_how_it_works
02:  def add_two_numbers(a, b):
03:      return a + b
04:
05:  add_two_numbers(1, 8)
```

　実行すると、先ほどのコードとまったく同じ出力が得られます。デコレータを使うと、このようにアットマーク @ を使った短い記法で、既存の関数を修飾することができます。

193

4 関数

COLUMN COLUMNCOLUMNCOLUMNCOLUMNCOLUMN

効果的な例：functools.lru_cache

標準ライブラリ functools に含まれるデコレータを使うことにより、再帰的な関数の実行時間を効果的に短くすることができる例があります。次のように、再帰的な関数を定義することで、n番目のフィボナッチ数を返す関数を定義します。

```
01: def fib(n):
02:     if n < 2:
03:         return n
04:     return fib(n-1) + fib(n-2)
```

ここで、この関数をリスト内包表記で n=16 まで順に実行するときの実行時間を測定してみます。Jupyter Notebook では、%%time というコマンドが使えます。

```
01: %%time
02: [fib(n) for n in range(16)]
```

```
Out  CPU times: user 1.49 ms, sys: 211 µs, total: 1.7 ms
     Wall time: 1.53 ms

     [0, 1, 1, 2, 3, 5, 8, 13, 21, 34, 55, 89, 144, 233, 377, 610]
```

次に、functools の lru_cache を使って、fib(n) にデコレータを適用してみます。

```
01: from functools import lru_cache
02:
03: @lru_cache(maxsize=None)
04: def fib(n):
05:     if n < 2:
06:         return n
07:     return fib(n-1) + fib(n-2)
```

先ほどど同様に、この関数をリスト内包表記で n=16 まで順に実施するときの実行時間を測定してみます。

```
01: %%time
02: [fib(n) for n in range(16)]
```

4.8 デコレータ

```
Out   CPU times: user 24 µs, sys: 1 µs, total: 25 µs
      Wall time: 28.8 µs

      [0, 1, 1, 2, 3, 5, 8, 13, 21, 34, 55, 89, 144, 233, 377, 610]
```

　デコレータで修飾する前は 1530µs だったのに対し、修飾後は 28.8µm となり、約 53 倍高速化されたことになります[※]。再帰的な関数呼び出しの中では同じ計算が複数回実行されているのですが、functools.lru_cache を使うことにより、一度計算された関数の呼び出し結果がキャッシュされます。そのため、2 回目以降は計算せずに結果を利用でき、高速化されます。

※注　計算にかかる時間は、お使いのコンピュータの性能や環境によって異なります。

問題.1

　関数が呼ばれたときに == begin、終了したときに == end を表示する show_begin_end というデコレータを作成してください。

ヒント

前述の show_how_it_works を、少し書き換えれば作ることができます。

解答

```
01:  def show_begin_end(func):
02:      '''呼ばれた関数の始めと終わりを表示するデコレータ'''
03:      def deco_func(*args, **kwargs):
04:          '''関数を実行する前と後にメッセージを表示'''
05:          print('== start')
06:          result = func(*args, **kwargs)
07:          print('== end')
08:          return result
09:      return deco_func
```

CHAPTER 4

関数

195

4 関数

実行例

　実行に時間がかかるプログラムに使うと便利なので、2秒待機する関数を作成して実行してみます。

```
01:  import time
02:
03:  def sleep_for_a_while():
04:      '''しばらく眠る'''
05:      print("Sleeping ..")
06:      time.sleep(2) # sleep for a while; interrupt me!
07:      print("Done Sleeping")
08:
09:  sleep_for_a_while()
```

```
Out   Sleeping ..
      Done Sleeping
```

　では、デコレータ show_begin_end を使ってみます。

```
01:  @show_begin_end
02:  def sleep_for_a_while():
03:      '''しばらく眠る'''
04:      print("Sleeping ..")
05:      time.sleep(2)  # sleep for a while
06:      print("Done Sleeping")
07:
08:  sleep_for_a_while()
```

```
Out   == start
      Sleeping ..
      Done Sleeping
      == end
```

解説

　デコレータとして使う show_begin_end を定義しました。show_begin_end は関数を引数として受け取り、その関数 func を内側の deco_func の中で実行しています。実行する前に == start、後に == end を挿入するところがポイントです。

4.8 デコレータ

COLUMNCOLUMNCOLUMNCOLUMNCOLUMNCOLUMN

デコレータと docstring 〜 functools.wraps について

デコレータを使うと、デコレータ適用前と同じ名前で関数を使えるので、プログラムの変更をしなくても済みますが、docstring に関して 1 つ問題があります。たとえば、help() を使って sleep_for_a_while の docstring※を表示してみます。

※注 docstring については、4.9 節も参照してください。

```
01: help(sleep_for_a_while)
```

```
Out  Help on function deco_func in module __main__:

     deco_func(*args, **kwargs)
         関数を実行する前と後にメッセージを表示
```

sleep_for_a_while() の docstring ではなくて、デコレータ内部で使われている関数の docstring が表示されました。これは sleep_for_a_while の docstring と違います。これを解決するには、デコレータを定義するときに、内側の関数にfunctools.wraps をデコレータとして使います。

```
01:  from functools import wraps
02:  def show_begin_end(func):
03:      '''呼ばれた関数の始めと終わりを表示するデコレータ'''
04:      @wraps(func)
05:      def deco_func(*args, **kwargs):
06:          '''関数を実行する前と後にメッセージを表示'''
07:          print('== start')
08:          result = func(*args, **kwargs)
09:          print('== end')
10:          return result
11:      return deco_func
12:
13:  @show_begin_end
14:  def sleep_for_a_while():
15:      '''しばらく眠る'''
16:      print("Sleeping ..")
17:      time.sleep(2) # sleep for a while; interrupt me!
18:      print("Done Sleeping")
```

```
01:  sleep_for_a_while()
```

CHAPTER 4

関数

197

4 関数

```
Out   == start
      Sleeping ..
      Done Sleeping
      == end
```

```
01:   sleep_for_a_while.__doc__
```

```
Out   'しばらく眠る'
```

```
01:   help(sleep_for_a_while)
```

```
Out   Help on function sleep_for_a_while in module __main__:

      sleep_for_a_while()
          しばらく眠る
```

特に、docstring の機能を使って doctest※を実行していた場合、デコレータを適用するとテストが失敗することがありますが、上記のように functools.wraps を使うことで解決できます。

※注　doctest については下記リンクを参照してください。
　　　https://docs.python.org/ja/3/library/doctest.html

4.9

コーディングスタイル

言語仕様ではないが、みんなで同じルールを守ってコードを読みやすくするための取り決めのことを、コーディングスタイルといいます。プログラムは、コンピュータに正確に仕事をさせるために書くものであると同時に、コンピュータに何をさせようとしているかを人間に伝えるためのものでもあります。Python はその言語仕様から、誰が書いても人間にとって読みやすいコードが書けるといわれていますが、いくつかの慣習を守ってコードを書くと更に読みやすくすることができます。Python には標準のコーディングスタイルがあり、PEP8 という文書にまとめられています[※]。

> ※注　本書の他の章では、必ずしも PEP8 のコーディングスタイルに従って書かれていないことがあります。その理由は紙面に限りがあるためで、その都合上、行間を詰めて書いた方がよいからです。

インデント

　インデント（行の先頭を空白により下げること）はスペース 4 つとし、タブは使いません。for 文や関数の定義など、末尾に : がつく文の次の行にインデントを挿入します。

```
01: for i in range(3):
02:     print("Hello world {}".format(i))
```

```
Out  Hello world 0
     Hello world 1
     Hello world 2
```

　スペース 4 つのインデントは、一般的には、狭いインデント（スペース 2 つ、深い入れ子が可能）と広いインデント（スペース 8 つ、読みやすい）のちょうど中間です。

　タブ文字はスペースと区別がつきづらく、さらに、タブ文字の見え方がソフトウェアによって変わることがあります（タブ文字がスペースいくつ分かはソフトウェアによって異なります）。そのため、混乱のもとになるので使わないことにします。Python 言語に対応した最近のテキストエディタは、タブ文字を入力すると自動的にスペース 4 つを入力するように設定されていることが多いです。

1 行の文字数

　半角文字の場合、79 文字以内にします。全角文字（日本語など）の場合は、39 文字以内です。

4 関数

空白行

関数定義やクラス定義、あるいは、関数内の大きめのブロックを分離するために空白行を使います。

具体的には、関数定義やクラス定義の前後に2つの空白行を挿入します。クラス定義の中のメソッドの定義の前後には、1つの空白行を挿入します。論理的なまとまりを示したいときは、その前後に1つの空白行を挿入します。

コメント

コメントは#で始まります。行の先頭に#があるコメントをblockコメント、変数や式などの後ろの同じ行の中に書かれたコメントをinlineコメントと呼びます。コメントは、#と半角スペースに続けて書くようにします。

blockコメントは、その後ろに続くコードを説明するために使います。

```
01:  # 1から10までの数字リストを生成して
02:  # その合計を表示する
03:  numbers = list(range(1, 11))
04:  print(sum(numbers))
```

Out 55

inlineコメントは、同じ行の中でコードの後ろに半角スペースを2つ以上挿入してから、#に続けて書きます。なお、inlineコメントは控えめに使うようにします。

```
01:  g = 9.81     # 重力加速度
```

ドキュメンテーション文字列（docstring）

関数（またはクラス）を宣言するときは、そのすぐ次の行にその関数（またはクラス）を説明するコメントを書きます。コメントの始まりをダブルクォーテーション3つ「"""」で始めたら、終わりはダブルクォーテーション3つ「"""」で閉じます。ダブルクォーテーション3つのペアでコメントをくくる代わりに、シングルクォーテーション3つ「'''」のペアを使うこともできます。

1行のみのdocstringは、行の最後を「"""」で閉じます。

```
01:  def my_function():
02:      """Explain how to use 'docstring'"""
03:      pass
```

4.9 コーディングスタイル

複数行の docstring は、独立した「"""」の行で閉じます。

```
01: def my_function():
02:     """Explain how to use 'docstring'
03:
04:     Do nothing but explain how to use docstring.
05:     """
06:     pass
```

docstring を書いておくと、組み込み関数 help() を使って表示することができます。

```
01: help(my_function)
```

```
Out  Help on function my_function in module __main__:

     my_function()
         Explain how to use 'docstring'

         Do nothing but explain how to use docstring.
```

docstring の値は、my_function.__doc__ という変数に保存されています。

```
01: print(my_function.__doc__)
```

```
Out  Explain how to use 'docstring'

         Do nothing but explain how to use docstring.
```

スペースの挿入箇所

左括弧「(」の右側と、右括弧「)」の左側には、スペースを入れません。演算子「+、-、*、/」などの左と右にはスペースを入れます。

一貫した命名規則

◆クラス

CamelCase：単語の頭文字を大文字にして接続するスタイル。キャメルケース※あるいはパスカルケース (PascalCase) と呼ばれることがあります。

※注　キャメルケースという言葉は、特に文字列の先頭が小文字のローワーキャメルケース（LowerCamelCase）のことを指すこともあるようです。その場合、文字列の先頭が大文字のキャメルケースのことをアッパーキャメルケース（UpperCamelCase）と呼んで区別します。クラス名にはアッパーキャメルケースを使います。

CHAPTER 4

関数

201

4 関数

◆ **変数と関数とメソッド**

lower_case_with_underscores：小文字の単語同士をアンダースコアでつなぐスタイル。スネークケース（snake_case）と呼ばれることがあります。

◆ **クラスの第一引数**

self

文字コード

国際的に使われる可能性があるコードの文字コードは、UTF-8 を使います。ただし、ASCII コードのみを使うのがもっともよいとされます。

その他

Python 公式ドキュメントが下記にあります。

PEP8 -- Style Guide for Python Code
https://www.python.org/dev/peps/pep-0008/

手元にあるコードが PEP8 に従って書かれているかをチェックするツールがいくつか知られています。よく使われるものに、pylint（http://www.pyint.org/）、flake8（http://flake8.pycqa.org/）などがあります。コードを PEP8 に合うように自動整形してくれるツール、black（https://github.com/psf/black）も、最近知られるようになりました。これらは標準ライブラリには含まれませんので、使う場合は pip か conda でインストールしてください。

問題.1

式や文中の空白文字に関するルールの悪い例を示します。PEP8 に従って、よい書き方に直してください。

```
01:  # 悪い例1
02:  spam( ham[ 1 ], { eggs: 2 } )
03:
04:  # 悪い例2
05:  foo= (0, )
06:
07:  # 悪い例3
08:  if x == 4 : print (x , y) ; x , y = y , x
```

4.9 コーディングスタイル

ヒント

下記の点に注意してください。

- 悪い例1：括弧、角括弧、波括弧の始めの直後と、終わりの直前
- 悪い例2：末尾のカンマと、その後に続く閉じ括弧の間
- 悪い例3：カンマやセミコロン、コロンの直前

解答

```
01: spam(ham[1], {eggs: 2})
02: foo = (0,)
03: if x == 4: print(x, y); x, y = y, x
```

解説

　式や文中における、スペースの挿入箇所に関するルールです。括弧の前後に余計な空白を入れるのはやめましょう。演算子の前後には、スペースが必要です。カンマとコロンとセミコロンの前からは半角スペースを削除し、後ろには半角スペースを入れます。

問題. 2

　下記は命名規則に従わない悪い例です。PEP8で推奨する形に直してください（プログラムの内容に意味はありません。文法は正しいので実行可能です）。

```
01: import os, sys
02: MAX = 2
03: print(sys.getdefaultencoding ())
04: print(os.path.basename(os.getcwd ()))
05: for i in range ( 3 ) :
06:     print( i , end=" ")
07:     if MAX>i:
08:         print( MAX )
09:     else :
10:         print  ("#")
```

```
Out  utf-8
     PythonText
     0 2 続く
```

CHAPTER 4

関数

203

4 関数

```
1 2
2 #
```

ヒント

すべての行において、1行につき1箇所以上修正すべき点があります。

解答・実行例

```
01:  import os
02:  import sys
03:  MAX = 2
04:  print(sys.getdefaultencoding())
05:  print(os.path.basename(os.getcwd()))
06:  for i in range(3):
07:      print(i, end=" ")
08:      if MAX > i:
09:          print(MAX)
10:      else:
11:          print("#")
```

```
Out  utf-8
     PythonText
     0 2
     1 2
     2 #
```

解説

下記の修正を行いました。

- import は1行に1モジュールとします[※]。
- 関数の名前と括弧の間のスペースを消します。os.getcwd () → os.getcwd()。sys.getdefaultencoding ()、range (3) も同様。
- for 文のコロン : の前に、スペースは入れません。
- 左括弧 (の直後と右括弧) の直前に、スペースは入れません。
- カンマ , の直前にスペースは入れません。
- 不等号や演算子の前後にはスペースを入れます。

[※]注 本文では説明していませんが、PEP8 に記述されています。詳しくは PEP8 のドキュメントを参照してください。

CHAPTER

5

データ構造

5.1	リストのメソッド	206
5.2	リスト内包表記	217
5.3	del を使った削除	224
5.4	タプル	229
5.5	集合（set）	235
5.6	集合を使った演算	242
5.7	辞書（dict）	250
5.8	辞書を使ったプログラミング	257
5.9	ループのテクニック	264
5.10	比較	272

5.1

リストのメソッド

リストには多くのメソッドがあり、リストの要素に対して様々な操作をすることができます。メソッドを使うことにより、プログラムがすっきりして読みやすくなる効果が期待できます。一方で、メソッドを実行した結果、もとのリストの内容が変わってしまうメソッド（破壊的なメソッド）もあります。メソッドの効果をしっかり理解して、適切に使いこなしましょう。

要素の追加（append）

リストへの要素の追加は、append メソッドを使います。リスト変数の後ろにドット記号を書き、続けて append、丸括弧 () を書きます。丸括弧の間に、追加する要素を書きます。空のリスト変数 square を作成し、整数 2 乗の要素 5 個をリストに追加してみましょう。

```
01: square = []
02: square.append(1)
03: square.append(4)
04: square.append(9)
05: square.append(16)
06: square.append(25)
```

作ったリスト変数、square を表示してみましょう。リストに追加した 5 つの要素が出力されます。

```
01: square
```

```
Out [1, 4, 9, 16, 25]
```

リストの追加（extend）

リストの後ろに別のリストを追加するには、extend メソッドを使います。リスト変数の後ろにドット記号を書き、続けて extend、丸括弧 () を書きます。丸括弧の間に、追加するリストまたはリスト変数名を書きます。新たにリスト変数 square2 を作成し、前に作成したリスト変数 square の末尾に追加してみましょう。

```
01: square2 = [36, 49]
02: square.extend(square2)
```

5.1 リストのメソッド

　square2 を末尾に追加したリスト変数 square を表示してみましょう。追加前の 5 個の要素と、追加した 2 つの要素が出力されます。

```
01:   square
```

```
Out   [1, 4, 9, 16, 25, 36, 49]
```

指定位置への要素の挿入 （insert）

　リスト内の指定した位置に要素を挿入するには、insert メソッドを使います。リスト変数の後ろにドット記号を書き、続けて insert、丸括弧 () を書きます。
丸括弧の間に、要素を挿入するインデックス、カンマ記号、挿入する要素を書きます。
リスト変数 square のインデックス 2 の場所に、要素 7 を挿入してみましょう。

```
01:   square.insert(2, 7)
```

　リスト変数 square を表示してみましょう。リストのインデックス 2 の場所に、要素 7 が追加されて出力されます。

```
01:   square
```

```
Out   [1, 4, 7, 9, 16, 25, 36, 49]
```

指定した値の要素の削除 （remove）

　指定した値と一致するリスト内の最初の要素を削除するには、remove メソッドを使います。リスト変数の後ろにドット記号を書き、続けて remove、丸括弧 () を書きます。
丸括弧の間に削除する値を書きます。指定した値と一致する値がリスト内に存在しなければエラーとなりますので、注意が必要です。リスト変数 square の要素 7 を削除してみましょう。

```
01:   square.remove(7)
```

　リスト変数 square を表示してみましょう。要素 7 が削除されていて、残りの要素が出力されます。

```
01:   square
```

```
Out   [1, 4, 9, 16, 25, 36, 49]
```

5 データ構造

指定位置の要素の削除と取得 (pop)

指定位置の要素をリストから削除して取得するには、pop メソッドを使います。リスト変数の後ろにドット記号を書き、続けて pop、丸括弧 () を書きます。丸括弧の間に、指定する要素のインデックスを書きます。なお、インデックスを指定しないときは、リスト末尾要素の指定となります。リスト変数 square の指定位置（インデックス 1）の要素、4 を削除し、取得してみましょう。

```
01: square.pop(1)
```

```
Out 4
```

インデックス 2 の要素 4 が、pop メソッドによって返されます。リスト変数 square を表示してみましょう。インデックス 2 の要素 4 が削除されていて、残りの要素が出力されます。

```
01: square
```

```
Out [1, 9, 16, 25, 36, 49]
```

全要素の削除 (clear)

リスト内のすべての要素を削除するには、clear 関数を使います。リスト変数の後ろにドット記号を書き、続けて clear、丸括弧 () を書きます。リスト変数 square に追加されているすべての要素を、削除してみましょう。

```
01: square.clear()
```

リスト変数 square を表示してみましょう。すべての要素が削除されています。

```
01: square
```

```
Out []
```

指定した値の最初の要素のインデックスを返す (index)

指定した値の最初の要素のインデックスを取得するには、index 関数を使います。リスト変数の後ろにドット記号を書き、続けて index、丸括弧 () を書きます。丸括弧の間に、検索する要素の値を書きます。値が 16 である最初の要素のインデックスを取得してみましょう。

5.1 リストのメソッド

```
01: square = [1, 4, 9, 16, 25]
02: square.index(16)
```

Out 3

指定値の要素のカウント（count）

リストの要素のうち、指定した値と等しい要素の数を数えるには、count メソッドを使います。リスト変数の後ろにドット記号を書き、続けて count、丸括弧 () を書きます。丸括弧の間に、数える要素の値を書きます。リスト変数 square に値 16 の要素がいくつあるか数えてみましょう。

```
01: square = [1, 4, 9, 16, 25]
02: square.count(16)
```

Out 1

リストをソートする（sort）

リスト内の要素をソートするには、sort メソッドを使います。リスト変数の後ろにドット記号を書き、続けて sort、丸括弧 () を書きます。sort 関数は、インプレースで（そのオブジェクトを直接）ソートを行います。ランダムな値を追加したリストを生成し、ソートしてみましょう。

```
01: square = [16, 9, 25, 1, 4]
02: square.sort()
03: square
```

Out [1, 4, 9, 16, 25]

次に、引数 key と reverse を使って、入れ子のリスト x を逆順にソートしてみましょう。引数 key にラムダ式でリスト x のインデックスが 2 の要素を指定し、引数 reverse に True を指定して、逆順にソートします。

```
01: x = [[5, 8, 10],
02:      [7, 3, 2],
03:      [21, 2, 9],
04:      [99, 58, 33]]
05: x.sort(key=lambda x: x[2], reverse=True)
06: x
```

CHAPTER 5

データ構造

209

5 データ構造

```
Out  [[99, 58, 33], [5, 8, 10], [21, 2, 9], [7, 3, 2]]
```

リストを逆順にする（reverse）

リスト内の要素を逆順にするには、reverse 関数を使います。リスト変数の後ろにドット記号を書き、続けて reverse、丸括弧 () を書きます。 reverse 関数はインプレースで（そのオブジェクトを直接）ソートします。

```
01:  square = [1, 4, 9, 16, 25]
02:  square.reverse()
03:  square
```

```
Out  [25, 16, 9, 4, 1]
```

リストをコピーする（copy）

リストをコピーするには、copy 関数を使います。リスト変数の後ろにドット記号を書き、続けて copy、丸括弧 () を書きます。copy メソッドは、リスト変数の後ろに [:] を書いた場合と同じです。リスト変数 square を、別の変数にコピーしてみましょう。

```
01:  square = [[1, 4, 9], [16, 25]]
02:  square2 = square.copy()
03:  square2
```

```
Out  [[1, 4, 9], [16, 25]]
```

リスト変数 square をコピーして、リスト変数 square2 を作ることができました。リストのコピーメソッドは、浅いコピーを返します。コピーには浅いコピーと深いコピーがありますので、本節のコラムで説明します。

210

5.1 リストのメソッド

問題 . 1

プログラムを実行して「Suzuki」という結果を取得して、もとのリストから要素を消すために、下記のプログラムの空欄に記述すべきコードはどれでしょうか？

```
01:  members = ['Yamada', 'Tanaka', 'Satou', 'Suzuki']
02:  ▢
03:  print(name)
```

① name = members.remove(3)
② name = members.clear(3)
③ name = members.destroy(3)
④ name = members.pop(3)

ヒント

変数 name に 'Suzuki' を格納するために、リスト変数 members のインデックス 3 の要素を取得する方法を考えましょう。

解答

④

解説

リスト変数 members には、4 個の要素が登録されています。pop 関数の引数に 3 を指定すると、インデックス 3 の要素である 'Suzuki' を取得して要素から削除することができます。

CHAPTER 5

データ構造

5 データ構造

問題.2

リストのメソッドを使ってスタックを作成してください。スタックは、最後に追加された要素が最初に取得されるものとします（後入れ先出し）。まず、空のスタックを用意して要素1を追加し、次に要素2を追加します。その次にスタックの先頭（トップ）から、要素の取得を2回繰り返してください。

ヒント

append メソッドと pop メソッドを使用しましょう。pop メソッドはスタックのトップ（リストの末尾）から要素を取得するために使うので、インデックスの指定は不要です。

解答

次のようなコードを書くことができます。

```
01: stack = []
02: stack.append(1)
03: print('stack:', stack)
04: stack.append(2)
05: print('stack:', stack)
06: print('pop 1st value:', stack.pop())
07: print('pop 2nd value:', stack.pop())
08: print('stack:', stack)
```

```
Out  stack: [1]
     stack: [1, 2]
     pop 1st value: 2
     pop 2nd value: 1
     stack: []
```

解説

結果から、後入れ先出しとなっていることを確認することができます。空のスタック（リスト）に対して pop 関数を実行すると、インデックスエラーとなりますので、pop() を実行するときはスタックの要素数に注意しましょう。リストの要素数は、len(リスト変数名)によって取得することが可能ですので、覚えておきましょう。

5.1 リストのメソッド

問題.3

リストのメソッドを使って、キューを作成してみましょう。キューでは、最初に追加された要素が最初に取得されるものとします（先入れ先出し）。まず、空のキューを用意し、要素 1 を追加し、次に要素 2 を追加します。次にキューの先頭から、要素の取得を 2 回繰り返してみましょう。

ヒント

append メソッドと pop メソッドを使用します。pop メソッドでキューのボトム（リストの先頭）から要素を取得するためには、インデックス指定は 0 とします。

解答

```
01: queue = []
02: queue.append(1)
03: print('queue:', queue)
04: queue.append(2)
05: print('queue:', queue)
06: print('pop from queue 1st value:', queue.pop(0))
07: print('pop from queue 2nd value:', queue.pop(0))
08: print('queue:', queue)
```

```
Out  queue: [1]
     queue: [1, 2]
     pop from queue 1st value: 1
     pop from queue 2nd value: 2
     queue: []
```

解説

結果から、先入れ先出しとなっていることを確認できます。よりよいキューの実装には、collections.deque を使うことが推奨されています。理由は、末尾に追加したり、先頭を取り出したりする処理が高速になるように設計されているためです。

```
01: from collections import deque
02: queue = deque([1, 2])
03: queue.append(3)
04: queue.append(4)  続く
```

CHAPTER 5

データ構造

213

5 データ構造

```
05: print('queue:', queue)
06: print('popleft from queue 1st value:', queue.popleft())
07: print('popleft from queue 2nd value:', queue.popleft())
08: print('queue:', queue)
```

```
Out   queue: deque([1, 2, 3, 4])
      popleft from queue 1st value: 1
      popleft from queue 2nd value: 2
      queue: deque([3, 4])
```

COLUMNCOLUMNCOLUMNCOLUMNCOLUMNCOLUMN

浅いコピーと深いコピー

　オブジェクトをコピーするときは、copy モジュールを使います。浅いコピーは copy.copy メソッドを、深いコピーは copy.deepcopy メソッドを使います。浅いコピーと深いコピーの違いは、複合オブジェクトをコピーするときの動作にあります。複合オブジェクトとは、[[1, 4, 9], [16, 25]] のように、オブジェクト中にオブジェクトを含むオブジェクトのことです。

　実は、リストの中のリストは参照になっています。下の例のように、リスト a と b をまとめて入れ子のリストを作成し、リスト a の要素を変更すると、リスト x の値に反映されます。

```
01: a = [1, 2]
02: b = [3, 4]
03: x = [a, b]
04: x
```

```
Out   [[1, 2], [3, 4]]
```

```
01: a[0]=99
02: x
```

```
Out   [[99, 2], [3, 4]]
```

　[[1, 4, 9], [16, 25]] を浅いコピーすると、[1, 4, 9] と [16, 25] はコピーもとと同様の参照です。それに対して、深いコピーでは新しく [1, 4, 9] と [16, 25] というリストが作られて参照されます。

5.1 リストのメソッド

　浅いコピーをした後に、コピーもとの複合オブジェクト中のオブジェクトを変更してみましょう。

```
01:  import copy
02:  square = [[1, 4, 9], [16, 25]]
03:  square2 = copy.copy(square)
04:  square[0][0] = 4
05:  square2
```

Out `[[4, 4, 9], [16, 25]]`

　square2 には、square 中のオブジェクト [1, 4, 9] と [16, 25] の参照が挿入されます。square 中のオブジェクト [1, 4, 9] に対して要素の変更をしたとき、square2 には参照が挿入されているために square2 の値も変化します。

　次に、浅いコピーをした後に、コピーもとの複合オブジェクト中のオブジェクトを上書きしてみましょう。

```
01:  import copy
02:  square = [[1, 4, 9], [16, 25]]
03:  square2 = copy.copy(square)
04:  square[0] = [36]
05:  square
```

Out `[[36], [16, 25]]`

```
01:  square2
```

Out `[[1, 4, 9], [16, 25]]`

　square 中のオブジェクト [1, 4, 9] は新しいオブジェクト [36] に上書きされますが、square2 ではオブジェクト [1, 4, 9] への参照が生きていますので、square2 の値は [[1, 4, 9], [16, 25]] となります。

　次に、代入をした後に、代入もとの複合オブジェクト中のオブジェクトを上書きしてみましょう。

```
01:  import copy
02:  square = [[1, 4, 9], [16, 25]]
03:  square2 = square
```
続く

CHAPTER 5

データ構造

215

5 データ構造

```
04:    square[0] = [36]
05:    square
```

```
Out    [[36], [16, 25]]
```

```
01:    square2
```

```
Out    [[36], [16, 25]]
```

square 中のオブジェクト [1, 4, 9] は新しいオブジェクト [36] に上書きされますが、square2 は square への参照なので、square2 の値は [[36], [16, 25]] となります。

最後に、深いコピーをした後に、コピーもとの複合オブジェクト中のオブジェクトを変更し、上書きしてみましょう。

```
01:    import copy
02:    square = [[1, 4, 9], [16, 25]]
03:    square2 = copy.deepcopy(square)
04:    square[0][0] = 99
05:    square[1] = 999
06:    square2
```

```
Out    [[1, 4, 9], [16, 25]]
```

square2 には、square 中のオブジェクト [1, 4, 9] と [16, 25] のコピーが挿入されます。square をどれだけ変更しても、square2 の値は [[1, 4, 9], [16, 25]] のまま変わりません。

深いコピーをするとき、一部のデータだけ複数のコピー間で共有したい場合が考えられますが、そのようなときはクラスに特殊メソッド __deepcopy__() を定義することで解決できます。詳しくは以下の Python 公式ドキュメントにある copy に関するページを参考にするとよいでしょう。

https://docs.python.org/ja/3/library/copy.html

5.2

リスト内包表記

リストを簡潔かつ高速に生成する方法として、内包表記があります。一般的には、リストを生成する角括弧 [] の間に、for 節を書く方法があげられます。for 節でシーケンスなどの反復可能体の要素に何らかの処理を加え、if 文を併用すれば、条件を満たす結果のみを新しいリストに取り出すことができます。

内包表記によるリストの生成

内包表記は、まず角括弧 [] を書き、角括弧の間に式とそれに続く for 節、if 節を続けて書きます。例として、素数を要素としてもつリスト変数から、内包表記を使って、各要素の 2 乗を要素としてもつ別のリストを生成してみましょう。

```
01:  prime = [2, 3, 5, 7, 11, 13]
02:  prime_square = [x**2 for x in prime]
03:  prime_square
```

```
Out  [4, 9, 25, 49, 121, 169]
```

これで、リスト変数 prime の各要素が 2 乗されて、新しいリスト変数 prime_square に格納されました。

for 節のネスト

掛け算の九九から、1 の段と 2 の段のリストを作成してみましょう。掛けられる数 (段) を i、掛ける数を j として、i * j の後ろに以下のように for 節を追加することで実現できます。

```
01:  multiplication = [i * j for i in range(1, 3) for j in range(1, 10)]
02:  multiplication
```

```
Out  [1, 2, 3, 4, 5, 6, 7, 8, 9, 2, 4, 6, 8, 10, 12, 14, 16, 18]
```

九九の 1 の段と 2 の段の値が、リスト変数 multiplication に格納されました。ここで、最初の変数 i を使ったループが外側のループ、次の変数 j を使ったループが内側のループとなることを覚えておきましょう。

CHAPTER 5

データ構造

217

5 データ構造

内包表記のネスト

ネストしたリストの内包表記を考えてみましょう。リスト内包表記の中に、リスト内包表記を書くことができます。

次の 2 × 4 のネストした配列を、ネストした内包表記で作成してみましょう。

```
01:  mat = [
02:      [1, 2, 3, 4],
03:      [5, 6, 7, 8]
04:  ]
```

```
01:  I = 2
02:  J = 4
03:  mat = [[i * J + j + 1 for j in range(J)] for i in range(I)]
04:  mat
```

```
Out  [[1, 2, 3, 4], [5, 6, 7, 8]]
```

if 節による条件追加

上記のプログラムで、各要素の 2 乗が 100 を超えるものだけを新しいリストとしたい場合は、内包表記の for 節の後ろに if 節を追加することで実現できます。

```
01:  prime = [2, 3, 5, 7, 11, 13]
02:  prime_square = [x**2 for x in prime if x**2 > 100]
03:  prime_square
```

```
Out  [121, 169]
```

リスト変数 prime の各要素が 2 乗されて、100 を超えるものだけが新しいリスト変数 prime_square に格納されました。

条件に合致する要素のインデックス取得

リストから、ある条件に合致する要素のインデックスをリストとして抽出してみましょう。例として、(名前,年齢)のタプルを要素とするリスト name_list から、年齢が 30 歳以上の要素のインデックスを要素とする配列を生成してみましょう。

```
01:  name_list = [('yamada',20), ('satou',35), ('tanaka',50), ('suzuki',40)]
02:  [i for i in range(len(name_list)) if name_list[i][1] >= 30]
```

218

5.2 リスト内包表記

```
Out  [1, 2, 3]
```

name_list から、年齢が 30 歳以上の要素のインデックスが出力されました。

問題. 1

以下のプログラムを実行した際の出力結果として正しいものは、どれでしょうか？

```
01:  num = [[1, 2, 3, 4, 5],
02:         [6, 7, 8, 9, 10]]
03:  col = [row[2] for row in num]
04:  print(col)
```

① [2, 7]
② [1, 2, 3, 4, 5]
③ [3, 8]
④ [6, 7, 8, 9, 10]

ヒント

ネストしたリスト変数 num の各要素を変数 row として参照し、row のインデックス 2 の要素を、リスト変数 col に追加するプログラムです。

解答

③

解説

```
01:  num = [[1, 2, 3, 4, 5],
02:         [6, 7, 8, 9, 10]]
03:  col = [row[2] for row in num]
04:  print(col)
```

```
Out  [3, 8]
```

CHAPTER 5

データ構造

219

5 データ構造

入れ子のリスト変数 num の各要素はリストで、for 節における row 変数の値は、[1, 2, 3, 4, 5] と [6, 7, 8, 9, 10] になります。row[2] は row 変数値のインデックス 2 ですので、3 と 8 がリストとして col 変数に格納されます。よって正解は③となります。

問題.2

以下のプログラムを実行した際の出力結果として正しいものは、どれでしょうか？

```
01: list1 = [1, 2, 3, 4, 5, 6, 7, 8, 9]
02: [x if x%2==0 else None for x in list1]
```

① [4, 6, 8]
② [1, None, 3, None, 5, None, 7, None, 9]
③ [[None, 2, None, 4, None, 6, None, 8, None]]
④ [None, 2, None, 4, None, 6, None, 8, None]

ヒント

list1 の各要素を 2 で割った余りが 0 のときと、それ以外のときを判定して、新しいリストを生成しようとしています。

解答

④

解説

list1 の各要素を 2 で割った余りが 0 のときは要素の値を用い、それ以外のときは None の値を用いて新しいリストを生成しています。内包表記の if 文は else の有無によって書き方が変わりますので、覚えておきましょう。

5.2 リスト内包表記

問題.3

以下のプログラムを実行した際の出力結果として正しいものは、どれでしょうか？

```
01: [x * y for x in range(3) for y in range(x+1)]
```

① [0, 1, 2]
② [0, 0, 1, 2, 4]
③ [0, 0, 1, 0, 2, 4]
④ [0, 1, 0, 1, 2, 4]

ヒント

xの値が0から2まで変化したとき、yの値の取りうる範囲がどのように変わるのかを考えてみましょう。表として書き出してみると理解しやすくなります。

解答

③

解説

xの値が0から2まで変化したときのyの値とx*yの値をプログラムで表示させてみましょう。xの値がnのとき、yの値は0からnまでの値を取ります。

```
01: print('x', 'y', 'x*y', sep='\t')
02: for x in range(3):
03:     for y in range(x+1):
04:         print(x, y, x*y, sep='\t')
```

```
Out  x    y      x*y
     0    0      0
     1    0      0
     1    1      1
     2    0      0
     2    1      2
     2    2      4
```

CHAPTER 5

データ構造

221

5 データ構造

COLUMN COLUMNCOLUMNCOLUMNCOLUMNCOLUMN

内包表記の結果を if-else 文で処理

三項演算子という if-else 文の書き方を使って、内包表記の結果を処理することができます。

◆三項演算子の書式
(True のときの値) if [条件式] else (False のときの値)

素数の 2 乗を内包表記で求めた結果に対して、素数が 100 以下のときは None に変更するようにしてみましょう。

```
01:  prime = [2, 3, 5, 7, 11, 13]
02:  prime_square = [x**2 if x**2 > 100 else None for x in prime]
03:  prime_square
```

```
Out  [None, None, None, None, 121, 169]
```

内包表記内では、elif を使うことはできません。ただし以下のように、3 項演算子表現によって if-else をネストさせて表現することが可能です。下記の例では、x が 2 のとき、x が 1 のとき、x がそれ以外のときで文字列を生成し、リストを生成しています。

```
01:  ['x is 2' if x == 2 else 'x is 1' if x == 1 else 'other' for x in
     range(3)]
```

```
Out  ['other', 'x is 1', 'x is 2']
```

5.2 リスト内包表記

COLUMN COLUMN COLUMN COLUMN COLUMN COLUMN

内包表記は速いのか？

リストを生成するとき、for文とappendを使う方法と、内包表記を使う方法では、計算時間にどれほどの差があるのでしょうか？試しにそれぞれの計算速度を計測してみましょう。Jupyter Notebookのセルの先頭に%%timeitマジックコマンドをつけると、セルに書いた処理の時間を計測することができます。

① for文でリストを生成

```
01: %%timeit
02: def for_list(X):
03:     x = []
04:     for i in range(X):
05:         x.append(i*i)
06:     return x
07:
08: for_list(10000)
```

```
Out   1.34 ms ± 170 µs per loop (mean ± std. dev. of 7 runs, 1000 loops each)
```

②内包表記でリストを生成

```
01: %%timeit
02: def comprehension_list(X):
03:     return [i*i for i in range(X)]
04:
05: comprehension_list(10000)
```

```
Out   854 µs ± 45.1 µs per loop (mean ± std. dev. of 7 runs, 1000 loops each)
```

筆者のPCでの実行時間計測結果は、①for文とappendを使う方法でリストを生成する方法が1.34ms=1340µs、②内包表記でリストを生成する方法が854µsという結果になりました。今回は内包表記にしたことによって、約1.6倍の速度となりました。

CHAPTER 5

データ構造

223

5.3

del を使った削除

リストの要素を削除する方法として、**del** 文にインデックスを指定するやり方があります。値を返さないところが **pop()** メソッドと異なります。**del** 文を使うことにより、スライスで指定した要素を削除したり、リスト全体を消去することができます。**del** 文ではリストに限らず、任意の要素、オブジェクトを削除することができます。

インデックス指定による要素の削除

インデックスを指定して要素を削除するには、del 文を使います。del とスペースに続いて削除する対象のリストを書き、インデックスを角括弧 [] で囲みます。

フィボナッチ数列のリストを生成し、インデックス 0 を指定して先頭の要素を削除してみましょう。

```
01:  fib = [0, 1, 1, 2, 3, 5, 8, 13, 21, 34, 55, 89, 144, 233, 377]
02:  del fib[0]
03:  fib
```

```
Out  [1, 1, 2, 3, 5, 8, 13, 21, 34, 55, 89, 144, 233, 377]
```

del 文にインデックス 0 を指定したことにより、リストのインデックス 0 の要素が削除されました。

スライスを用いた要素の削除

インデックス 2 から 4 までの要素を、スライスを用いて削除してみましょう。スライス表記の後ろ側に指定する値は、削除するインデックスに 1 を加えた値を指定する必要があることに注意しましょう。

```
01:  del fib[2:5]
02:  fib
```

```
Out  [1, 1, 8, 13, 21, 34, 55, 89, 144, 233, 377]
```

インデックス 2, 3, 4 の要素である 2, 3, 5 が削除されました。

224

5.3 del を使った削除

リスト全体の削除

次に、リスト変数 fib を削除してみましょう。このときは、インデックスは指定せず、del とスペースに続いて変数名のみを書きます。

```
01: del fib
02: fib
```

```
Out
    ---------------------------------------------------------------
    NameError                              Traceback (most recent call last)
    <ipython-input-6-a69c9d95d0d2> in <module>()
    ----> 1 fib

    NameError: name 'fib' is not defined
```

リスト変数 fib を削除することができました。fib を表示しようとすると、変数がないため、NameError 例外が発生します。

CHAPTER 5

データ構造

問題.1

以下のプログラムを実行した際の出力結果として正しいものは、次のどれでしょうか？

```
01: members = ['Yamada', 'Satou', 'Suzuki', 'Tanaka', 'Itou']
02: del members[2]
03: members
```

① ['Yamada', 'Suzuki', 'Tanaka', 'Itou']
② ['Yamada', 'Satou', 'Tanaka', 'Itou']
③ ['Yamada', 'Satou', 'Suzuki', 'Itou']
④ ['Yamada', 'Satou', 'Suzuki', 'Tanaka', 'Itou']

ヒント

リスト変数 members の、インデックス 2 のアイテムを削除しようとしています。インデックスは 0 から始まります。

225

5 データ構造

解答

②

解説

インデックス 2 の要素は 'Suzuki' ですので、これを削除したリストは、②の ['Yamada', 'Satou', 'Tanaka', 'Itou'] となります。

問題.2

整数 1 から 5 までを要素にもつリスト x を作成し、del 文で末尾の 2 つの要素を削除するプログラムを作成してください。

ヒント

range 関数の戻り値をキャストしてリスト x を生成しましょう。末尾 2 つの要素を削除するために、スライス表記を使いましょう。

解答

次のようなコードを書くことができます。

```
01:  x = list(range(1, 6))
02:  print(x)
03:  del x[-2:]
04:  print(x)
```

```
Out  [1, 2, 3, 4, 5]
     [1, 2, 3]
```

解説

整数 1 から 5 のリストを生成するために、list(range(1, 6)) と書いています（list(range(5)) と書くと 0 から 4 までの範囲となります）。del 文に指定している x[-2:] のスライス表記は、末尾の 2 つの要素という意味になります。

```
01:  [i for i in range(5)]
```

```
Out  [0, 1, 2, 3, 4]
```

COLUMN COLUMN COLUMN COLUMN COLUMN COLUMN

不要なメモリの解放

　メモリを効率的に使う方法として、Python にはガベージコレクタ（Garbage Collector）という、不要になったメモリを自動的に解放してくれる機能が備わっています。これによって、ユーザはメモリ管理をしなくても、メモリがあふれてしまうことを防ぐことができています。Python には gc というガベージコレクタインターフェースがあり、gc.collect() でメモリを明示的に解放することができます。

```
01:  import gc
02:  b = [x for x in range(100000)]
03:  del b
04:  gc.collect()
```

```
Out  0
```

　また、sys モジュールの getsizeof 関数により、オブジェクトのバイト数を取得することができます。getsizeof 関数を使って、10 個の整数要素をもつリストのサイズを取得してみましょう。

```
01:  import sys
02:  sys.getsizeof([x for x in range(10)])
```

```
Out  192
```

　次に、getsizeof 関数を使って 10 個の文字列要素をもつリストのサイズを取得してみましょう。

```
01:  import sys
02:  sys.getsizeof(['ABC' for x in range(10)])
```

```
Out  192
```

5 データ構造

> 　要素数が同じリストであれば、リスト要素の型に関係なく、getsizeof で同じバイト数が返されます。
> 　Python のリストは、PyObject 型構造体のリストとなっており、リストの実体は、リスト変数とは他のメモリ領域に確保されています。リスト要素の型は、getsizeof で取得するサイズには反映されないことを覚えておきましょう。

COLUMNCOLUMNCOLUMNCOLUMNCOLUMNCOLUMN

del 文でリストの要素を削除する処理は遅い？

　既存のリストの要素を削除するとき、先頭から順番に削除する場合と、末尾から順番に削除する場合では、どちらが速いかを比較してみましょう。

```
01: int_list = [x for x in range(10000)]
```

①リストの先頭から削除する

```
01: %%timeit
02: my_int_list = int_list.copy()
03: for x in range(5000):
04:     del my_int_list[0]
```

Out | 100 loops, best of 3: 6.02 ms per loop

②リストの末尾から削除する

```
01: %%timeit
02: my_int_list = int_list.copy()
03: for x in range(5000):
04:     del my_int_list[-1]
```

Out | 1000 loops, best of 3: 263 μs per loop

　リストの要素を削除する処理では、リストの先頭を削除する場合は非常に時間がかかっていることがわかります。対してリストの末尾を削除する場合は高速であることがわかります。そのため、リスト変数の要素を削除するときは、どのように要素を削除したいのかによって、どの方法が合うのかを考えてみるとよいでしょう。

228

5.4

タプル

タプルはリストに似ているシーケンスオブジェクトですが、リストと違って変更不能（イミュータブル、immutable）になっています。タプルを生成した後に要素の値を変更したり、要素の追加や削除をしたりすることはできません。

簡単なタプルの生成

整数の2乗の要素を5個もつ簡単なタプル型変数、tuple_square を考えてみましょう。まず、タプルをリテラル表記で作成してみます。タプルは丸括弧 () を使って作ります。丸括弧 () を書き、括弧の間に先頭の要素から最後の要素までをカンマ区切りで書きます。

```
01: (1, 4, 9, 16, 25)
```

```
Out  (1, 4, 9, 16, 25)
```

1つの要素のタプルを生成するときは、丸括弧 () の間に要素と1つのカンマが必要です。

```
01: (36,)
```

```
Out  (36,)
```

次に、リテラル表記で作成したタプルを変数に代入し、タプル型変数を作成してみましょう。

```
01: tuple_square = (1, 4, 9, 16, 25)
02: tuple_square
```

```
Out  (1, 4, 9, 16, 25)
```

丸括弧を使わないタプルの生成

タプルは、丸括弧 () を使わずに、要素をカンマ区切りで列挙して作ることもできます。

```
01: tuple_square2 = 1, 4, 9, 16, 25
02: tuple_square2
```

5 データ構造

```
Out  (1, 4, 9, 16, 25)
```

タプルのアンパック

　タプルをアンパックしてみましょう。タプルの要素数と同じ数の変数をカンマ区切りで書き、続いて、＝演算子、変数名を書きます。

```
01: a, b, c, d, e = tuple_square
02: a, b, c, d, e
```

```
Out  (1, 4, 9, 16, 25)
```

　左辺の変数にタプル要素の値が代入されました。

タプル要素の参照

　[ ] 演算子を使うことにより、タプル要素を参照することができます。tuple_square の 2 番目の要素を参照してみましょう。

```
01: tuple_square[1]
```

```
Out  4
```

　タプルはリストと同様に、スライスによって要素の一部を取得することができます。tuple_square 変数から、インデックス 2 から 4 の要素を取り出してみましょう。

```
01: tuple_square[2:5]
```

```
Out  (9, 16, 25)
```

　インデックス 2 から 4 の要素を取り出すことができました。

タプルの再代入、削除

　タプルはイミュータブルですが、変数オブジェクトに対してのタプル自体の再代入と、タプルの削除を行うことができます。tuple_square へのタプルの再代入と、タプルの削除を実行してみましょう。

```
01: tuple_square = (1, 4, 9, 16, 25)
02: print(tuple_square) 続く
```

5.4 タブル

```
03: tuple_square = (1, 4, 9, 16, 25, 36, 49)
04: print(tuple_square)
```

```
Out  (1, 4, 9, 16, 25)
     (1, 4, 9, 16, 25, 36, 49)
```

```
01: del tuple_square
02: tuple_square
```

```
Out  ----------------------------------------------------------------
     NameError                          Traceback (most recent call last)
     <ipython-input-26-551a52a8f1ca> in <module>()
     ----> 1 tuple_square

     NameError: name 'tuple_square' is not defined
```

　tuple_square への再代入と、削除を実行することができました。イミュータブルであっても、タプル自体の再代入と削除は可能ですので、その意味合いを理解しておきましょう。
　タプルの演算はリストと似ています。詳しくは問題の中で見ていきましょう。

CHAPTER 5

データ構造

問題 . 1

　以下のプログラムを実行した際の出力結果として、正しいものはどれでしょうか？

```
01: a, b, c, d, e = ('Sapporo', 'Sendai', 'Tokyo', 'Nagoya', 'Osaka')
02: g = d + e
03: g
```

① 'Nagoya'
② 'Nagoya','Osaka'
③ 'NagoyaOsaka'
④ ''

ヒント

　d には 4 番目の要素が、e には 5 番目の要素が代入されます。

5 データ構造

解答

③

解説

a, b, c, d, e には、それぞれタプルの1番目の要素から5番目の要素が代入されます。d には文字列 'Nagoya' が、e には文字列 'Osaka' が代入されます。
d + e は文字列の連結となり、結果は③の 'NagoyaOsaka' となります。

問題. 2

以下のプログラムを実行した際の出力結果として、正しいものはどれでしょうか？

```
01:  a, b, c, d, e = (1, 2, 3, 4, 5)
02:  d + e
```

① '45'
② '4','5'
③ 9
④ ''

ヒント

問題1と同様に、d には4番目の要素が、e には5番目の要素が代入されます。

解答

③

解説

問題1と同様に、a, b, c, d, e にはそれぞれタプルの1番目の要素から5番目の要素が代入されます。d には整数4が、e には整数5が代入されます。d + e は整数の加算となり、結果は③の9となります。

5.4 タプル

問題.3

以下のプログラムを実行した際の出力結果として、正しいものはどれでしょうか？

```
01:  (1, 2, 3, 4, 5) + (1, 2, 3, 4, 5)
```

① (2, 4, 6, 8, 10)
② ((1, 2, 3, 4,5), (1, 2, 3, 4, 5))
③ [2, 4, 6, 8, 10]
④ (1, 2, 3, 4, 5, 1, 2, 3, 4, 5)

ヒント

タプル + タプルの演算は、タプル要素の連結となります。

解答

④

解説

　タプル + タプルの加算はタプルの連結となり、結果は④の (1, 2, 3, 4, 5, 1, 2, 3, 4, 5) となります。なお、リスト + リストの加算も、リストの連結となりますので、[1, 2, 3, 4, 5] + [1, 2, 3, 4, 5] の結果は [1, 2, 3, 4, 5, 1, 2, 3, 4, 5] となります。各要素を演算したいときは、以下のように i 番目の要素を内包表記で演算したり、map 関数を使用したりする方法があります。

```
01:  tp1 = (1, 2, 3, 4, 5)
02:  tp2 = (1, 2, 3, 4, 5)
03:  [x + y for (x, y) in zip(tp1, tp2)]
```

Out `[2, 4, 6, 8, 10]`

```
01:  def tpadd(x, y):
02:      return x + y
03:  list(map(tpadd, tp1, tp2))
```

Out `[2, 4, 6, 8, 10]`

CHAPTER 5

データ構造

5 データ構造

問題.4

　以下のプログラムを実行した際の出力結果として、正しいものはどれでしょうか？

```
01: (1, 2, 3, 4, 5) * 3
```

① (3, 6, 9, 12, 15)
② ((1, 2, 3, 4,5), (1, 2, 3, 4, 5), (1, 2, 3, 4, 5))
③ (1, 2, 3, 4, 5, 1, 2, 3, 4, 5, 1, 2, 3, 4, 5)
④ (1, 2, 3, 4, 5)

ヒント

　タプルと整数 n の乗算は、タプルを n 回結合した結果となります。

解答

③

解説

　タプルと整数 3 の乗算は、タプルを 3 回結合した結果となりますので、結果は③の (1, 2, 3, 4, 5, 1, 2, 3, 4, 5, 1, 2, 3, 4, 5) となります。

5.5

集合（set）

集合（set）は、重複しない要素を集めたものであり、集合変数に追加された要素の重複を自動的に排除してくれる便利なものです。集合の生成には波括弧 {} もしくは set() 関数を使用します。ただし、空の集合を生成するには {} ではなく set() を使う必要があり、{} は空の辞書を生成することになりますので気をつけておきましょう。

集合変数の生成

集合を生成するには、波括弧 {} を書き、波括弧 {} の間に、カンマ区切りで要素を書きます。日本の大都市名を要素にもつ集合、bigcity_of_japan を作ってみましょう。

```
01: bigcity_of_japan = {'Sapporo', 'Sendai', 'Tokyo', 'Nagoya', 'Osaka',
     'Fukuoka'}
02: bigcity_of_japan
```

Out `{'Fukuoka', 'Nagoya', 'Osaka', 'Sapporo', 'Sendai', 'Tokyo'}`

集合の要素は順序が不定のため、集合生成時に指定した順序とは異なる順番で集合の要素が出力されました。また、リストのようにインデックスで管理することはできません。

重複する要素の排除

要素 'Osaka' を重複させた集合を生成してみましょう。集合では、重複する要素は 1 つの要素にまとめられます。

```
01: bigcity_of_japan = {'Sapporo', 'Sendai', 'Tokyo', 'Nagoya', 'Osaka',
     'Fukuoka', 'Osaka'}
02: bigcity_of_japan
```

Out `{'Fukuoka', 'Nagoya', 'Osaka', 'Sapporo', 'Sendai', 'Tokyo'}`

文字列から 1 文字ごとの集合を生成する

文字列から集合を生成することができます。set の後に丸括弧 () を書き、丸括弧の間に文字列を書きます。

5 データ構造

```
01: set_a = set('ABCDEF')
02: set_a
```

```
Out  {'A', 'B', 'C', 'D', 'E', 'F'}
```

要素の追加（add）

set_a に、新しい要素 'G' を追加してみましょう。add メソッドを使って要素を追加することができます。

```
01: set_a.add('G')
02: set_a
```

```
Out  {'A', 'B', 'C', 'D', 'E', 'F', 'G'}
```

set_a に、すでに登録されている要素 'A' を追加してみましょう。すでに追加されている要素を追加しても、集合では重複が排除されるため、結果として要素は変わりません。

```
01: set_a.add('A')
02: set_a
```

```
Out  {'A', 'B', 'C', 'D', 'E', 'F', 'G'}
```

要素の削除（remove, discard, pop, clear）

set の要素を削除するメソッドは、remove、discard、pop、clear の 4 つあります。

値を指定して要素を削除するには remove メソッドを使用します。remove の後ろに丸括弧 () を書き、丸括弧の間に削除したい値を指定します。値を指定して set_a に登録されている要素を削除してみましょう。

```
01: set_a.remove('G')
02: set_a
```

```
Out  {'A', 'B', 'C', 'D', 'E', 'F'}
```

登録されていない値を remove で削除すると、KeyError 例外が発生します。要素が集合に含まれているかどうかは in 演算子で確認することができますので、remove で削除をする前に、in 演算子で要素の存在を確認したり、try-except 文を併用したりするなどの対策が必要となります。

236

5.5 集合（set）

```
01:  x = 'K'
02:  set_a.remove(x)
```

```
Out  ----------------------------------------------------------------
     KeyError                              Traceback (most recent call last)
     <ipython-input-29-9cb3e11c08b1> in <module>()
           1 x = 'K'
     ----> 2 set_a.remove(x)

     KeyError: 'K'
```

```
01:  x = 'K'
02:  set_a.remove(x) if x in set_a else print(x,'is not found')
```

```
Out  K is not found
```

　指定の値の要素をエラーなく削除するには、discard メソッドを使用します。使い方は remove と同じですが、登録されていない要素を削除しようとしても例外は発生しません。

```
01:  x = 'K'
02:  set_a.discard(x)
```

　要素をランダムに取り出して削除するには、pop メソッドを使用します。使い方は、pop に続いて丸括弧 ( ) を書きます。リストの pop のようにインデックスを指定して削除することはできず、どの要素が削除されるかはわかりませんので注意しましょう。下記では、最初に 'B'、次に 'E' が削除されました。

```
01:  set_a.pop()
```

```
Out  'B'
```

```
01:  set_a.pop()
```

```
Out  'E'
```

```
01:  set_a
```

```
Out  {'A', 'C', 'D', 'F'}
```

CHAPTER 5

データ構造

237

5 データ構造

すべての要素を削除するには、clear メソッドを使用します。使い方は clear に続いて丸括弧 () を書きます。

```
01: set_a.clear()
02: set_a
```

```
Out  set()
```

内包表記による集合の生成

リストと同じように、集合を簡潔に生成する方法として内包表記があります。シーケンスや反復可能体のメンバーそれぞれに何らかの処理を加えて新しい集合を生成したり、ある条件にかなう要素のみを取り出して新しい集合を生成するといったことができます。内包表記は、まず波括弧 {} を書き、波括弧の間に式とそれに続く for 節、if 節を続けて書きます。素数を要素としてもつ集合変数を作成し、内包表記を使って、各要素の 2 乗を要素としてもつ別の集合変数を生成してみましょう。

```
01: prime = {2, 3, 5, 7, 11, 13}
02: prime_square = {x**2 for x in prime}
03: prime_square
```

```
Out  {4, 9, 25, 49, 121, 169}
```

ネストした集合の生成

ネストした集合を生成してみましょう。set 型は Hashable ではないため、set 型の要素にすることはできません。Hashable であるとは、オブジェクトがハッシュ値をもち、他のオブジェクトと比較可能であることをいいます。

```
01: {{j%i for j in range(1,10)} for i in range(1,10)}
```

```
Out  ---------------------------------------------------------------
     TypeError                          Traceback (most recent call last)
     <ipython-input-10-169b6a1c37ce> in <module>()
     ----> 1 {{ j%i for j in range(1,10)} for i in range(1,10)}

     <ipython-input-10-169b6a1c37ce> in <setcomp>(.0)
     ----> 1 {{ j%i for j in range(1,10)} for i in range(1,10)}

     TypeError: unhashable type: 'set'
```

238

5.5 集合（set）

Hashable な frozenset 型を利用することで、ネストした集合を生成することができます。frozenset 型については、本節のコラムで詳しく説明します。同様に、リストを集合の要素にすることはできません。そのような場合は、Hashable なタプルを集合の要素にしましょう。

```
01: {frozenset({j%i for j in range(1,10)}) for i in range(1,10)}
```

```
Out {frozenset({0}),
     frozenset({0, 1}),
     frozenset({0, 1, 2}),
     frozenset({0, 1, 2, 3}),
     frozenset({0, 1, 2, 3, 4}),
     frozenset({0, 1, 2, 3, 4, 5}),
     frozenset({0, 1, 2, 3, 4, 5, 6}),
     frozenset({0, 1, 2, 3, 4, 5, 6, 7}),
     frozenset({0, 1, 2, 3, 4, 5, 6, 7, 8})}
```

問題 . 1

以下のプログラムを実行した際の出力結果として、正しいものはどれでしょうか？

```
01: a = {x for x in 'abcabcabc' if x not in 'ab'}
02: a
```

① a
② b
③ cc
④ c

ヒント

{x for x in 'abcabcabc' if x not in 'ab'} は、集合の内包表記となっていることに注意して考えてみましょう。

解答

④

5 データ構造

解説

{x for x in 'abcabcabc' if x not in 'ab'} は、集合の内包表記となっています。文字列 'abcabcabc' が a, b, c, a, b, c, a, b, c の文字に分解され、そのうち a でも b でもない文字 c, c, c が集合に追加されます。集合では重複が排除されて要素は c だけとなり、結果は④の 'c' となります。

問題. 2

0 以上 20 以下の奇数を要素としてもつ集合 A を、内包表記を使って作成してみましょう。

解答

以下のようなコードを書くことができます。

```
01:  A = {x for x in range(21) if x % 2 == 1}
02:  print(A)
```

```
Out  {1, 3, 5, 7, 9, 11, 13, 15, 17, 19}
```

解説

内包表記によって 0 から 20 の整数から奇数のみを抽出し、集合 A を生成しています。

5.5 集合（set）

COLUMNCOLUMNCOLUMNCOLUMNCOLUMNCOLUMN

frozenset 型

　Hashable な集合である frozenset について紹介します。Python の集合には、
set と frozenset の 2 つの組み込みの集合があります。set 型はミュータブル／
Unhashable であり、frozenset 型はイミュータブル／ Hashable です。set 型は辞
書のキーとして用いることができませんが、frozenset 型は辞書のキーとして用い
ることができます。辞書については 5.7 節を参照ください。

　frozenset 型の値をキーとして、辞書を生成してみましょう。

```
01: {frozenset([1, 3, 5, 7, 9,]):'odd'}
```

```
Out  {frozenset({1, 3, 5, 7, 9}): 'odd'}
```

CHAPTER 5

データ構造

5.6 集合を使った演算

集合を使って集合演算をすることができます。**set** 型オブジェクトは、和、差、積、対称差、一致や不一致、包含関係といった数学的演算を行うことができます。集合演算はデータ加工処理においてとても有効な機能で「ベン図」を利用すると理解しやすくなります。

集合の生成

集合 A と集合 B を生成し、各種の演算をしてみましょう。集合のイメージは下記の図のようになります。

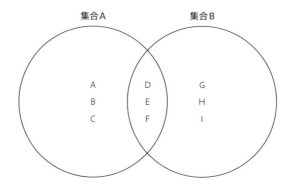

```
01: A = set('ABCDEF')
02: B = set('DEFGHI')
```

集合の差

集合 A と集合 B の差集合を求めてみましょう。差集合を求めるには、- 演算子を使います。A - B は集合 A に存在し集合 B に存在しない文字、すなわち図の左側の領域が結果となります。

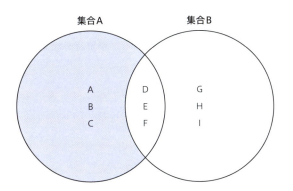

```
01:  A - B
```

```
Out  {'A', 'B', 'C'}
```

集合の和

　集合Aと集合Bの和集合を求めてみましょう。和集合を求めるには、|演算子を使います。A | Bは、集合Aもしくは集合Bに存在する文字、すなわち図のすべての領域が結果となります。

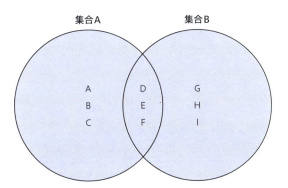

```
01:  A | B
```

```
Out  {'A', 'B', 'C', 'D', 'E', 'F', 'G', 'H', 'I'}
```

集合の積

集合 A と集合 B の積集合を求めてみましょう。積集合を求めるには、& 演算子を使います。A & B は、図の集合 A と集合 B の円が交差する領域が結果となります。

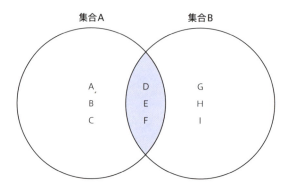

```
01: A & B
```

```
Out  {'D', 'E', 'F'}
```

集合の対称差

集合 A と集合 B の対称差集合を求めてみましょう。対称差集合を求めるには、^ 演算子を使います。A ^ B は、図の左右の領域（集合 A の円と集合 B の円が重ならない領域）が結果となります。

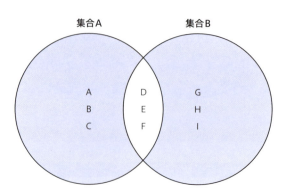

```
01:  A ^ B
```

```
Out  {'A', 'B', 'C', 'G', 'H', 'I'}
```

集合の比較

setオブジェクトは、集合同士の比較をすることができます。集合の比較演算には、完全一致の判定、完全不一致の判定、部分集合の判定、上位集合の判定などがあります。

◆集合の完全一致

要素が同じ集合 A と集合 B、要素の異なる集合 C を作成し、完全一致しているかどうか確認してみましょう。完全一致であるかを求めるには、== 演算子を使います。A == B は、集合 A と集合 B の要素が同じですので True が返されます。A == C は、集合 A と集合 C の要素が部分的に異なっていますので、False が返されます。

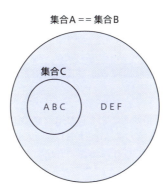

```
01:  A = set('ABCDEF')
02:  B = set('ABCDEF')
03:  C = set('ABC')
04:  print(A == B)
05:  print(A == C)
```

```
Out  True
     False
```

◆集合の完全不一致

集合 A とは要素がすべて異なる集合 D を生成し、集合 A と集合 D が共通部分をもたないことを確認してみましょう。共通要素が存在しないことの確認には、isdisjoint メソッドを使用します。使い方は、集合 .isdisjoint に続けて丸括弧 () を書き、丸括弧の間

に比較したい集合を書きます。集合 A と集合 D の完全不一致の判定は、要素の重複がありませんので True が返されます。

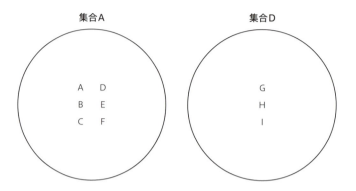

```
01: D = set('GHI')
02: print(A.isdisjoint(D))
```

Out True

◆ 部分集合

集合 C が集合 A の部分集合であることを確認してみましょう。部分集合の判定には、<= 演算子、もしくは issubset メソッドを使用します。issubset メソッドの使い方は、set 変数名 .issubset に続けて丸括弧 () を書き、丸括弧の間に比較したい set 変数名を書きます。集合 C の要素はすべて集合 A に含まれますので、C <= A の判定は True となります。C.issubset(A) の結果も同様です。

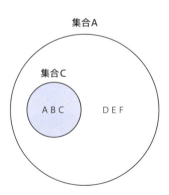

```
01: C <= A
```
```
Out True
```

```
01: C.issubset(A)
```
```
Out True
```

◆ 上位集合

集合 A が集合 C の上位集合であることを確認してみましょう。上位集合の判定には、>= 演算子、もしくは issuperset メソッドを使用します。issuperset メソッドの使い方は、set 変数名 .issuperset に続けて丸括弧 () を書き、丸括弧の間に比較したい set 変数名を書きます。集合 C の要素はすべて集合 A に含まれますので、A >= C の判定は True となります。A.issuperset(C) の結果も同様です。

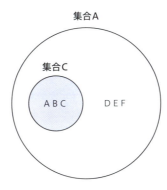

```
01: A >= C
```
```
Out True
```

```
01: A.issuperset(C)
```
```
Out True
```

5 データ構造

問題.1

以下のプログラムを実行した際の出力結果として、正しいものはどれでしょうか？

```
01:  a = {x for x in 'abcabcabc' if x not in 'ab'}
02:  b = {y for y in 'abcabcabc' if y not in 'bc'}
03:  a | b
```

① {'a', 'c'}
② {'b', 'c'}
③ {'a', 'b'}
④ {'c'}

ヒント

　文字列 'abcabcabc' の各要素から 'ab' に含まれない文字を抽出して集合 a を生成、次に文字列 'abcabcabc' の各要素から 'bc' 以外の文字を抽出して集合 b を生成し、集合 a と集合 b の和集合を生成しようとしています。

解答

①

解説

　'abcabcabc' の各要素から 'ab' を除いて重複を除くと {'c'} となります。次に abcabcabc' の各要素から 'bc' を除いて重複を除くと {'a'} となり、和集合は {'a','c'} となります。よって正解は①となります。

問題.2

　0 から 20 までの整数を要素としてもつ集合 A と、0 以上 20 以下の偶数を要素としてもつ集合 B を作成し、集合 A と集合 B の演算によって 0 以上 20 以下の偶数ではない（奇数である）数を要素とする集合 C を生成してみましょう。

ヒント

　集合 A と集合 B を生成し、A と B の差集合を求めることで集合 C を求めること

5.6 集合を使った演算

ができます。

解答

次のようなコードを書くことができます。

```
01: A = {x for x in range(21)}
02: print(A)
03: B = {x for x in range(21) if x % 2 == 0}
04: print(B)
05: C = A - B
06: print(C)
```

```
Out  {0, 1, 2, 3, 4, 5, 6, 7, 8, 9, 10, 11, 12, 13, 14, 15, 16, 17, 18,
     19, 20}
     {0, 2, 4, 6, 8, 10, 12, 14, 16, 18, 20}
     {1, 3, 5, 7, 9, 11, 13, 15, 17, 19}
```

解説

C = {x for x in range(21) if x % 2 != 0} で、集合 C を求めることができますが、集合演算の練習のために、整数の集合 A と偶数の集合 B を生成して集合 A - 集合 B の演算をすることで、奇数集合 C を生成しました。集合演算のメソッドとしては、この節で説明しているものの他にも、積を求めるのに intersection、和を求めるのに union、差を求めるのに difference、対称差を求めるのに symmetric_difference を使用することができますので、覚えておきましょう。

COLUMN COLUMN COLUMN COLUMN COLUMN COLUMN

ド・モルガンの法則

集合の関係を表す「ド・モルガンの法則」があります。この法則は以下の2つの式で表現されています。-A は集合 A の補集合といい、集合 A 以外の領域に含まれる要素の集合という意味になります。A ∩ B は集合 A と集合 B の積集合、A ∪ B は集合 A と集合 B の和集合となります。

① -(A ∪ B) = -A ∩ -B

　　A と B の和集合の補集合は、A の補集合と B の補集合の積集合である

② -(A ∩ B) = -A ∪ -B

　　A と B の積集合の補集合は、A の補集合と B の補集合の和集合である

CHAPTER 5
データ構造

5.7

辞書（dict）

辞書（dict）とは、キーと値をペアとして変数に格納できる便利なデータ型です。辞書に対してキーを指定することにより、値の格納と参照をすることができます。キーと値の関係は1対1であり、1つのキーに対して複数の値をもつことはできません。もし1つのキーに対して複数の値をもちたいといった場合には、値をリストにしたり、値をネストした辞書にするといった方法がありますので、使い方を工夫してみましょう。

辞書を使うときの注意点

辞書のキーには Hashable なオブジェクトを使います。文字列、数値は常にキーとして使えます。タプルも、リストのような可変な要素を含んでいなければキーとして使えます。リストは、キーとして使うことはできません。また、辞書のキーは重複が許されないため、すでに登録されたキーを使って値を追加すると、前に登録されていた値は後から登録された値で上書きされて消えてしまいます。また、存在しないキーを使って値を参照するとエラーとなりますので、注意が必要です。

簡単な辞書の作成

辞書（dict）は、キーワード dict()、もしくは波括弧 {} を使って作ります。波括弧 {} を書き、括弧の間に、キーと値をコロン : で連結したものをカンマ区切りで並べて書きます。JIS X 0401 にもとづく日本の都道府県番号をキーとし、都道府県名を値にもつ辞書、prefecture_of_japan を生成してみましょう。

```
01: prefecture_of_japan = {1: 'Hokkaido', 2: 'Aomori', 3: 'Iwate'}
02: prefecture_of_japan
```

```
Out  {1: 'Hokkaido', 2: 'Aomori', 3: 'Iwate'}
```

キーを指定して値を参照する

キー1を指定して、値を参照してみましょう。変数名 prefecture_of_japan の後に角括弧 [] を書き、間にキーを書きます。

```
01: prefecture_of_japan[1]
```

```
Out  'Hokkaido'
```

キー 1 の値、'Hokkaido' の文字列を取り出すことができました。

キーを指定して値を取得する

get() メソッドを使って、指定したキーの値を取得することができます。指定したキーが辞書に登録されていればキーの値が返され、登録されていなければ None が返されます。キー 0 とキー 1 を指定して、値を取得してみましょう。

```
01:  print(prefecture_of_japan.get(0))
```

Out None

```
01:  print(prefecture_of_japan.get(1))
```

Out Hokkaido

キー 0 は登録されていないため None が返され、キー 1 は登録されているので 'Hokkaido' が返されました。なお、get() メソッドの第二引数には、キーが登録されていなかったときに返される値を指定することができます。

```
01:  print(prefecture_of_japan.get(0, 'Not Found'))
```

Out Not Found

要素（キーと値）を追加する

キーが 4、値が 'Miyagi' を、変数 prefecture_of_japan に追加してみましょう。変数 prefecture_of_japan の後ろに角括弧 [] を書き、間にキーを書きます。続いて、= 演算子と値を書きます。

```
01:  prefecture_of_japan[4] = 'Miyagi'
02:  prefecture_of_japan
```

Out {1: 'Hokkaido', 2: 'Aomori', 3: 'Iwate', 4: 'Miyagi'}

「4:'Miyagi'」を追加することができました。

キーが辞書に登録されているか確認する

in 演算子を使って、キーが登録されているか確認することができます。キーが登録

5 データ構造

されているときは True が、登録されていないときは False が返されます。キー1が辞書に登録されているか確認してみましょう。

```
01:  1 in prefecture_of_japan
```

```
Out  True
```

キー1は辞書に登録されているので、True が返されました。

キーを指定して要素 （キーと値） を削除する

キー4を指定して、要素を削除してみましょう。

```
01:  del prefecture_of_japan[4]
02:  prefecture_of_japan
```

```
Out  {1: 'Hokkaido', 2: 'Aomori', 3: 'Iwate'}
```

「4:'Miyagi'」を削除することができました。

pop メソッドを使っても、要素を削除することができます。使い方は、辞書変数名の次にドット、pop と丸括弧 () を書き、丸括弧の間にキーを指定します。キー3を指定して、値を削除してみましょう。

```
01:  prefecture_of_japan.pop(3)
```

```
Out  'Iwate'
```

```
01:  prefecture_of_japan
```

```
Out  {1: 'Hokkaido', 2: 'Aomori'}
```

「3: 'Iwate'」を削除することができました。pop メソッドでは、削除した要素の値が返されています。

全要素の削除 （clear）

clear メソッドを使って、要素をすべて削除することができます。使い方は辞書変数名の次にドット、clear と丸括弧 () を書きます。

252

5.7 辞書（dict）

```
01: prefecture_of_japan.clear()
02: prefecture_of_japan
```

```
Out {}
```

すべての要素を削除することができました。

for 文による要素の取り出し

for 文で、登録されているキーと要素を取り出してみましょう。

```
01: prefecture_of_japan = {1: 'Hokkaido', 2: 'Aomori', 3: 'Iwate'}
02: for x in prefecture_of_japan:
03:     print(x)
```

```
Out 1
    2
    3
```

キーのみが取り出されました。

次に、変数名 prefecture_of_japan に続けてドットと keys と丸括弧 () を追加する場合、values と丸括弧 () を追加する場合、items と丸括弧 () を追加する場合を試してみましょう。keys() を追加するとキーを、values() を追加すると値を、items() を使うとキーと値の両方を、取り出すことができます。

```
01: for x in prefecture_of_japan.keys():
02:     print(x)
```

```
Out 1
    2
    3
```

```
01: for x in prefecture_of_japan.values():
02:     print(x)
```

```
Out Hokkaido
    Aomori
    Iwate
```

CHAPTER 5

データ構造

253

5 データ構造

```
01:  for key, x in prefecture_of_japan.items():
02:      print(key, x)
```

```
Out   1 Hokkaido
      2 Aomori
      3 Iwate
```

辞書の少し高度な生成方法

組み込み関数 zip を使って、2つのリストから辞書変数を生成することができます。

```
01:  list1 = [1, 2, 3]
02:  list2 = ['Hokkaido', 'Aomori', 'Iwate']
03:  dict(zip(list1, list2))
```

```
Out   {1: 'Hokkaido', 2: 'Aomori', 3: 'Iwate'}
```

問題.1

Python 3.5 で実行した場合、次のプログラムを実行したときの出力結果として、正しいものはどれでしょうか？

```
01:  yamanote_line = {0: 'Tokyo', 1: 'Yuurakuchou', 2: 'Shinbashi'}
02:  for v in yamanote_line.values():
03:      print(v)
```

① 順不同　Tokyo　Yuurakuchou　Shinbashi
② 順不同　0 1 2
③ 順不同　0 Tokyo 1 Yuurakuchou 2 Shinbashi
④ Tokyo　Yuurakuchou　Shinbashi

ヒント

辞書変数名 .values() のループでは、辞書要素の値のみを取り出すことができます。

5.7 辞書（dict）

解答

①

解説

辞書の値、Tokyo　Yuurakuchou　Shinbashi が出力されますが、辞書変数内の順序はキーのハッシュ値によりますので、順不同となります。ただし、順不同となるのは Python3.5 の場合であり、3.6 では挙動として要素の挿入順序、3.7 では仕様として挿入順序となります。

問題 . 2

　下記の会員番号、会員の性別、氏名、年齢、都道府県の表をもとに、データを格納する辞書を生成するプログラムを作成してください。まず、表を入れ子のリストデータとして生成し、会員番号を辞書のキー、それ以外のレコードをリスト変数として辞書の値とし、辞書変数に格納するものとします。

会員番号	性別	姓	名	年齢	都道府県
'0001'	Male	Yamada	Tarou	25	Tokyo
'0002'	Male	Satou	Takeshi	27	Kanagawa
'0003'	Female	Tanaka	Yuko	25	Saitama
'0004'	Male	Suzuki	Ichirou	35	Hokkaido

ヒント

　まず、上の表をもとに、入れ子のリストとしてデータを生成しましょう。次に、空の辞書を生成し、表から生成したデータを 1 レコードずつ辞書に格納します。

解答

次のようなコードを書くことができます。

```
01: # 表データの生成
02: data = [
03:     ['0001' , 'Male' , 'Yamada' , 'Tarou' , 25 , 'Tokyo'],
04:     ['0002' , 'Male' , 'Satou' , 'Takeshi' , 27 , 'Kanagawa'],
05:     ['0003' , 'Female' , 'Tanaka' , 'Yuko' , 25 , 'Saitama'], 続く
```

5 データ構造

```
06:        ['0004' , 'Male' , 'Suzuki' , 'Ichirou' , 35 , 'Hokkaido']
07:    ]
08:    data
```

```
Out  [['0001', 'Male', 'Yamada', 'Tarou', 25, 'Tokyo'],
      ['0002', 'Male', 'Satou', 'Takeshi', 27, 'Kanagawa'],
      ['0003', 'Female', 'Tanaka', 'Yuko', 25, 'Saitama'],
      ['0004', 'Male', 'Suzuki', 'Ichirou', 35, 'Hkkaido']]
```

```
01:    # 辞書変数生成
02:    member_information = {}
03:
04:    # 表データをレコード毎に格納する
05:    for record in data:
06:        key = record[0]
07:        info = record[1:]
08:        member_information[key] = info
```

```
01:    # 結果を表示する
02:    print('number', 'information', sep='\t')
03:    for key, info in member_information.items():
04:        print(key, info)
```

```
Out  number        information
     0001 ['Male', 'Yamada', 'Tarou', 25, 'Tokyo']
     0002 ['Male', 'Satou', 'Takeshi', 27, 'Kanagawa']
     0003 ['Female', 'Tanaka', 'Yuko', 25, 'Saitama']
     0004 ['Male', 'Suzuki', 'Ichirou', 35, 'Hkkaido']
```

解説

　表データは2次元のリストになっています。各行は各人のレコードで、会員番号、性別、氏名といった列があります。表データのリストを for 文でループして、変数 record に各レコードを取り出しています。次に取り出したレコードから、列のインデックスを指定して辞書のキーと辞書の値を生成し、辞書変数に格納しています。

5.8

辞書を使ったプログラミング

Pythonプログラミングにおいて、辞書はデータ構造の表現になくてはならないものです。ユーザが実現したい処理に必要なデータ構造を作成することができます。また、複数のリストデータをまとめて1つの辞書にすることによって、データを利用しやすくすることができます。

内包表記による辞書の生成

辞書もリストと同様に、内包表記で書くことができます。変数 square_dict に続いて、= 演算子と波括弧 {} を書き、間にキーと要素をコロンでつなげて書き、for 節を続けて書きます。0 から 10 までの整数をキーとし、キーの 2 乗を要素とする辞書変数 square_dict を生成してみましょう。

```
01:  square_dict = {x: x*x for x in range(11)}
02:  square_dict
```

```
Out  {0: 0, 1: 1, 2: 4, 3: 9, 4: 16, 5: 25, 6: 36, 7: 49, 8: 64, 9: 81, 10: 100}
```

0 から 10 の整数をキーとし、キーの 2 乗を要素としてもつ辞書を作成することができました。

タプルをキーとする辞書の生成①

変数 x と変数 y を組み合わせたタプルをキーとし、変数 x と変数 y を掛けたものを値とする辞書を作成してみましょう。(x, y):x*y と、x と y の for ループによって、作成することができます。

```
01:  multiplicated_xy_dict = {(x, y):x*y for x in range(2) for y in range(2)}
02:  multiplicated_xy_dict
```

```
Out  {(0, 0): 0, (0, 1): 0, (1, 0): 0, (1, 1): 1}
```

タプルをキーとすることは、Python プログラミングにおいて重要な考え方となりますので、しっかり覚えておきましょう。たとえば、販売店舗における商品別の売り上げ金額を辞書に登録する場合、辞書のキーは (店舗番号 , 商品番号) のタプルとし、値は商品の売上金額にします。

CHAPTER 5

データ構造

5 データ構造

タプルをキーとする辞書の生成②

複数のリストからタプルのキーを生成して、辞書を生成することができます。都道府県名を要素としてもつリスト変数 prefectures、市町村名を要素としてもつリスト変数 city、人口を要素としてもつリスト変数 population を生成し、都道府県名と市町村名をタプルのキーとし、人口を値とする辞書 population_dict を生成してみましょう。

```
01: prefectures = ['Hokkaido', 'Hokkaido', 'Tokyo', 'Kanagawa']
02: cities = ['Sapporo', 'Hakodate', 'Minato', 'Yokohama']
03: populations = [100, 200, 300, 400]
04: population_dict = {(state,city): population for state, city, population
    in zip(prefectures, cities, populations)}
05: population_dict
```

```
Out  {('Hokkaido', 'Hakodate'): 200,
     ('Hokkaido', 'Sapporo'): 100,
     ('Kanagawa', 'Yokohama'): 400,
     ('Tokyo', 'Minato'): 300}
```

集合をキーとする辞書の生成

変数 x と変数 y から作った変更不能体の集合をキーとし、変数 x と変数 y を掛けたものを値とする辞書を作成してみましょう。frozenset([x, y]): x*y と、x と y の for ループによって作成することができます。

```
01: multiplicated_xy_setdict = {frozenset([x, y]): x*y for x in range(2) for
    y in range(2)}
02: multiplicated_xy_setdict
```

```
Out  {frozenset({0}): 0, frozenset({1}): 1, frozenset({0, 1}): 0}
```

ネストした辞書の生成

辞書を入れ子にすることができます。ある整数とある整数を掛けた数を、入れ子の辞書で生成してみましょう。

```
01: {0: {0: 0, 1: 0, 2: 0}, 1: {0: 0, 1: 1, 2: 2}, 2: {0: 0, 1: 2, 2: 4}}
```

```
Out  {0: {0: 0, 1: 0, 2: 0}, 1: {0: 0, 1: 1, 2: 2}, 2: {0: 0, 1: 2, 2: 4}}
```

2つの for 文で作成すると、以下のようなプログラムになります。第1のキーは i、

5.8 辞書を使ったプログラミング

第2のキーはj、値はi*jとなります。

```
01:  multiplicated_xy_dict = {}
02:  I = 3
03:  J = 3
04:  for i in range(I):
05:      multiplicated_xy_dict[i] = {}
06:      for j in range(J):
07:          multiplicated_xy_dict[i][j] = i*j
08:  multiplicated_xy_dict
```

```
Out  {0: {0: 0, 1: 0, 2: 0}, 1: {0: 0, 1: 1, 2: 2}, 2: {0: 0, 1: 2, 2: 4}}
```

内包表記によるネストした辞書の生成

ある整数とある整数を掛けた数の辞書を、内包表記と入れ子のfor文を使って生成してみましょう。第1のキーはi、第2のキーはj、値はi*jとなります。

```
01:  I = 3
02:  J = 3
03:  multiplicated_xy_dict = {i:{j:(i*j) for j in range(J)} for i in range(I)}
04:  multiplicated_xy_dict
```

```
Out  {0: {0: 0, 1: 0, 2: 0}, 1: {0: 0, 1: 1, 2: 2}, 2: {0: 0, 1: 2, 2: 4}}
```

内包表記によって、入れ子の辞書を生成することができました。入れ子の辞書を参照するには、角括弧を入れ子の数だけ使います。変数名に続いて入れ子の数だけ角括弧をつなげて書き、n番目の角括弧の間にn番目のキーを書きます。

multiplicated_xy_dictの、第1キー=2、第2キー=2の値を参照してみましょう。

```
01:  multiplicated_xy_dict[2][2]
```

```
Out  4
```

次に、入れ子の辞書をすべて参照し、第1キー、第2キー、値を表示してみましょう。

```
01:  print('key1', 'key2', 'val', sep='\t')
02:  for i, v1 in multiplicated_xy_dict.items():
03:      for j, v2 in v1.items():
04:          print(i, j, v2, sep='\t')
```

5 データ構造

```
Out  key1        key2        val
     0           0           0
     0           1           0
     0           2           0
     1           0           0
     1           1           1
     1           2           2
     2           0           0
     2           1           2
     2           2           4
```

このように、辞書を入れ子にすることにより、目的に応じたデータ構造を作ることができますので、覚えておきましょう。

問題 . 1

次のプログラムを実行したときの出力結果として、正しいものはどれでしょうか？

```
01: country_code = {
02:     'Iceland': {'code': '354', 'capital': 'Reykjavík'},
03:     'Ireland': {'code': '353', 'capital': 'Dublin'},
04:     'Azerbaidjan': {'code': '994', 'capital': 'Baku'}
05: }
06:
07: def getstr_keyval(x):
08:     if not isinstance(x, dict):
09:         return x
10:
11:     my_str = ''
12:     for key, val in x.items():
13:         my_str += (' ' + str(key) + ' ' + getstr_keyval(val))
14:     return my_str
15:
16: for key1, val1 in country_code.items():
17:     print(key1, getstr_keyval(val1))
```

① 順不同

Iceland code, 354 capital Reykjavík Ireland code 353 capital Dublin Azerbaidjan code 994 capital, Baku

5.8 辞書を使ったプログラミング

② 行順不同

Iceland (code 354) (capital Reykjavík)

Ireland (code 353) (capital Dublin)

Azerbaidjan (code 994) (capital Baku)

③

Iceland code 354 capital Reykjavík

Ireland code 353 capital Dublin

Azerbaidjan code 994 capital Baku

④ 順不同、行順不同

Iceland code 354 capital Reykjavík

Ireland code 353 capital Dublin

Azerbaidjan code 994 capital Baku

ヒント

辞書変数 country_code は、2 回入れ子の辞書となっています。また、getstr_keyval 関数は、辞書変数から、キーと値を文字列として再帰的に取り出し続ける関数です。

解答

④

解説

getstr_keyval 関数は、引数 x が辞書でなければ、x を文字列として返し、辞書であれば、辞書に登録されたキーと値を文字列として戻り値に追加します。ここで値がまだ辞書であれば、getstr_keyval 関数を再帰的に呼び出して、キーと値を文字列として取得し、戻り値に追加します。なお、Python の再帰処理の最大回数はデフォルトで 1000 回となっており、sys.getrecursionlimit() で確認することができます。この回数を超えて再帰処理を行うと RecursionError エラーとなりますので、sys.setrecursionlimit(2000) のように回数を変更することができます。

for key1, val1 in country_code.items(): では、最初の深さのキー（国名）と、値として入れ子となっている辞書のキーと値を getstr_keyval 関数で文字列として取得し、print で出力しています。5.7 節の問題 [1] で説明したとおり、順不同、行順不同となるのは Python 3.5 までとなります。

5 データ構造

問題.2

　下記の国番号、会員番号、会員の性別、氏名、年齢、都道府県の表をもとに、データを格納する辞書を生成するプログラムを作成してください。まず、表を入れ子のリストデータとして生成し、国番号と会員番号を辞書のキー、それ以外のレコードをリスト変数として辞書の値とし、辞書変数に格納するものとします。

国番号	会員番号	性別	姓	名	年齢	都道府県
'01'	'0001'	Male	Yamada	Tarou	25	Tokyo
'01'	'0002'	Male	Satou	Takeshi	27	Kanagawa
'01'	'0003'	Female	Tanaka	Yuko	25	Saitama
'02'	'0001'	Male	Smith	Mike	22	NewJersey
'02'	'0002'	Male	Turner	Tom	27	Kansas
'02'	'0003'	Male	Jackson	David	25	Florida

ヒント

　前節の問題に、新たに国番号が追加されています。国番号と会員番号を合わせてタプル変数とし、辞書のキーとしましょう。

解答

　次のようなコードを書くことができます。

```
01: # 表データの生成
02: data = [
03:     ['01', '0001' , 'Male' , 'Yamada' , 'Tarou' , 25 , 'Tokyo'],
04:     ['01', '0002' , 'Male' , 'Satou' , 'Takeshi' , 27 , 'Kanagawa'],
05:     ['01', '0003' , 'Female' , 'Tanaka' , 'Yuko' , 25 , 'Saitama'],
06:     ['02', '0001' , 'Male' , 'Smith' , 'Mike' , 22 , 'NewJersey'],
07:     ['02', '0002' , 'Male' , 'Turner' , 'Tom' , 27 , 'Kansas'],
08:     ['02', '0003' , 'Male' , 'Jackson' , 'David' , 22 , 'Florida']
09: ]
10: data
```

5.8 辞書を使ったプログラミング

```
Out  [['01', '0001', 'Male', 'Yamada', 'Tarou', 25, 'Tokyo'],
      ['01', '0002', 'Male', 'Satou', 'Takeshi', 27, 'Kanagawa'],
      ['01', '0003', 'Female', 'Tanaka', 'Yuko', 25, 'Saitama'],
      ['02', '0001', 'Male', 'Smith', 'Mike', 22, 'NewJersey'],
      ['02', '0002', 'Male', 'Turner', 'Tom', 27, 'Kansas'],
      ['02', '0003', 'Male', 'Jackson', 'David', 22, 'Florida']]
```

```
01:  # 辞書変数生成
02:  member_information = {}
03:
04:  # 表データをレコード毎に格納する
05:  for record in data:
06:      key = (record[0], record[1])
07:      info = record[2:]
08:      member_information[key] = info
```

```
01:  # 結果を表示する
02:  print('number', 'information', sep='\t')
03:  for key, info in member_information.items():
04:      print(key, info)
```

```
Out  number       information
     ('01', '0001') ['Male', 'Yamada', 'Tarou', 25, 'Tokyo']
     ('01', '0002') ['Male', 'Satou', 'Takeshi', 27, 'Kanagawa']
     ('01', '0003') ['Female', 'Tanaka', 'Yuko', 25, 'Saitama']
     ('02', '0001') ['Male', 'Smith', 'Mike', 22, 'NewJersey']
     ('02', '0002') ['Male', 'Turner', 'Tom', 27, 'Kansas']
     ('02', '0003') ['Male', 'Jackson', 'David', 22, 'Florida']
```

解説

　表データをレコードごとに辞書に格納するとき、国番号と会員番号からタプル変数を生成し、辞書のキーとしています。

5.9

ループのテクニック

Python には、ループを行うときに便利な関数やメソッドが提供されています。ここで説明するいくつかのループのテクニックを使うことにより、シンプルで読みやすいプログラムが書けるようになります。

辞書のキーと値を同時に取得

辞書をループするとき、items メソッドを使ってキーと値を同時に取り出すことができます。

```
01: intdict = {'1': 'one', '2': 'two', '3': 'three'}
02: for key, val in intdict.items():
03:     print(key, val)
```

```
Out   1 one
      2 two
      3 three
```

インデックスを伴ったループ

リストに for 文を使うとき、enumerate を併用することで、リストの要素と添え字を使うことができます。

```
01: mountains = ['fuji', 'kitadake', 'okuhodakadake']
02: for i, mt in enumerate(mountains):
03:     print(i, mt)
```

```
Out   0 fuji
      1 kitadake
      2 okuhodakadake
```

zip を使ったループ

2 つまたはそれ以上のシーケンス型を同時にループするために、関数 zip() を使って各要素を一組にすることができます。

5.9 ループのテクニック

```
01:  order = [1, 2, 3]
02:  mountains = ['fuji', 'kitadake', 'okuhodakadake']
03:  height = [3776, 3193, 3190]
04:  for odr, mt, ht in zip(order, mountains, height):
05:      print(odr, mt, ht)
```

```
Out  1 fuji 3776
     2 kitadake 3193
     3 okuhodakadake 3190
```

リストをソートしてループ

リストをソートしてループしたいときは、sorted を使用します。なお、sorted は非破壊的処理のため、指定された変数は変更されません。

```
01:  mountains = ['kitadake', 'okuhodakadake', 'fuji']
02:  for mt in sorted(mountains):
03:      print(mt)
```

```
Out  fuji
     kitadake
     okuhodakadake
```

リストを反転してループ

リストを逆順にループしたいときは、reversed を使用します。

```
01:  mountains = ['fuji', 'kitadake', 'okuhodakadake']
02:  for mt in reversed(mountains):
03:      print(mt)
```

```
Out  okuhodakadake
     kitadake
     fuji
```

辞書のソート

辞書をソートしたいときはよくあります。辞書変数内の要素の並び順をソートすることはできませんが、辞書のキー、もしくは要素から、ソートしたリスト変数を生成し、利用することができます。リスト変数の要素はタプル型となり、インデックス 0 は辞

5 データ構造

書のキー、インデックス 1 は辞書の値となります。

日本の山名をキー、標高を値としてもつ、mountain_in_japan 辞書変数を作成し、山名順にソートしてみましょう。

```
01: mountain_in_japan = {'fuji': 3776, 'kitadake': 3193, 'okuhodakadake':
    3190}
02: mountain_in_japan_sorted = sorted(mountain_in_japan.items(), key=lambda
    x: x[0])
03: for key, val in mountain_in_japan_sorted:
04:     print(key, val)
```

```
Out   fuji 3776
      kitadake 3193
      okuhodakadake 3190
```

山名順にソートすることができました。なお、sorted(mountain_in_japan) と書くと、ソートされた山名のみのリストを取り出すことができます。次に、標高順にソートしてみましょう。

```
01: mountain_in_japan = {'fuji': 3776, 'kitadake': 3193, 'okuhodakadake':
    3190}
02: mountain_in_japan_sorted = sorted(mountain_in_japan.items(), key=lambda
    x: x[1])
03: for key, val in mountain_in_japan_sorted:
04:     print(key, val)
```

```
Out   okuhodakadake 3190
      kitadake 3193
      fuji 3776
```

標高順に値を取得することができました。

次に、reversed を使って標高の逆順にソートしてみましょう。

```
01: for key, val in reversed(mountain_in_japan_sorted):
02:     print(key, val)
```

```
Out   fuji 3776
      kitadake 3193
      okuhodakadake 3190
```

標高の逆順にソートすることができました。

266

5.9 ループのテクニック

問題 .1

ラムダ式を工夫することで、下記の辞書変数 mountain_in_japan を、標高の逆順にソートしてください。

```
01:  mountain_in_japan = {'fuji': 3776, 'kitadake': 3193, 'okuhodakadake':
     3190, 'dummy': 0}
```

ヒント

辞書を直接ソートすることはできませんので、リストとしてソートし、sorted() を使い、順番を指定するための key に標高の逆数をラムダ式で指定します。

解答

次のようなコードを書くことができます。

```
01:  mountain_in_japan = {'fuji': 3776, 'kitadake': 3193,
                         'okuhodakadake': 3190, 'dummy': 0}
02:  mountain_in_japan_sorted = sorted(mountain_in_japan.items(),
                                  key=lambda x: x[1], reverse=True)
03:  print(mountain_in_japan_sorted)
```

```
Out  [('fuji', 3776), ('kitadake', 3193), ('okuhodakadake', 3190),
     ('dummy', 0)]
```

解説

sorted() に渡すイテラブルなオブジェクトを mountain_in_japan.items() で生成し、key に標高をラムダ式で指定します。降順にソートするために、reverse=True を指定しています。

CHAPTER 5

データ構造

267

5 データ構造

COLUMN COLUMNCOLUMNCOLUMNCOLUMNCOLUMN

ソートのやり方をもっと詳しく

　sorted() に使われる key パラメータは単一の引数を取り、ソートに利用される key を返します。この制約により、sorted 関数は各入力レコードに対して一回だけ呼び出され、ソートを高速に行うことができます。前の問題で作成した辞書変数 mountain_in_japan からイテラブルなオブジェクトを生成して、sorted() により昇順に並び変えてみましょう。

```
01:  mountain_in_japan_dict_items = mountain_in_japan.items()
02:  sorted(mountain_in_japan_dict_items, key=lambda x: x[1])
```

```
Out  [('dummy', 0), ('okuhodakadake', 3190), ('kitadake', 3193), ('fuji',
     3776)]
```

　sorted() は、operator モジュールの関数 itemgetter() を使用することで、更に高速化することができます。

```
01:  from operator import itemgetter
02:  sorted(mountain_in_japan_tpllist, key=itemgetter(1))
```

```
Out  [('dummy', 0), ('okuhodakadake', 3190), ('kitadake', 3193), ('fuji',
     3776)]
```

　一連の処理における山名,標高のタプルをクラス化し、operator モジュールの attrgetter() を使って書き直すと、以下のようになります。

```
01:  from operator import attrgetter
02:
03:  class MountainInfo:
04:      def __init__(self, my_name, my_height):
05:          self.name = my_name
06:          self.height = my_height
07:      def __repr__(self):
08:          return repr((self.name, self.height))
09:
10:  mountain_in_japan_clslist = [
11:      MountainInfo('fuji', 3776),
12:      MountainInfo('kitadake', 3193), 続く
```

5.9 ループのテクニック

```
13:        MountainInfo('okuhodakadake', 3190),
14:        MountainInfo('dummy', 0)
15:    ]
16:
17:    print(mountain_in_japan_clslist)
18:    sorted(mountain_in_japan_clslist, key=attrgetter('height'))
```

```
Out  [('dummy', 0), ('okuhodakadake', 3190), ('kitadake', 3193), ('fuji',
     3776)]
```

COLUMN COLUMN COLUMN COLUMN COLUMN COLUMN

ループ中の要素の変更は要注意

　ループ内でリストの要素を変更したいときがありますが、ループ対象のリスト要素を削除することは避けたほうがよいでしょう。たとえば下の例1では、リスト変数 height から値が None の要素を削除しようとしていますが、for ループで変数 i が 3 のときにインデックス 3 の要素を削除してしまうと、続く変数 i が 4 の処理のときに、height[4] は登録されておらず、IndexError となってしまいます。

例1　危険なやり方

```
01:  height = [3776, 3193, 3190, None, None]
02:  for i in range(len(height)):
03:      if height[i] is None:
04:          del height[i]
```

```
Out  --------------------------------------------------------------
     IndexError                          Traceback (most recent call last)
     <ipython-input-12-6fa54663cc21> in <module>()
         1 height = [3776, 3193, 3190, None, None]
         2 for i in range(len(height)):
     ----> 3     if height[i] is None:
         4         del height[i]

     IndexError: list index out of range
```

　次の例2では、値を指定して remove メソッドで None を消そうとしていますが、None が 1 つ残ってしまいます。使われたインデックスは、0, 1, 2, 3 となっており、

5 データ構造

4 は使われませんでした。Python のループ内部では次に使う要素のカウンタが使われているのですが、ループ中で要素を削除すると、次の要素が飛ばされますので注意が必要です。

例2　消したい要素をすべて消せない

```
01:  height = [3776, 3193, 3190, None, None]
02:  used_index = []
03:  for i, ht in enumerate(height):
04:      used_index.append(i)
05:      if ht is None:
06:          del height[i]
07:  height
```

Out　`[3776, 3193, 3190, None]`

```
01:  used_index
```

Out　`[0, 1, 2, 3]`

例3では、リストに [:] をつけることにより、for 文にリストのコピーを指定しています。指定されたリストと要素を削除するリストが別になっているため、安全なやり方です。本来はこの方法がおすすめです。

例3　安全なやり方①

```
01:  height = [3776, 3193, 3190, None, None]
02:  for ht in height[:]:
03:      if ht is None:
04:          height.remove(ht)
05:  height
```

Out　`[3776, 3193, 3190]`

例4では None を除外した新しいリストを生成しており、これも安全なやり方となっています。

5.9 ループのテクニック

例4　安全なやり方②

```
01:  height = [3776, 3193, 3190, None, None]
02:  height = [ht for ht in height if ht is not None]
03:  height
```

```
Out  [3776, 3193, 3190]
```

5.10

比較

リストやタプルといったシーケンスオブジェクトは、同じ型をもつオブジェクト同士で比較することができます。シーケンスオブジェクトの比較は、まず最初の要素同士を比較して、異なっていればその比較結果が結論として使われ、同じであれば次の要素同士を比較します。同じ要素が続くときは、どちらかのシーケンスがなくなるまで比較が続けられます。どちらかのシーケンスがなくなってしまったときは、シーケンスの長いオブジェクトが大きいものとして扱われます。

リストの比較

2つのリストを比較してみましょう。

```
01: [1, 2, 3] == [1, 2, 3]
```

Out `True`

右辺と左辺は同じ型、値のため、True が返されました。

タプルの比較

同じ要素を、タプルとして比較してみましょう。

```
01: (0, 1, 2) == (0, 1, 2)
```

Out `True`

右辺と左辺は同じ型、値のため、True が返されました。

文字列の比較

2つの文字列を比較してみましょう。文字列の大小関係を計算するときの辞書的順序には、個々の文字の Unicode コードポイント番号が使用されます。Unicode コードポイントの値は、0 から 0x10FFFF までの範囲の整数となっており、それぞれの値に文字が割り当てられています。

```
01:  'abc' < 'abd'
```

```
Out  True
```

ord() 関数によって、文字の Unicode コードポイント番号を取得することができます。

```
01:  print(ord('c'))
02:  print(ord('d'))
```

```
Out  99
     100
```

Unicode コードポイント番号は、'c' が 99、'd' が 100 でした。よって 'c' < 'd' の関係が成立するため、'abc' < 'abd' の結果は True となったのです。

集合の比較

要素の重複、並びを除いて比較したい場合は、set 型に変換して比較します。

```
01:  set([0, 1, 2]) == set([0, 1, 2, 2])
```

```
Out  True
```

要素の重複や並び順を考慮しない比較をすることができました。

異なる変数型の比較

同じ要素のリストとタプルを、== 演算子で比較してみましょう。

```
01:  [0, 1, 2] == (0, 1, 2)
```

```
Out  False
```

オブジェクトの型は違っていても、比較することができました。この場合、要素は同じですが、変数の型の違いにより False が返されました。これは、オブジェクトが適切な比較メソッドをもっているため、比較することができるわけです。

次に、< 演算子による大小比較をしてみましょう。

```
01:  [0, 1, 2] < (0, 1, 2)
```

```
Out  ---------------------------------------------------------------
     TypeError                              Traceback (most recent call last)
     <ipython-input-1-6dea4a260161> in <module>()
     ----> 1 [0, 1, 2] < (0, 1, 2)

     TypeError: '<' not supported between instances of 'list' and 'tuple'
```

　リストとタプルの大小関係を適切に比較するメソッドが存在しないために、TypeError 例外が発生しました。比較したい変数の型が不定のときは、比較する前にisinstance 関数で変数型をチェックするなどして、気をつけるようにしましょう。

入れ子のシーケンス型の比較

　入れ子のリストを比較してみましょう。シーケンス内で比較されている要素が同じシーケンス型同士であったときは、サブシーケンス同士の比較が再帰的に行われます。

```
01:  [[1, 2, 3], [4, 5, 6]] < [[1, 2, 3], [4, 0, 10], [5]]
```

```
Out  False
```

　サブシーケンス [4, 5, 6] と [4, 0, 10] を比較したとき、2 番目の要素の比較で 5 < 0 は不成立となりますので、False が返されました。

要素数の異なるシーケンス型の比較

　両辺のシーケンスがすべて同一であれば、両シーケンスは同じものと判定され、要素数が多い方のオブジェクトが大きいと判定されます。

```
01:  [1, 2] < [1, 2, -1]
```

```
Out  True
```

　両辺のシーケンスの要素は 2 つ目までは同じ値ですが、3 つ目の要素を比較するとき、右辺のほうが長いため、左辺 < 右辺が成立して True が返されました。

連鎖と短絡評価

　Python では、複数の比較を連結して書くことができます。3 < 4 and 4 == 4 を連結して書いてみましょう。

5.10 比較

```
01:  3 < 4 == 4
```

Out True

　左から順番に、まず 3 < 4 の式が評価され、次に 4 == 4 の式が評価されます。どちらも条件成立となり、全体の結果は True となりました。左がら順に比較演算子と値が評価され、どこかで条件が不成立となると、以降の比較演算子と値は評価せず全体の評価値が決まります。この仕組みを短絡評価といいます。
　試しに、4 == 4 に丸括弧をつけてみるとどうなるでしょうか？

```
01:  3 < (4 == 4)
```

Out False

　丸括弧をつけたことにより、最初に (4 == 4) が評価されて True（1）が返され、次に 3 < 1 が評価されます。3 < 1 は条件不成立となり、全体の比較結果は False となりました。
　次に、== 演算子を 2 つ使って比較してみましょう。

```
01:  4 == 4 == 1
```

Out False

　左から順番に、まず 4 == 4 の式が評価され、次に 4 == 1 の式が評価されます。4 == 1 は条件不成立となり、全体の結果は False となりました。
　次に、4 == 4 に丸括弧をつけてみましょう。

```
01:  (4 == 4) == 1
```

Out True

　丸括弧をつけたことにより、最初に評価された (4 == 4) は True（1）が返され、次に 1 == 1 が評価されます。1 == 1 は条件成立となり、全体の比較結果は True となりました。
　なお、次のように複数の比較演算子を使った評価は、それぞれを and でつなげたものの評価と等価となりますので、覚えておきましょう。

```
01:  x = 2
02:  1 < x < 3
```

Out True

5 データ構造

```
01:  1 < x and x < 3
```

```
Out  True
```

and 演算子の連鎖

and 演算子を連鎖させて書いてみましょう。連鎖した and 演算子は、左から順番に評価されます。

次の例では、最初に 1 and 2 が評価され、次に 2 and 3 が評価されます。戻り値は最後に評価された値となります。

```
01:  print(1 and 2 and 3)
02:  print(bool(1 and 2 and 3))
```

```
Out  3
     True
```

x and y は、x が偽なら x、そうでなければ y を返します。1 and 2 は、1 が真（True）なので、2 を返しています。

or 演算子の連鎖

or 演算子を連鎖させて書いてみましょう。連鎖した or 演算子は、左から順番に評価されます。

次の例では、最初に 1 or 2 が評価され、次に 2 or 3 が評価されます。戻り値は最初に評価された値となります。

```
01:  print(1 or 2 or 3)
02:  print(bool(1 or 2 or 3))
```

```
Out  1
     True
```

x or y は、x が偽なら y、そうでなければ x を返します。1 or 2 は、1 が真（True）なので、1 を返しています。

5.10 比較

問題. 1

引数 x が 10 以上、20 未満であるか否かを判定する関数 is_number_of_positions_of_10(x) を、比較演算子の連鎖を使って作成してください。

ヒント

引数 x が 10 以上であることの条件と、引数 x が 20 未満であることの条件の論理積を、短絡表現で表現することが必要です。「以上」の比較演算子は「<=」、「未満」の条件式は「<」となります。

解答

次のようなコードを書くことができます。

```
01: def is_number_of_positions_of_10(x):
02:     return 10 <= x < 20
03:
04: is_number_of_positions_of_10(12)
```

Out True

解説

x が 10 以上、20 未満であることを評価する場合、if 文の条件式は 10 <= x < 20 となります。

CHAPTER 5

データ構造

CHAPTER

6

クラス

6.1	クラスの基本	280
6.2	クラス変数とインスタンス変数	286
6.3	継承	296
6.4	反復子とジェネレータ	306
6.5	モジュールファイルを作る	318
6.6	スコープと名前空間	326

6.1

クラスの基本

これまで、さまざまなオブジェクトを見てきました。第2章で解説したように、オブジェクトは変数や関数の属性をもち、データ型あるいはリテラルそのものを使って定義（生成）することができました。データ型には、**int**、**str**、**float**、**bool**、**list**、**tuple**、**set**、**dict** などがあります。ただし、これらは組み込みのデータ型です。実は、データ型は新しく作ることができ、それをクラスと呼びます。**Python** では、クラスはデータ型とほぼ同じ意味で使われます。

もっとも単純なクラス

もっとも単純なデータ型、すなわちクラスの書き方は、次のようになります。ここでは、自動車のオブジェクトを考えてみます。

```
01:  class Car:
02:      pass
```

ここで書いた pass は、何もしないことを指示するキーワードです。このクラスを使ってインスタンスを作成してみます。

```
01:  my_car = Car()
02:  type(my_car)
```

```
Out  __main__.Car
```

こうすることで、自分で作ったデータ型（クラス）を使って、インスタンスを生成することができました。

データ属性

クラスは、データ属性をもつことができます。データ属性はクラス定義の中で使う変数です。データ属性には、クラス変数とインスタンス変数の2種類があります※。データ属性の値には、インスタンスにドット「.」をつけて書くと、アクセスすることができます。

> ※注 インスタンス変数については、この後の「初期化メソッド」で説明します。クラス変数とインスタンス変数の違いについては、6.2節で説明します。

データ属性 num_wheels を（クラス変数として）定義し、インスタンスを作ってアクセスしてみましょう。

6.1 クラスの基本

```
01:  class Car:
02:      num_wheels = 4
```

```
01:  my_car = Car()
02:  my_car.num_wheels
```

Out 4

メソッド

クラスは、メソッドをもつことができます。メソッドは関数のようなものですが、必ず第一引数を与えなければなりません。第一引数の名前は self という名前にします※。先ほど定義したクラス Car に重量を表す weight を追加し、車輪 1 つあたりの重量を計算するメソッドを追加して、クラスを定義し直すには次のようにします。

※注　クラスは型です。クラスの構成要素のうち、データ属性は材料、メソッドは道具と考えればよいでしょう。メソッドという道具で材料（データ属性）を加工します。

```
01:  class Car:
02:      weight = 4000
03:      num_wheels = 4
04:
05:      def calc_weight_per_wheel(self):
06:          return 1000.0
```

```
01:  my_car = Car()
02:  my_car.calc_weight_per_wheel()
```

Out 1000.0

メソッドの第一引数 self について

メソッドの第一引数に指定した self は、そのクラスで定義されたインスタンスオブジェクトが渡される仮引数となっています。

メソッドの第一引数は、self にするのが慣例です。Python の言語仕様としては任意の名前が許されており、this でも me でもよいのですが、混乱を避けるために、self にするというルールになっています。

ところで、上記のクラス Car で定義した calc_weight_per_wheel() は、何も計算を行っていません。車輪 1 つあたりの重量は重量 weight を車輪の数 4 で割ればよいので、これらのデータ属性から計算で求めることができます。メソッド calc_weight_per_wheel() の結果を、計算で求めてみましょう。同じクラス内のデータ属性を参照するには、self を用いて「self. 属性」のように書きます。

CHAPTER 6

クラス

281

6 クラス

```
01: class Car:
02:     weight = 4000
03:     num_wheels = 4
04:
05:     def calc_weight_per_wheel(self):
06:         return self.weight / self.num_wheels
```

```
01: my_car = Car()
02: my_car.calc_weight_per_wheel()
```

Out 1000.0

初期化メソッド

メソッドには、クラスでインスタンスを作るときに必ず実行される特別なメソッドが用意されています。これを、初期化メソッド（コンストラクタ）といいます。初期化メソッドの実体は、__init__() という名前のメソッドです。

では、Car クラスに初期化メソッドを加えて、インスタンス生成時に自動車の名前を入力できるようにしてみましょう。初期化メソッドの第一引数は先ほど説明した self です。第二引数は自動車の名前を表す変数 name とします。これは、関数のときと同様に仮引数です。初期化メソッドの中身は、self.name という変数に car_name という仮引数を代入します。ここで導入した self.name はインスタンス変数と呼ばれます。引数なしでインスタンスを生成すると、仮引数に代入した値がデフォルト値としてインスタンス変数 name に代入されます。

```
01: class Car:
02:     weight = 4000
03:     num_wheels = 4
04:
05:     def __init__(self, car_name='NoName'):
06:         self.name = car_name
07:
08:     def calc_weight_per_wheel(self):
09:         return self.weight / self.num_wheels
10:
11: default_car = Car()
```

生成されたインスタンスのインスタンス変数 name にアクセスするには、ドット「.」を使って次のようにします。

```
01: default_car.name
```

Out 'NoName'

282

6.1 クラスの基本

　インスタンス生成時にクラスの引数に値を入力すると、初期化メソッドの第二引数に値が渡されます。この例では、仮引数 car_name に値が渡され、さらにインスタンス変数 name に代入されます。ここでは、'DeLorean' という文字列を Car クラスの第一引数に与えてみます。

```
01: my_car = Car('DeLorean')
02: my_car.name
```

```
Out 'DeLorean'
```

問題.1

　ねこは、ニャーと鳴く 4 本足の動物です。これをもとに、ねこのクラスを作ってください。ただし、メソッドは作らず、データ属性のみで作成してください。

ヒント

　データ属性（変数）は cry、legs、is_animal、クラスの名前は Cat とするとよいでしょう。「メソッドを作らず」と制限されているので、クラス変数のみでクラスを定義します。

解答

　解答は 1 つとは限りませんが、下記が 1 つの例です。

```
01: class Cat:
02:     cry = "ニャー"
03:     legs = 4
04:     is_animal = True
```

実行例

```
01: tama = Cat()
02: "鳴き声: {}, 足の数: {}, 動物: {}".format(tama.cry, tama.legs, tama.
    is_animal)
```

```
Out '鳴き声: ニャー, 足の数: 4, 動物: True'
```

CHAPTER 6

クラス

283

6 クラス

解説

解答例では、データ属性だけでできたクラスを定義しました。このクラスは、生成されるすべてのインスタンスが、ニャーと鳴く4本足の動物であることを想定しています。

問題 . 2

次のような4つの属性をもつ、Personというクラスを作成してください。ただし、生成されるインスタンスは、さまざまな名前や国籍、生年、住所の場合がありうることを想定してください。更に、これらの属性を示すための show_attributes() というメソッドをもたせてください。

名前　国籍　生年　住所

コーディングの際は、次のような英語名を使ってください。

名前	英語
名前	name
国籍	nationality
生年	birth
住所	address

ヒント

インスタンスごとに属性が変わるので、初期化メソッド __init__() の中で4つのインスタンスを定義し、4つの属性を引数にもつようにするとよいでしょう。初期化メソッドの他に、メソッド show_attributes() を作成し、その中では属性を print() で表示するようにします。

解答

Person クラスは、一例として、次のように定義します。

```
01:  class Person:
02:      def __init__(self,
03:                   name = '',
04:                   nationality = '',
05:                   birth = '',
06:                   address = ''): 続く
```

284

6.1 クラスの基本

```
07:        self.name = name
08:        self.nationality = nationality
09:        self.birth = birth
10:        self.address = address
11:
12:    def show_attributes(self):
13:        print("名前:", self.name)
14:        print("国籍:", self.nationality)
15:        print("生まれた年:", self.birth)
16:        print("住んでいる所:", self.address)
```

実行例

作成したクラスを使って、heroine というオブジェクトを作ってみます。

```
01:  heroine = Person('かぐや姫', '日本', '685', '静岡県富士市')
02:  heroine.show_attributes()
```

```
Out  名前: かぐや姫
     国籍: 日本
     生まれた年: 685
     住んでいる所: 静岡県富士市
```

作成したクラスを使って、hero というオブジェクトを作ってみます。

```
01:  hero = Person('金太郎', '日本', '956', '静岡県駿東郡小山町')
02:  hero.show_attributes()
```

```
Out  名前: 金太郎
     国籍: 日本
     生まれた年: 956
     住んでいる所: 静岡県駿東郡小山町
```

解説

作成した Person クラスは、初期化メソッドが4つの引数をもち、インスタンスを作成するときに引数に値を指定することにより、個々のインスタンスに異なる属性を与えることができます。メソッドの第一引数は、必ず self とします。メソッド show_attributes() の中で、属性を参照するために「self. 属性」を使っています。解答例では、生年を表す birth には文字列型を用いていますが、これを整数型を用いて表してもよいでしょう。

6.2

クラス変数とインスタンス変数

前節でクラスの作り方について説明しました。クラスで使う変数（データ属性）は、「self.変数」という形で参照できることを説明しましたが、この形式で参照できる変数には、クラス変数とインスタンス変数の2種類があります。これらは注意して使わないと意図しない動作になってしまうことがあるので、本節で少し詳しく説明します。その他に、属性の隠蔽についても解説します。

インスタンス変数

インスタンス変数とは、それぞれのインスタンスごとに独立した変数です。クラスはいくつものインスタンスを生成することができますが、それぞれのインスタンス変数は別のものとして扱われ、値を代入すると、インスタンスごとに別々の値が保存されます。

インスタンス変数を作成する常套手段は、初期化メソッド __init__() の中で、「self.変数＝＜値＞」という式を定義する方法です。また、初期化メソッドの引数に変数を定義して、引数のデフォルト値を与えることもできます。

```
01: class MyClass1:
02:     def __init__(self, text="abc"):
03:         self.text = text
04:
05: a = MyClass1()
06: b = MyClass1(text="ggg")
07: c = MyClass1(text="uds")
08:
09: print(a.text)
10: print(b.text)
11: print(c.text)
```

```
Out   abc
      ggg
      uds
```

インスタンス変数は、「インスタンス名 . 変数」で参照することができ、クラス定義の外で値を変更することが可能です。

```
01: a.text = "xyz"
02: a.text
```

286

```
Out    'xyz'
```

また、新しいインスタンス変数を、クラス定義の外で追加することも可能です。

```
01:  a.new_text = "another text"
02:  a.new_text
```

```
Out    'another text'
```

クラス変数

クラス変数は、すべてのインスタンス間で共通した値をもつ変数です。

クラス変数を宣言するときは、self はつけずにクラス内で宣言します。クラス変数は、インスタンスを生成しなくても、「クラス名. 変数」で参照することができます。

```
01:  class MyClass2:
02:      common_text = "class value"
03:
04:  print(MyClass2.common_text)
```

```
Out    class value
```

クラス変数の値は、クラス定義の外で変更することが可能です。

```
01:  MyClass2.common_text = "New class value"
02:  MyClass2.common_text
```

```
Out    'New class value'
```

また、新しいクラス変数を、クラス定義の外で追加することも可能です。

```
01:  MyClass2.new_common_text = "Another attribute member"
02:  MyClass2.new_common_text
```

```
Out    'Another attribute member'
```

クラス変数の上書きに関する注意

次の例では、クラスのインスタンスを生成し、クラス変数を表示しています。

6 クラス

```
01:  class Triangle:
02:      num_tri = 0
03:
04:      def __init__(self, base=0, height=0):
05:          self.base = base
06:          self.height = height
07:          Triangle.num_tri += 1
08:
09:      def find_area(self):
10:          b = self.base
11:          h = self.height
12:          return b * h / 2.0
```

　この例では、Triangle というクラスを作成しています。このクラスは、底辺 base と高さ height を属性にもち、find_area() というメソッドで三角形の面積を計算することができます。

```
01:  t1 = Triangle(1, 1)
02:  t1.find_area()
```

Out　0.5

　また、クラス変数として、三角形の数 num_tri を定義し、インスタンスを作成するごとに数を 1 ずつ増やして、作成した三角形のインスタンスの数を数えることができます。

```
01:  Triangle.num_tri
```

Out　1

```
01:  t2 = Triangle(2, 2)
02:  Triangle.num_tri
```

Out　2

```
01:  t3 = Triangle(3, 5)
02:  Triangle.num_tri
```

Out　3

　このクラス変数にアクセスするときは、「インスタンス . クラス変数」や「self. クラ

288

ス変数」のようにアクセスすることが許されています。

```
01:  t1.num_tri, t2.num_tri, t3.num_tri, Triangle.num_tri
```

```
Out  (3, 3, 3, 3)
```

しかし、「インスタンス . クラス変数」や「self. クラス変数」のような書き方は避け、「クラス . クラス変数」のようにアクセスしたほうがよいでしょう。次の例では、「インスタンス . クラス変数」には代入した値が設定されますが、「クラス . クラス変数」はもとの値のままであり、意図しない結果となっています。

```
01:  t1.num_tri = 5
02:  t1.num_tri, t2.num_tri, t3.num_tri, Triangle.num_tri
```

```
Out  (5, 3, 3, 3)
```

クラス変数 Triangle.num_tri は変わっていないのに、インスタンス t1 に新しく t1.num_tri というインスタンス変数が定義され、そこに新しい値が代入されました。これによって、インスタンス t1 からはクラス変数 num_tri が見えなくなってしまいました。

更に Triangle.num_tri に値を代入しても、t1.num_tri は影響を受けないことから、インスタンス変数であることがわかります。

```
01:  Triangle.num_tri = 6
02:  t1.num_tri, t2.num_tri, t3.num_tri, Triangle.num_tri
```

```
Out  (5, 6, 6, 6)
```

変数やメソッドの隠蔽方法

上記のように、Python には、変数やメソッドを隠蔽（カプセル化）するための変数宣言は存在しません。Python は、プログラマーが行儀よくふるまうことを前提に設計されているようです。

Python では、変数やメソッドを上書きしてほしくない場合、頭にアンダースコアをつけた変数は上書きしない、などのルールを作って対応するのが慣例です。

具体的には、2 つの方法があります。

① 変数名の頭にアンダースコアを 1 つつける

変数やメソッドをクラス定義の外から参照も上書きもしてほしくないことを表記で示す方法ですが、参照も上書きもできてしまいます。あくまでプログラマーが行儀よ

6 クラス

く振るまうことを期待した方法です。

② 変数名の頭にアンダースコアを2つつける

　この方法を使えば、クラス定義の外からは、変数名やメソッド名そのままでは参照することも上書きすることもできなくなります。しかし、単純なルールで上書きする方法はあります。また、変数名の終端は、アンダースコア1つ以下にしておいてください。

　これらを確かめるため、インスタンス変数のアンダースコアのつけ方を5通りに変えたテスト用のクラスを定義してみます。

```
01: class Sample:
02:     def __init__(self):
03:         self.a = 1
04:         self._b = 1
05:         self.__c = 1
06:         self.__d_ = 1
07:         self.__e__ = 1
08:
09:     def show_attribute(self):
10:         a = self.a
11:         b = self._b
12:         c = self.__c
13:         d = self.__d_
14:         e = self.__e__
15:         print("a: {}, b: {}, c: {}, d: {}, e: {}".format(a, b, c, d, e))
```

　インスタンスを生成すると、クラス内で定義したメソッドで変数にアクセスすることができます。

```
01: s = Sample()
02: s.show_attribute()
```

Out
```
a: 1, b: 1, c: 1, d: 1, e: 1
```

　ここで、インスタンス変数をクラス定義の外部から参照してみます。

```
01: s.a
```

Out
```
1
```

6.2 クラス変数とインスタンス変数

```
01: s._b
```

```
Out  1
```

アンダースコア1つの場合は、クラス定義の外部から参照できました。アンダース
コア2つの場合はどうでしょう？

```
01: s.__c
```

```
----------------------------------------------------------------
AttributeError                          Traceback (most recent call last)
<ipython-input-61-85e4a3ad4e9c> in <module>()
----> 1 s.__c

AttributeError: 'Sample' object has no attribute '__c'
```

アンダースコア2つを先頭につけた場合は、AttributeError が発生しました。エラー
メッセージでは __c という属性はないといっています。同様に試していくと、s.__d_
も AttributeError になりますが、__e__ はエラーになりません。これらはどういうこ
とでしょうか？

dir(s) を実行してみるとわかりますが __c は _Sample__c に、__d_ は _Sample__
d_ に変換されています。このように、アンダースコアを先頭に2つつけた変数は、
_ クラス名を先頭につけた名前に変換されるのです。この仕組みは、マングリングと呼
ばれています。

次に、生成されたインスタンスの変数に後から代入した場合はどうなるでしょうか？

```
01: s.a = 2
02: s._b = 2
03: s.__c = 2
04: s.__d_ = 2
05: s.__e__ = 2
06: s.a, s._b, s.__c, s.__d_, s.__e__
```

```
Out  (2, 2, 2, 2, 2)
```

アンダースコアが2つの変数も代入でき、今度は参照もできたように見えます。と
ころが、本当は先頭がアンダースコア2つ（かつ終端はアンダースコア1つ以下）の
変数は、インスタンス s が作られた時点でマングリングされているのです。

CHAPTER 6

クラス

291

6 クラス

```
01:  s._Sample__c, s._Sample__d_
```

```
Out   (1, 1)
```

したがって、s.__c と s.__d_ は別の新たなインスタンス変数として作成されたことになります。属性とメソッドのリストを dir(s) で確認すると、s._Sample__c と s._Sample__d_ に加えて、s.__c と s.__d_ が新たに加わっていて、それらはクラス定義で与えた値とは別物であることがわかります（ここでは記述しませんが確認してみてください）。

以上のように、アンダースコアを変数名の先頭に 2 つつける方法は、隠蔽のために使うことができます。この他にも、変数を隠蔽しないことによる不慮の名前衝突を防ぐために、「メソッド名には動詞を使う」、「データ属性名には名詞を使う」などのコーディング規約を定めて、それに従うとよいでしょう[※]。

> [※]注　それでも属性への直接アクセスが気になる場合は、組み込み関数（クラス）のプロパティ property() を使って、変数を隠蔽してゲッターとセッターを書く方法があります。使い方は、公式ドキュメントを参考にしてください。
> https://docs.python.org/ja/3/library/functions.html#property

---

問題 . 1

円柱を表すクラスを作成してください。円柱を半径と高さによって特徴づけて、任意の半径と高さをもつ円柱について、表面積と体積を計算してください。

ヒント

円柱は半径 r と高さ h を使って特徴づけることができます。これらを使うと、底面の面積 c は円の面積なので、

$$c = \pi r^2$$

と表すことができます。側面の面積は、底面の円周の長さと高さを隣り合う二辺とする長方形の面積 s と同じになるので、

$$s = 2 \pi r h$$

となります。表面積 S は、底面積 c 2 つ分と側面積 s 1 つ分を合わせたものになるので、

$$S = 2c + s = 2 \pi r^2 + 2 \pi rh = 2 \pi r (r + h)$$

6.2 クラス変数とインスタンス変数

となります。更に、体積は、底面積 c と高さ h を掛けたものになるので、

$$V = c\,h = \pi\ r^2\,h$$

となります。

　コーディングするときは、次のような名称を使うとよいでしょう。円周率 π の値は、3.14 としておきます。

名前	英語
円柱	cylinder
底面	base
面積	area
側面	side
円周	circumference
表面積	surface area
体積	volume
円周率	pi

解答

Cylinder クラスを、下記のように定義します。

```
01:  class Cylinder:
02:      '''円柱 '''
03:      pi = 3.14
04:
05:      def __init__(self, radius=1, height=1):
06:          '''円柱を特徴づける属性'''
07:          self.radius = float(radius)
08:          self.height = float(height)
09:
10:      def calc_base_area(self):
11:          '''底面積を計算'''
12:          pi = Cylinder.pi
13:          r = self.radius
14:          return pi * r * r
15:
16:      def calc_side_area(self):
17:          '''側面積を計算'''
18:          pi = Cylinder.pi    続く
```

293

6 クラス

```
19:          r = self.radius
20:          h = self.height
21:          return 2 * pi * r * h
22:
23:      def calc_surface_area(self):
24:          '''表面積を計算'''
25:          c = self.calc_base_area()
26:          s = self.calc_side_area()
27:          return 2 * c + s
28:
29:      def calc_volume(self):
30:          '''体積を計算'''
31:          c = self.calc_base_area()
32:          h = self.height
33:          return c * h
34:
35:      def show_results(self):
36:          '''属性と計算結果を見せる'''
37:          r = self.radius
38:          h = self.height
39:          S = self.calc_surface_area()
40:          V = self.calc_volume()
41:          print('半径: {}, 高さ: {}, 表面積: {}, 体積: {}'.
      format(r, h, S, V))
```

実行例

(半径 , 高さ) を、(1, 1), (1, 3), (2, 1), (2, 3) とした場合について計算してみます。

```
01:  c1 = Cylinder()
02:  c1.show_results()
03:  c2 = Cylinder(1., 3.)
04:  c2.show_results()
05:  c3 = Cylinder(2., 1.)
06:  c3.show_results()
07:  c4 = Cylinder(2., 3.)
08:  c4.show_results()
```

```
Out  半径: 1.0, 高さ: 1.0, 表面積: 12.56, 体積: 3.14
     半径: 1.0, 高さ: 3.0, 表面積: 25.12, 体積: 9.42
     半径: 2.0, 高さ: 1.0, 表面積: 37.68, 体積: 12.56
     半径: 2.0, 高さ: 3.0, 表面積: 62.8, 体積: 37.68
```

6.2 クラス変数とインスタンス変数

解説

円周率 pi はすべての円柱に対して共通の定数なので、Cylinder クラスの直下に
クラス変数として定義します。初期化メソッド __init__() は、self の他に 2 つの引
数、半径 radius と高さ height をインスタンス変数として与えるようにします。メ
ソッド定義の中で、pi = Cylinder.pi と書いているところが 2 箇所ありますが、こ
れらは pi = self.pi と書くことも可能です。

クラス変数として定義した Cylinder.pi の精度を上げたい場合は、クラス変数の
pi = 3.14 の代わりに、標準ライブラリ math をインポートしてから pi = math.pi
を使用してもよいでしょう。

CHAPTER 6

クラス

295

6.3 継承

新しいクラスを作成しようとしているとき、既存のクラスに必要な機能がほとんど備わっているが、少しだけ追加や変更をしたいことがあります。そういうとき、既存のクラスを利用しつつ、違う部分だけを追加・変更したクラスを作成する方法があります。それが「継承」です。「継承」を使うと、次のような問題を解決することができます。

① もとのクラスを変更して新しい機能を追加すると、書き換えによってコードが複雑になり、これまで動いていたものが動かなくなってしまうかもしれない。
② もとのクラス全体をコピーアンドペーストし、機能を追加して新しいクラスを作ると、管理しなければならない同じコードが増えてしまう。

もっとも単純な継承

単純なクラスを1つ作ります。ここでは、お寿司を扱ってみます。「にぎり」は、「しゃり」の上に「ねた」がのっているという構成の食べ物です。

```
01:  class Nigiri:
02:      category = "にぎり"
03:      top = "ねた"
04:      base = "しゃり"
05:
06:      def show_attributes(self):
07:          print("top: {}, base: {}, category: {}".format(self.top, self.base, self.category))
```

self を使って属性を参照していることに注意してください。

```
01:  n1 = Nigiri()
02:  n1.show_attributes()
```

```
Out  top: ねた, base: しゃり, category: にぎり
```

次に、このクラスを継承して、まぐろの握り寿司を作ってみます。まぐろの握り寿司も、しゃりの上にねたがのっているという構成は同じなので、継承することによって同じ特徴を表現できます。

296

6.3 継承

```
01:  class Maguro(Nigiri):
02:      pass
```

```
01:  m1 = Maguro()
02:  m1.show_attributes()
```

Out top: ねた, base: しゃり, category: にぎり

　上記の Maguro ような、継承して作られたクラスをサブクラス（子クラス）、継承の
もとになったクラスをスーパークラス（親クラス）と呼びます。

クラス変数の上書き

　スーパークラス Nigiri を継承してサブクラス Maguro を定義しましたが、まぐろの
場合はねたがまぐろに限られるので、ねたを表す属性変数「top」の値を「まぐろ」に
変更することにします。サブクラスを定義する時点で、スーパークラスと違う部分を上
書きで定義することもできます。

```
01:  class Maguro(Nigiri):
02:      top = "まぐろ"
03:
04:  m3 = Maguro()
05:  m3.show_attributes()
```

Out top: まぐろ, base: しゃり, category: にぎり

クラス変数の追加

　Nigiri クラスを継承して Maguro クラスを作りましたが、Maguro クラスはより具体
的な種類なので、値段 price の値を加えたいと思います。

```
01:  class Maguro(Nigiri):
02:      top = "まぐろ"
03:      price = 100
04:
05:  m4 = Maguro()
06:  m4.show_attributes()
```

Out top: まぐろ, base: しゃり, category: にぎり

297

メソッドの上書き

これで、値段も属性に含めることができました。ところで、show_attribute() で値段も表示するようにするにはどうしたらよいでしょうか？ その場合は、同名のメソッドを作成して、もとのメソッドを上書きします。

```
01: class Maguro(Nigiri):
02:     top = "まぐろ"
03:     price = 100
04:
05:     def show_attributes(self):
06:         print("base: {}, top: {}".format(self.base, self.top))
07:         print("price: {}円".format(self.price))
08:
09: m4 = Maguro()
10: m4.show_attributes()
```

```
Out   base: しゃり, top: まぐろ
      price: 100円
```

親を呼び出す関数 super()

上記の例を見ると、show_attributes() の中に、Nigiri クラスの show_attributes() と重複している部分があります。これをもっと簡潔にする方法があります。それには、super() を使います。

```
01: class Maguro(Nigiri):
02:     top = "まぐろ"
03:     price = 100
04:
05:     def show_attributes(self):
06:         super().show_attributes()
07:         print("price: {}円".format(self.price))
08:
09: m5 = Maguro()
10: m5.show_attributes()
```

```
Out   top: まぐろ, base: しゃり, category: にぎり
      price: 100円
```

super() は親クラス（ここでは Nigiri）を表しています。こうすると、サブクラスで追加されたところだけが明確になります。

6.3 継承

メソッドの追加

次に、Magro クラスに 1 皿の値段を表示するメソッドを追加します。標準では 1 皿に 2 かんの握りがのっていることにします。

```python
01: class Maguro(Nigiri):
02:     top = "まぐろ"
03:     price = 100
04:
05:     def show_attributes(self):
06:         super().show_attributes()
07:
08:     def show_one_dish_price(self, num_nigiri=2):
09:         result = self.price * num_nigiri
10:         print("1皿（{}かん）の値段: {}円".format(num_nigiri, result))
11:
12: m5 = Maguro()
13: m5.show_attributes()
14: m5.show_one_dish_price()
```

```
Out  top: まぐろ, base: しゃり, category: にぎり
     price: 100円
     1皿（2かん）の値段: 200円
```

インスタンス変数の追加

引き続き、「まぐろ」クラスを考えます。「まぐろ」を作るとき、「わさび入り」と「わさび抜き」を選べるようにしたいと思います。そのためには、Maguro クラスを変更してもよいのですが、わさび入り／わさび抜きはすべての握りに対して該当するので、親クラスの Nigiri を継承して新しいクラスを作成し、わさび入り／わさび抜きを選べるように定義したいと思います。わさびは、インスタンス変数として定義します。デフォルトで「わさび抜き」としてみます。

```python
01: class NigiriNew(Nigiri):
02:
03:     def __init__(self, wasabi="わさび抜き"):
04:         self.wasabi = wasabi
05:
06:     def show_attributes(self):
07:         super().show_attributes()
08:         print("wasabi: {}".format(self.wasabi))
```

299

6 クラス

わさびを選べる NigiriNew クラスを使って、まぐろの Maguro クラスを定義します。
値段は、わさびによって変わることはありません。

```
01: class Maguro(NigiriNew):
02:     top = "まぐろ"
03:     price = 100
04:
05:     def show_attributes(self):
06:         super().show_attributes()
07:         print("price: {}円".format(self.price))
08:
09: m6 = Maguro("わさび入り")
10: m6.show_attributes()
```

```
Out  top: まぐろ, base: しゃり, category: にぎり
     wasabi: わさび入り
     price: 100円
```

多重継承

クラス定義の見出し行の丸括弧内には、複数のスーパークラスを列挙することもできます。この場合、複数のスーパークラスから属性を継承するサブクラスを作ることになります。これを、多重継承と呼びます。多重継承の場合、親クラスから継承した属性の探索順序は、深度優先で左から右へ行われ、継承の階層構造に重複があっても同じクラスは探索しません。下記は、多重継承の例です。

```
01: class Programmer:
02:     def __init__(self):
03:         self.skill = "プログラミング"
04:         print('Programmer', self.skill)
05:
06:     def make_code(self):
07:         print("コードを書く")
08:
09: class Musician:
10:     def __init__(self):
11:         self.skill = "リズム・メロディー・ハーモニー"
12:         print('Musician', self.skill)
13:
14:     def play_instrument(self):
15:         print("楽器を演奏する")
16:     続く
```

300

```
17:
18: class MusicianProgrammer(Musician, Programmer):
19:     pass
20:
21:
22: mp1 = MusicianProgrammer()
23: mp1.make_code()
24: mp1.play_instrument()
```

```
Out  Musician リズム・メロディー・ハーモニー
     コードを書く
     楽器を演奏する
```

Musician と Programmer の多重継承の順番を、逆にしてみます。多重継承の際に同じ名前の変数やメソッドがある場合は、左側の親クラスの属性が優先されることがわかります。

```
01: class ProgrammerMusician(Programmer, Musician):
02:     pass
03:
04: pm1 = ProgrammerMusician()
05: pm1.make_code()
06: pm1.play_instrument()
```

```
Out  Programmer プログラミング
     コードを書く
     楽器を演奏する
```

6 クラス

問題 . 1

握り寿司のかつおのクラスを考えます。握り寿司のかつおは赤身をねたとしているところはまぐろと同じですが、生姜とネギのトッピングが加わります。Nigiri のクラスを継承して、かつおのクラスを作ってください。なお、show_attributes() というメソッドで特性を表示するようにしてください。

ヒント

先ほど定義した Nigiri クラスを継承します。topping という新しい属性を加えて、その値を " 生姜とねぎ " にします。値段は 100 円です。

解答

```
01: class Katsuo(Nigiri):
02:     top = "かつお"
03:     topping = "生姜とねぎ"
04:     price = 100
05:
06:     def show_attributes(self):
07:         super().show_attributes()
08:         print("topping: {}".format(self.topping))
```

実行例

```
01: k1 = Katsuo()
02: k1.show_attributes()
```

```
Out  top: かつお, base: しゃり, category: にぎり
     price: 100円
     topping: 生姜とねぎ
```

解説

かつおクラスは、top と topping だけがまぐろクラスと異なります。top は上書きになり、topping は追加になります。topping を表示するために、show_attributes() の中で super() を使って親の show_attributes() を実行したうえで、topping を表示するコードを追加しています。

302

6.3 継承

問題 . 2

　長方形のクラスを継承して、正方形のクラスを作成してください。長方形は、幅と高さで特徴づけることができ、正方形は幅のみで特徴づけるものとします。長方形も正方形も、周の長さと面積を計算できるメソッドをもつものとします。

ヒント

　まず、長方形を考えてみます。長方形Rectangleは、幅widthと高さheightをもち、4つの内角が直角であるということで特徴づけられます。幅と高さを使って、周の長さ perimeter と面積 area を計算することができます。

　長方形のクラスを作成するコードは下記のとおりです。これを継承して正方形のクラスを作成します。

```
01: class Rectangle:
02:     '''長方形'''
03:     angle = 90
04:
05:     def __init__(self, width, height):
06:         self.name = 'rectangle'
07:         self.width = width
08:         self.height = height
09:         self.perimeter = self.calc_perimeter()
10:         self.area = self.calc_area()
11:
12:     def calc_perimeter(self):
13:         w = self.width
14:         h = self.height
15:         return (w + h) * 2
16:
17:     def calc_area(self):
18:         w = self.width
19:         h = self.height
20:         return w * h
21:
22:     def show_attributes(self):
23:         ang = self.angle
24:         n = self.name
25:         w = self.width
26:         h = self.height
27:         p = self.perimeter  続く
```

CHAPTER 6

クラス

303

6 クラス

```
28:          a = self.area
29:          print("name: {}, width: {}, height: {}, angle: {}".
     format(n, w, h, ang))
30:          print("perimeter: {}, area: {}".format(p, a))
31:
32:  # インスタンスを作って実行
33:  r1 = Rectangle(4, 3)
34:  r1.show_attributes()
```

```
Out    name: rectangle, width: 4, height: 3, angle: 90
       perimeter: 14, area: 12
```

解答

ヒントで定義された長方形のクラスを継承して、正方形のクラスを作ります。

```
01:  class Square(Rectangle):
02:      '''正方形'''
03:
04:      def __init__(self, width):
05:          super().__init__(width, width)
06:          self.name = 'square'
```

実行例

```
01:  # インスタンスを作って実行
02:  s1 = Square(4)
03:  s1.show_attributes()
```

```
Out    name: square, width: 4, height: 4, angle: 90
       perimeter: 16, area: 16
```

解説

　正方形は、長方形の幅と高さの長さが一致する特殊な図形なので、super() を使うと上記のように簡潔に書けます。初期化メソッドの self 以外の引数は、width だけになります。このように、一般形と特殊形という関係がある場合、一般形で親クラスを作っておくと、特殊形は一般形を継承して簡潔に表現することができます。

　ちなみに、super() を使わないで正方形を作ると下記のようになります。それでも、3 つのメソッドを定義しなくてもよい分、長方形よりもかなり削減できています。

304

6.3 継承

```
01: class Square(Rectangle):
02:     '''正方形'''
03:
04:     def __init__(self, width):
05:         self.name = 'square'
06:         self.width = width
07:         self.height = width
08:         self.perimeter = self.calc_perimeter()
09:         self.area = self.calc_area()
10:
11: # インスタンスを作って実行
12: s2 = Square(4)
13: s2.show_attributes()
```

```
Out  name: square, width: 4, height: 4, angle: 90
     perimeter: 16, area: 16
```

6.4 反復子とジェネレータ

プログラミングでは、順番に並んだデータ（シーケンス）を処理する機会が多くあります。シーケンスの長さ（数または大きさ）が非常に大きくなると、問題が起こることがあります。たとえば、一度に大きなシーケンスを生成してから処理を開始しようとすると、長い時間待たされたりメモリを大量に消費したりします。他にも、無限に続くシーケンスを扱いたいのに、長さの上限を決めておかなければならないという問題があります。これらの問題の多くは、反復子（イテレータ：iterator）を使うと解決できます。反復子を自分で作れるようになると、一度に大きなシーケンスを生成することなしにループ処理を開始できるようになり、無限のシーケンスに対するループを作ることが可能になります。

反復子（イテレータ）とは　〜 for 文の舞台裏

反復子（イテレータ）とは、順番に並んだデータ（シーケンス）を扱うときに、「次を取り出す」と「終わったら知らせる」という操作を繰り返して処理を行う手法、あるいはそれを実現するオブジェクトのことです。

第3章と第5章で、for 文を使ってループを作る方法を扱いました。実は for 文の内部では、反復子（イテレータ）が使われています。ここでは、for 文の仕組みを掘り下げて、反復子がどういうものであるかについて詳しく知り、反復子を自分で作って利用する方法について学びます。

まず、for 文の復習から始めましょう。最初に学んだのは range() オブジェクトを使う for 文でした。

```
01: for i in range(3):
02:     print(i, end=" ")
```

Out `0 1 2`

for 文の in の後にリスト [1, 2, 3] などのシーケンスを添えても、ループを作れます。

```
01: for j in [1, 2, 3]:
02:     print(j, end=" ")
```

Out `1 2 3`

リストの他に、タプル (1, 2, 3)、辞書 {'one':1, 'two':2}、文字 "123"、ファイルオブジェクト open("myfile.txt") なども、for 文に渡せるシーケンスとして同様に使うことがで

6.4 反復子とジェネレータ

きます。この for 文の舞台裏では、反復子（イテレータ）が活躍しています。

まず、シーケンスに対して組み込み関数 iter() 使って、イテレータオブジェクトに変換します。イテレータオブジェクトには、コンテナの要素に 1 つずつアクセスする __next__() メソッドが定義されています。__next__() メソッドが呼ばれるとシーケンスの次の要素を返しますが、要素が尽きると StopIteration 例外を送出します。この __next__() メソッドの動作は、組み込み関数 next() を使って次のように見ることができます。

```
01: # シーケンスからイテレータオブジェクトを生成する
02: itr = iter([0, 1, 2])
03:
04: # 次の値を参照する
05: next(itr)
```

Out `0`

```
01: # 次の値を参照する
02: next(itr)
```

Out `1`

```
01: # 次の値を参照する
02: next(itr)
```

Out `2`

もう 1 回を実行すると、StopIteration 例外が送出されます。

```
01: # 次の値を参照する
02: next(itr)
```

Out
```
---------------------------------------------------------------------
StopIteration                           Traceback (most recent call last)

<ipython-input-6-3b66f7ac9fa9> in <module>()
      1 # 次の値を参照する
----> 2 next(itr)

StopIteration:
```

for ループは、これを受けて終了します。この仕組みは、上記で列挙したあらゆるシーケンスに対して同じように適用されます。

6 クラス

上記のように、iter() を使うと、シーケンスをイテレータオブジェクトに簡単に変換できます。

ちなみに、第3章から慣れ親しんできた range() 関数が返す range オブジェクトは、イテレータではありませんが、iter(range(3)) などとすることによって、イテレータオブジェクトに変換できます。next() の第二引数に StopIteration 例外が送出されたときの値を設定して、実行してみましょう。

```
01:  itr = iter(range(3))
02:  d = "次はありません"
03:  print(next(itr, d))
04:  print(next(itr, d))
05:  print(next(itr, d))
06:  print(next(itr, d))
```

```
Out  0
     1
     2
     次はありません
```

イテレータオブジェクトの作り方①
〜イテレータオブジェクトを生成するクラスを作る

上記の for 文の内部で行われていることをクラスとして実装すると、下記のようになります。このクラスの引数にシーケンスを渡せば、イテレータオブジェクトを作ることができます。

```
01:  class MyIterator:
02:      def __init__(self, data):
03:          self.data = data
04:          self.index = 0
05:
06:      def __iter__(self):
07:          # MyIterator が __next__() を実装しているので self をイテレータとして返す
08:          return self
09:
10:      def __next__(self):
11:          if self.index == len(self.data):
12:              raise StopIteration()
13:          value = self.data[self.index]
14:          self.index = self.index + 1
15:          return value
16:  続く
```

308

6.4 反復子とジェネレータ

```
17:   # シーケンスの一例として文字列を渡す
18:   itr = MyIterator("spam")
19:   for char in itr:
20:       print(char, end=" ")
```

Out   s p a m

　これを応用すれば、自分の目的に合ったイテレータを作ることができます。たとえば、次のようにシーケンスを逆順にループするイテレータを作ることもできます。

```
01:   class Reverse:
02:       '''シーケンスを逆順にループするイテレータ'''
03:
04:       def __init__(self, data):
05:           self.data = data
06:           self.index = len(data)
07:
08:       def __iter__(self):
09:           return self
10:
11:       def __next__(self):
12:           if self.index == 0:
13:               raise StopIteration
14:           self.index = self.index - 1
15:           return self.data[self.index]
16:
17:   # シーケンスの一例として文字列を渡す
18:   rev = Reverse('spam')
19:   for char in rev:
20:       print(char, end=" ")
```

Out   m a p s

　このクラス定義の説明を見て、とても覚えきれないなと思った方も、安心してください。もっと簡単な方法があります。ジェネレータを使う方法です。

イテレータオブジェクトの作り方② ～ジェネレータ関数を使って作る

　ジェネレータとは、反復子を作るための仕組みです。ジェネレータを使うと、簡単にイテレータオブジェクトを作ることができます。
　ジェネレータ関数は、for ループを含む普通の関数と同じように書きますが、普通の関数が for ループの最後に return でシーケンスを返すのに対し、ジェネレータ関数は

309

6 クラス

for ループの途中で yield を使って値を返します。next() がコールされるたびに、ジェネレータは前回抜けたところに戻ります。この仕組みについて順に見ていきましょう。

まず、シーケンスを引数として受け取り、そのシーケンスを後ろから順にリストに詰め直して、最後まで処理したらそのリストを返す関数を作ります。

```python
01:  def reverse(data):
02:      '''引数に受け取ったシーケンスを逆向きに返す'''
03:      ret = []
04:      for index in range(len(data)-1, -1, -1):
05:          ret.append(data[index])
06:      return ret
07:
08:  # リストをforループのinに添える（forループで反復子が作られる）
09:  for char in reverse('golf'):
10:      print(char, end=" ")
```

Out `f l o g`

これをジェネレータを使って書き直すと、次のようになります。

```python
01:  def reverse(data):
02:      for index in range(len(data) - 1, -1, -1):
03:          yield data[index]
04:
05:  # ジェネレータをforループのinに添える
06:  for char in reverse('golf'):
07:      print(char, end=" ")
```

Out `f l o g`

シーケンスの後ろから順に参照して、参照したものを for ループの中でリストに追加していく代わりに、yield で返します。

ただし、ジェネレータは、一度 for ループで回すと 2 回目以降の for ループでは要素が出てきませんので、注意してください。

イテレータオブジェクトの作り方③ 〜ジェネレータ式

リストを生成しようとするときに、リスト内包表記を使う方法があることを第 5 章で学びました。内包表記で書けるような簡単な処理であれば、角括弧の代わりに丸括弧を使うだけで、ジェネレータを作ることができます。

まず、リスト内包表記でリストを逆向きに並び替える処理を定義します。

310

6.4 反復子とジェネレータ

```
01: data = 'golf'
02: l = [data[i] for i in range(len(data) -1, -1, -1)]
03: l
```

Out `['f', 'l', 'o', 'g']`

　上記のように、リスト内包表記の場合は、リストの内容が最初から最後まで確定します。メモリも消費されています。
　さて、上記のリスト内包表記の角括弧を丸括弧に変えて、ジェネレータ式に置き換えます。

```
01: g = (data[i] for i in range(len(data)-1, -1, -1))
02: g
```

Out `<generator object <genexpr> at 0x109bbfca8>`

　ジェネレータであることが表示されました。この時点ではまだ処理が行われておらず、メモリも消費されていません。これを表示するには、list() でリストに変換します。処理結果は、リスト内包表記と同じです。

```
01: list(g)
```

Out `['f', 'l', 'o', 'g']`

6 クラス

問題. 1

100万行からなるファイルの最初の3行を表示するプログラムを作成してください。ただし、100万行からなるファイルは、下記の方法で作成したものを使います。

```
01: import random
02: # 何回実行しても同じ結果になるように乱数の種 (seed) を固定する
03: random.seed(1)
04: msgs = ["Hi", "Hello", "Good morning", "Good night", "See you later",
    "How are you", "Have a good day"]
05: with open("some.txt","w") as f:
06:     for i in range(1000000):
07:         f.write("{}, {}\n".format(i, random.choice(msgs)))
```

ファイル some.txt はカンマ区切りの2列からなり、最初の列は番号、次の列はメッセージです。

```
01: 0, Hello
02: 1, See you later
03: 2, Have a good day
04:
05:   ＜中略＞
06:
07: 999999, Hi
```

※注　上記のプログラムを実行するときは、some.txt のファイルサイズが 18MBytes 程度になるので、ディスクの空き容量に注意してください。

ヒント

下記のようにファイルをすべて読み込んでから処理すると、時間がかかりますので避けてください。Jupyter Notebook を使っている場合は、%%time を実行するセルの先頭行につけることで、セルの処理時間を計測することができます。

```
01: %%time
02: f = open('some.txt')
03: body = f.read()
04: lines = body.split('\n')
05: print('\n'.join(lines[:3]))
```

```
Out  0, Hello
     1, See you later
     2, Have a good day  続く
```

312

6.4 反復子とジェネレータ

```
CPU times: user 131 ms, sys: 90.6 ms, total: 222 ms
Wall time: 306 ms
```

open() でファイルを開いたときに返されるファイルオブジェクトは、すでに反復子になっています。

```
01: f = open('some.txt')
02: print(next(f), end="")
03: print(next(f), end="")
04: f.close()
```

```
Out  0, Hello
     1, See you later
```

ファイルオブジェクトは、for 文の in に添えることができます。

解答

この問題で想定している解答の一例は、次のようになります。

```
01: f = open('some.txt')
02: c = 0
03: for l in f:
04:     print(l, end='')
05:     if c == 2:
06:         break
07:     c += 1
08: f.close()
```

ファイルオブジェクトを、for に添える反復可能体として使います。with 文などを使った別解については、この後の解説を見てください。

実行例

実行すると、次のようになります。

```
01: %%time
02: f = open('some.txt')
03: c = 0
04: for l in f:
05:     print(l, end='')
06:     if c == 2: 続く
```

313

```
07:            break
08:        c += 1
09: f.close()
```

```
Out  0, Hello
     1, See you later
     2, Have a good day
     CPU times: user 428 µs, sys: 549 µs, total: 977 µs
     Wall time: 583 µs
```

解説

　目的が最初の 3 行を処理することなので、ファイル全体を読み込んでから処理することは避けて、読み込みと同時に処理を行っていく方法を採ります。

　ファイルオブジェクトも反復子なので、それを for 文の in に添えることができます。Python のプログラムでは、さまざまな場面で反復子に出会います。組み込み関数（クラス）の map()、filter()、enumerate()、zip() などを使って生成されたオブジェクトも反復子ですので、そのまま for 文の in に添えることができます。

　なお、with 文を使ってファイルの閉じ忘れを防ぎ、かつ enumerate() を使うことにより、簡潔に書くこともできます。

```
01: %%time
02: with open('some.txt', 'r') as f:
03:     for c, l in enumerate(f):
04:         print(l, end='')
05:         if c==2:
06:             break
```

```
Out  0, Hello
     1, See you later
     2, Have a good day
     CPU times: user 987 µs, sys: 675 µs, total: 1.66 ms
     Wall time: 1.46 ms
```

　反復子を活用しているとはいえませんが、下記のような書き方もできます。

```
01: %%time
02: f = open('some.txt')
03: lines = ''
04: for i in range(3):
05:     lines += f.readline()  続く
```

6.4 反復子とジェネレータ

```
06:  print(lines)
07:  f.close()
```

```
Out  0, Hello
     1, See you later
     2, Have a good day
     CPU times: user 34.2 ms, sys: 19.6 ms, total: 53.8 ms
     Wall time: 54.8 ms
```

問題. 2

　素数を返すジェネレータ関数を作成してください。素数とは、その数自身以外に約数をもたない自然数のことです。たとえば、最初の 10 個の素数は、

2, 3, 5, 7, 11, 13, 17, 19, 23, 29

です。素数は無限個あることが証明されています。

ヒント

　定義通りに x が素数かどうかを愚直に調べていく方法を実装する場合は、次のアルゴリズムを使います。

① 2 から x-1 までの数字で x が割り切れるか調べる
　このアルゴリズムの実装を言葉で書くと下記になります。

1. 2 以上の整数 x を選びます。
2. 2 以上、x-1 までの整数についてループを作り、ループの変数を i とします。
3. x が i で割り切れるか調べ、割り切れたら素数でないのでループを抜けます。
4. 割り切れなかったら次の i に 1 をインクリメントします。
5. 3 〜 4 の手順を繰り返して、ついに x-1 が i で割りきれなかったら、その x は素数です。
6. x を yield で返します。
7. x に 1 をインクリメントします。
8. 1 〜 7 の手順を無限に繰り返します。

　更に、x が 2 つ以上の素数を因数にもつ数（合成数）であれば、x は $\sqrt{x}$ より小さい素数で割り切れることから、次のことがいえます。

CHAPTER 6

クラス

315

6 クラス

② x が √x 以下の数で割り切れなければ、x は素数である

平方根の計算をするには、math モジュールをインポートして math.sqrt() を使います。あるいは、数値 x の平方根の計算が「x ** 0.5」であることを使ってもよいでしょう。

解答

ヒントの①のとおりに実装します。無限ループは、while True: で作ります。

```
01:  def gen_prime(x=2):
02:      '''素数を返すジェネレータ関数 (1) 愚直な方法'''
03:      while True:
04:          for i in range(2, x):
05:              if x % i == 0:
06:                  break
07:          else:
08:              yield x
09:          x += 1
```

なお、ヒント②も取り入れると下記のようになります。この場合は検索する範囲が狭まるので、かなり高速化できます。

```
01:  import math
02:  def gen_prime1(x=2):
03:      '''素数を返すジェネレータ関数 (2) sqrt(x)以下だけ調べる方法'''
04:      while True:
05:          for i in range(2, int(math.sqrt(x))+1):
06:              if x % i == 0:
07:                  break
08:          else:
09:              yield x
10:          x += 1
```

実行例

最初の 10 個の素数を表示します。

```
01:  i = gen_prime()
02:  for c in range(10):
03:      print(next(i), end=" ")
04:  print("")
```

6.4 反復子とジェネレータ

```
Out   2 3 5 7 11 13 17 19 23 29
```

　大きな数から 10 個の素数を見つける時間を計ってみます。まず、ヒント①の方法です。

```
01:   %%time
02:   # (1) 愚直な方法
03:   i = gen_prime(100000)
04:   for c in range(10):
05:       print(next(i), end=" ")
06:   print("")
```

```
Out   100003 100019 100043 100049 100057 100069 100103 100109 100129 100151
      CPU times: user 121 ms, sys: 21.8 ms, total: 143 ms
      Wall time: 129 ms
```

　ヒント①にヒント②のアイデアを加えた方法だと次のとおりです。

```
01:   %%time
02:   # (2) sqrt(x) 以下だけ調べる方法
03:   i = gen_prime1(100000)
04:   for c in range(10):
05:       print(next(i), end=" ")
06:   print("")
```

```
Out   100003 100019 100043 100049 100057 100069 100103 100109 100129 100151
      CPU times: user 1.42 ms, sys: 57 µs, total: 1.47 ms
      Wall time: 1.51 ms
```

　計算時間が 1/60 以下になりました。

解説

　ここで紹介したジェネレータ関数は、無限に続く数列を表すジェネレータ関数です。必要になったとき、すなわち next() で呼ばれたときに値を計算するという方法で、無限のシーケンスを実現しています。

　ここで示したアルゴリズムは、ジェネレータ関数の説明にはよいですが、非常に大きな素数を生成する必要があるときにはよい方法とはいえないかもしれません。もっと優れたアルゴリズムを使うと、更に高速化できるでしょう。標準ライブラリではありませんが、オープンソースの sympy ライブラリには、整数 x が素数かどうかを判定する sympy.isprime(x) や、2 を 1 番目の素数としたとき、n 番目の素数を返す sympy.prime(n) などがあります。

6.5

モジュールファイルを作る

モジュールファイルを使う方法についは、第 2 章で解説しました。この節では、自分でモジュールを作ってそれを使う方法を解説します。とはいえ、それほど特別なことではありません。モジュールファイルの実体は、ファイルに保存した関数やクラスです。モジュールファイルに関数やクラスを定義しておけば、それを別のスクリプトでインポートして使うことができます。

関数が定義されたモジュールファイル

モジュールファイルのファイル名は、モジュール名と拡張子からなります。Python のファイルの場合、拡張子は .py です。関数を定義したファイルを作成してカレントディレクトリに置けば、それをインポートして使うことができます。実際にやってみましょう。

次のような内容を含むテキストファイルを作成して、my_module.py という名前にしてカレントディレクトリに置きます。

```
01:  def func(v):
02:      i = v + 3
03:      return i
```

これだけで、モジュールができました。モジュールの名前は、保存したファイル名から、拡張子「.py」を除いたものです。import 文で呼び出せば、モジュールとして使用することができます。

インポートした後、my_module.func() に引数を与えて実行すると、与えた数字に 3 を足した値が返ってきます。

```
01:  import my_module
02:  my_module.func(5)
```

Out 8

関数とクラスが定義されたモジュールファイル

次に、関数に加えてクラスも定義した、次のような内容を含むファイルを作成し、my_module1.py という名前にしてカレントディレクトリに置きます。

6.5 モジュールファイルを作る

```
01: def func(v):
02:     i = v + 3
03:     return i
04:
05: class MyClass:
06:     def __init__(self, a=1, b=2):
07:         self.a = a
08:         self.b = b
09:
10:     def show_attributes(self):
11:         print("a = {}, b = {}, sum: {}".format(self.a, self.b, self.sum()))
12:
13:     def sum(self):
14:         return self.a + self.b
```

インポートした後、クラスと関数を使ってみましょう。

```
01: import my_module1
02: my_class = my_module1.MyClass(3, 5)
03: my_class.show_attributes()
04: my_module1.func(10)
```

```
Out  a = 3, b = 5, sum: 8
     13
```

スクリプトとモジュール

Python のコードが書かれたファイルを、ターミナルのコマンドラインで python に続けてコマンドライン引数に指定することで、スクリプトとして実行できます。スクリプトとは、実行されると何らかの処理を行うものです。それに対し、モジュールは関数やクラスがファイルに記録されているものであり、主に別のスクリプトにインポートして使われます。

Python では、モジュールファイルはスクリプトファイルとしても使えますし、スクリプトファイルはモジュールファイルとしても使えます。

同じファイルでも、スクリプトとして使われるときは、__name__ という変数に "__main__" という値が文字列として保存され、モジュールとして使われるときはモジュール名が保存されます。これを利用すると、if __name__ == "__main__": ブロックをファイルの一番最後に書くことで、その部分はモジュールとして使われるときは実行されず、スクリプトとして使われるときだけ実行されます。

実際に試してみましょう。次の内容を、my_module2.py というファイルに保存します。

319

6 クラス

```
01:  print("__name__:", __name__)
02:  def func(v):
03:      i = v + 3
04:      return i
05:
06:  class MyClass:
07:      def __init__(self, a=1, b=2):
08:          self.a = a
09:          self.b = b
10:
11:      def show_attributes(self):
12:          print("a = {}, b = {}, sum: {}".format(self.a, self.b, self.sum()))
13:
14:      def sum(self):
15:          return self.a + self.b
16:
17:  if __name__ == "__main__":
18:      my_class = MyClass(3, 5)
19:      my_class.show_attributes()
```

my_module2.py をターミナルでスクリプトとして実行すると、__name__ の値は
"__main__" になります。Jupyter Notebook でスクリプトを実行するには、次のよう
にします。

```
01:  !python3 my_module2.py
```

```
Out  __name__: __main__
     a = 3, b = 5, sum: 8
```

my_module2.py をモジュールとしてインポートすると、__name__ の値が "my_
module2" になります。

```
01:  import my_module2
02:  m2 = my_module2.MyClass(3, 5)
03:  m2.show_attributes()
```

```
Out  __name__: my_module2
     a = 3, b = 5, sum: 8
```

320

モジュールのパッケージ

モジュールの数が増えてきたら、処理の種類によってモジュールを分類してパッケージとしてまとめると便利です。パッケージの実体は、モジュールとなるファイルを収めたディレクトリ（フォルダ）です※。パッケージは階層構造を作ることができます。検索パスの下にディレクトリを作って、そこにモジュールを置く場合、ディレクトリ名を使ってモジュールを参照できます。

> ※注　モジュールとなるファイルを収めたディレクトリをパッケージの実体として扱えるようになったのは、Python 3.3 以降です。詳細はコラム「パッケージの実体」を参照してください。
> https://docs.python.org/ja/dev/whatsnew/3.3.html#pep-420-implicit-namespace-packages

カレントディレクトリに my_package というディレクトリを作って、その下にモジュールファイル module_a.py を作成します。ファイルの内容は下記のようにします。

```
01: def func_in_module_under_dir():
02:     print("This is '{}'.".format(__name__))
```

パッケージの中のモジュールをインポートするには、その階層構造を、ドット「.」でつなげて記述します。

```
01: import my_package.module_a
02:
03: my_package.module_a.func_in_module_under_dir()
```

```
Out   This is 'my_package.module_a'.
```

6 クラス

問題.1

数学関数 my_pow() が含まれる、my_math.py というモジュールファイルを作成してください。数学関数 my_pow() は、引数を 2 つ受け取り、値を 1 つ返します。第一引数を x、第二引数を y とすると、x の y 乗 (x^y) を返すものとします。

このモジュールファイルをインポートして、引数に x = 2 と y = 5 を与え、結果が 32 になることを確認してください。

ヒント

my_math.py の内容は、下記のようになります。

```
01: def my_pow(x, y):
02:     return x ** y
```

解答

一例として、Jupyter Notebook で実行している方は、下記のコードを実行するとモジュールファイルが作成されます。

```
01: with open("my_math.py", "w") as f:
02:     f.write("""def my_pow(x, y):
03:     return x ** y\n""")
```

インポートして、関数の引数に 2 と 5 を与えるには、下記のようにします。

```
01: import my_math
02: my_math.my_pow(2, 5)
```

```
Out  32
```

実行例

平方根は、第二引数に 0.5 を与えると計算できます。2 の平方根を計算してみます。

```
01: my_math.my_pow(2, 0.5)
```

```
Out  1.4142135623730951
```

6.5 モジュールファイルを作る

負の数 -4 の平方根は、虚数単位 j を使って表示されます。

```
01: ans = my_math.my_pow(-4, 0.5)
02: ans
```

Out `(1.2246467991473532e-16+2j)`

次のようにして、実数と虚数を分けて表示できます。

```
01: print("実数成分: {}, 虚数成分: {}".format(ans.real, ans.imag))
```

Out 実数成分: 1.2246467991473532e-16, 虚数成分: 2.0

解説

　この関数とほとんど同じものに、標準モジュール math に含まれる math.pow と組み込み関数の pow があります。しかし、これらは負の数の平方根計算ができません。複素数の平方根は、標準モジュール cmath に含まれる関数 cmath.sqrt() で計算できます。

問題.2

　上記と同じ関数を含む my_math2.py という名前のモジュールファイルを作成し、スクリプトとして実行したときは my_pow() のテストコードが実行され、モジュールとして実行されたときはテストコードが実行されないようにしてください。テストコードは、引数に 2 と 5 を与えて結果が 32 になることを確認するものとします。

ヒント

テストコードは、次のような内容とします。

```
01: x, y, exp = 2, 5, 32
02: ans = my_pow(x, y)
03: print("Test my_pow({},{}) -> {}, exp: {} ---- ".format(x, y, ans,
     exp), end="")
04: if ans == exp:
05:     print("Test OK") 続く
```

CHAPTER 6

クラス

323

6 クラス

```
06:  else:
07:      print("Test Fail")
```

```
Out   Test my_pow(2,5) -> 32, exp: 32 ---- Test OK
```

解答

一例として、Jupyter Notebook で実行している方は、下記のコードを実行すると、
my_math2.py が作られます。

```
01:  with open("my_math2.py", "w") as f:
02:      f.writelines('''def my_pow(x, y):
03:      return x ** y
04:  if __name__ == "__main__":
05:      x, y, exp = 2, 5, 32
06:      ans = my_pow(x, y)
07:      print("Test my_pow({},{}) -> {}, exp: {} ---- ".format(x, y, ans,
08:  exp), end="")
09:      if ans == exp:
10:          print("Test OK")
11:      else:
12:          print("Test Fail")\n''')
```

実行例

スクリプトとして実行して、テストコードの結果を表示します。

```
01:  !python3 my_math2.py
```

```
Out   Test my_pow(2,5) -> 32, exp: 32 ---- Test OK
```

モジュールとして実行して、関数を使ってみます。テストコードは実行されません。

```
01:  import my_math2
02:  my_math2.my_pow(2, 5)
```

```
Out   32
```

解説

モジュールファイルの一番最後の部分に if __name__ == "__main__": というブ

324

6.5 モジュールファイルを作る

ロックを作成し、その中にスクリプトとして実行したいコードを書くのが常套手段です。

COLUMN COLUMN COLUMN COLUMN COLUMN COLUMN

パッケージの実体

Python 3.3 よりも前のバージョンの Python では、パッケージの実体は「＿＿init＿＿.py モジュールを含むディレクトリ」でした。＿＿init＿＿.py モジュールの機能は、

1. これが存在するディレクトリをパッケージとして定義する
2. これに記述したコードがパッケージを import したときに、必ず実行される

の 2 つです。このような ＿＿init＿＿.py を含むディレクトリは、Python 3.3 以降では regular package と呼びます。

Python 3.3 以降では、モジュールとなるファイルを収めたディレクトリに ＿＿init＿＿.py がなくても、そのディレクトリをパッケージとして扱うことができるようになりました。これを namespace package と呼び、詳細は PEP420（https://www.python.org/dev/peps/pep-0420/）に記述されています。もちろん、regular package も従来通りの機能をもつパッケージとして扱われます。

Python 3.3 よりも前のバージョンでも使えるパッケージを作成するには、＿＿init＿＿.py を含む regular package を作るとよいでしょう。import されたときに実行するべきことがない場合は、＿＿init＿＿.py の中身は空でも構いません。

CHAPTER 6

クラス

325

6.6 スコープと名前空間

関数について学んだとき、スコープについても説明しました。グローバル変数とローカル変数があることと、**global** 宣言についても触れました。また、関数内関数を説明したときに、**nonlocal** 宣言についても触れました。この章でクラスを学んできたので、ここでクラスとモジュールも含めて、スコープと名前空間についてまとめます。

名前空間

　名前空間とは、「オブジェクトの名前」を要素とする集合です。ここで、オブジェクトの名前とは、変数名、関数名、モジュール名、クラス名、などのことを指します。オブジェクトと名前を対応づけることで、名前空間ができています。1つのオブジェクトに対して、複数の名前を割り当てる（別名をつける）こともできます。

◆ 名前空間の構造

　名前空間には構造があり、一番外側に「組み込みの名前空間」があり、次に「モジュールの名前空間」、その内側に「関数の名前空間」と「クラスの名前空間」が同列にあります。また、関数はその内側に関数内関数を入れ子で定義することができますが、その中にも「関数内関数の名前空間」があります。クラスの内側にもメソッドを定義することができますが、そこにも「メソッドの名前空間」ができています。なお、クラス内クラスを定義することもできますが、本書では扱いません。

　名前空間の役割は、プログラム内での名前衝突の可能性を低くすることです。現実世界でいうと、名前に加えて苗字や住所をつけるようなことです。個々のオブジェクトは、名前空間の名前とオブジェクトの名前を使って、属性参照できます。

◆ 名前空間を使った参照
・**変数名 , 関数名 , クラス名**
　今使っているモジュールの中で定義された変数やクラスは、そのまま名前だけを指定して参照できます。

・**オブジェクト名 . 属性名 , オブジェクト名 . メソッド名**
　生成したオブジェクトの属性やメソッドに対しては、オブジェクト名とドット「 . 」を使って参照できます※。

> ※注　関数内の変数は、関数オブジェクトの属性とは違います。関数もオブジェクトですから、関数を定義した後にdir(関数名) を実行するとわかるように、＿＿name＿＿, ＿＿doc＿＿, … などのアンダースコアが 2 つついた属性名やメソッド名を複数もちます。それらを、関数名 . 属性名、関数名 . メソッド名で参照できますが、その中に関数内の変数は含まれません。

6.6 スコープと名前空間

・**モジュール名 . 変数名 , モジュール名 . 関数名 , モジュール名 . クラス名**
外部のモジュールの中で定義された変数や関数やクラスは、モジュール名とドット「.」を使って参照できます。

たとえば、math という標準ライブラリ（モジュール）の中には、たくさんの名前が保存されています。それらは、import したときに、math というモジュールの名前空間にまとめられています。名前空間の中身は、import math で読み込んだ後、dir(math) で見ることができます。
次のように、math モジュールの中の pi という名前の変数は、math.pi で参照できます。

```
01:  import math
02:  math.pi
```

Out　3.141592653589793

自分で作成したモジュールも、同様に名前空間を作っています。前の節で作成したmy_module を import して調べてみましょう。

```
01:  import my_module
02:  my_module_attri = dir(my_module)
03:  print(my_module_attri)
```

Out　['__builtins__', '__cached__', '__doc__', '__file__', '__loader__', '__name__', '__package__', '__spec__', 'func']

関数 func 以外にも、いくつかの名前が属性として名前空間に含まれていることがわかります。これらは、my_module.func や my_module.__name__ とすると参照することができます。

スコープ

スコープとは、あるオブジェクトに直接参照または書き換えできる範囲のことです。「直接参照または書き換え」とは、ドット「.」で区切る表現を使わない名前で、オブジェクトを参照または書き換えすることです。
Python の主なスコープは、下記の 3 つです。

・**ビルトイン（built-in）スコープ**
組み込み関数や組み込みの変数など、特に宣言やインポートをしなくても利用できる関数や変数の名前が定義されているスコープです。ビルトインスコープの名前空間のオブジェクトは、いつでもどこからでも参照できますが、それをプログラマーが書き

327

換えることはできません。

・グローバル（global）スコープ
インタラクティブシェルやモジュール（スクリプト）のトップレベルで定義されているスコープです[※]。プログラマーが関数名や変数名を定義できる一番上位のスコープです。グローバルスコープからは、ビルトインスコープの名前空間のオブジェクトを参照できますが、それを書き換えることはできません。

※注　Pythonには、モジュール間をまたがってプログラマーが関数名や変数名を定義できるスコープはありません。Pythonのグローバルスコープは、「モジュールグローバルスコープ」と呼んだ方がわかりやすいかもしれません。

・ローカル（local）スコープ
関数を定義すると作られるスコープです。関数内で定義した変数は、ローカルスコープに属します。ローカルスコープからは、グローバルスコープの名前空間とビルトインスコープの名前空間を参照できます。関数の中で関数を作ると、更にネストされたローカルスコープが作られます。これを、ネステッド（nested）スコープと呼びます。ネストされたローカルスコープからは、そこより上位の名前空間のオブジェクトを参照できますが、書き換えることはできません。

スコープは入れ子の構造になっていて、ビルトインスコープの内側にグローバルスコープ、その内側にネストされたローカルスコープ、その内側にローカルスコープという構造になっています。

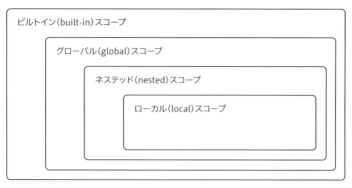

スコープ概念図：　スコープの範囲と検索の優先順位を表す。
　　　　　　　　　変数が利用されると内側から順に検索される。

一般に、上位のスコープからは下位のスコープの名前空間のオブジェクトを参照できません。たとえば、グローバルスコープからは、ローカルスコープの名前空間のオブジェクトを参照できません。また、上位のローカルスコープからは、ネストされた下位のローカルスコープの名前空間のオブジェクトを参照できません。

6.6 スコープと名前空間

◆global 宣言と nonlocal 宣言

下位のスコープから上位のスコープの名前空間のオブジェクトを参照することは可能ですが、そのままだと書き換えることはできません。ただし、global 宣言または nonlocal 宣言を使うと、ローカルスコープの変数を外側のスコープに移すことができます。

global 宣言を使うと、ローカル変数に定義した変数をグローバルスコープに移すことができます。

また、関数が入れ子で定義されていて、ネストされたローカルスコープの外側に関数がある場合、nonlocal 宣言を使うと、ネストされたローカルスコープで定義した変数を外側のローカルスコープ（ネステッドスコープ）に移すことができます。

たとえば、ネストされた関数の中でオブジェクトの名前が直接アクセスされようとするとき、名前検索される順番は下記のようになります。

1. ローカル（local）スコープ
2. ネステッド（nested）スコープ（関数内関数が使われている場合に限る）
3. グローバル（global）スコープ
4. ビルトイン（built-in）スコープ

実際に確認するために、ネストされた関数を作成してみます[注]。各スコープで値を変数に代入する前と後、スコープ内とスコープ外で、値がどうなるかを見てみましょう。

※注 Python チュートリアルにあるコードを改変したものです。
https://docs.python.org/ja/3/tutorial/classes.html#scopes-and-namespaces-example

```
01:   #グローバルスコープ
02:   def scope_test():
03:       # ネステッドスコープ（scope_testのローカルスコープ）
04:       def do_local():
05:           # ローカルスコープ
06:           s1 = "local    "
07:       def do_nonlocal():
08:           # ローカルからネステッドへスコープを移す
09:           nonlocal s2
10:           # ネステッドスコープ
11:           s2 = "nonlocal"
12:       def do_global():
13:           # ローカルからグローバルへスコープを移す
14:           global s3
15:           # グローバルスコープ
16:           s3 = "global  "
17:   続く
```

CHAPTER 6

クラス

329

6 クラス

```python
18:        # ネステッドスコープ（scope_testのローカルスコープ）
19:        s0 = s1 = s2 = s3 = "test    "
20:        do_local()
21:        print("After local    :", s0, s1, s2, s3)
22:        do_nonlocal()
23:        print("After nonlocal :", s0, s1, s2, s3)
24:        do_global()
25:        print("After global   :", s0, s1, s2, s3)
26:
27:    # グローバルスコープ
28:    s0 = s1 = s2 = s3 = "initial "
29:    print("In the global  :", s0, s1, s2, s3)
30:    scope_test()
31:    print("After func call:", s0, s1, s2, s3)
```

```
Out  In the global  : initial   initial   initial   initial
     After local    : test      test      test      test
     After nonlocal : test      test      nonlocal  test
     After global   : test      test      nonlocal  test
     After func call: initial   initial   initial   global
```

問題.1

次のスクリプトの実行結果は、どうなりますか？

```python
01:  x = 'Happy '
02:  def event1():
03:      print("In event1:", x, end=" -> ")
04:
05:  def event2():
06:      x = 'Sad    '
07:      print("In event2:", x, end=" -> ")
08:
09:  def event3():
10:      global x
11:      x = 'Tired '
12:      print("In event3:", x, end=" -> ")
13:
14:  def event4():
15:      x = 'Excite'  続く
```

330

6.6 スコープと名前空間

```
16:        def happening():
17:            print("In event4:", x, end=" -> ")
18:        happening()
19:
20: def event5():
21:     x = 'Fun   '
22:     def happening():
23:         nonlocal x
24:         x = 'Scare '
25:     happening()
26:     print("In event5:", x, end=" -> ")
27:
28: func_list = [event1, event2, event3, event4, event5]
29: for f in func_list:
30:     f()
31:     print("After {}: {}".format(f.__name__, x))
```

ヒント

下記の空欄に、Happy, Sad, Tired, Excite, Scare のいずれかが入ります。

```
Out   In event1: (     ) -> After event1: (     )
      In event2: (     ) -> After event2: (     )
      In event3: (     ) -> After event3: (     )
      In event4: (     ) -> After event4: (     )
      In event5: (     ) -> After event5: (     )
```

for 文の中の関数を実行するところで、イベント中の感情を表し、その後の print 文の中で、イベント後の感情を表します。

解答

実行結果は、下記のようになります。

```
Out   In event1: Happy  -> After event1: Happy
      In event2: Sad    -> After event2: Happy
      In event3: Tired  -> After event3: Tired
      In event4: Excite -> After event4: Tired
      In event5: Scare  -> After event5: Tired
```

331

6 クラス

解説

　最初の関数 event1() のスコープでは、ローカル変数を定義していないので変数 x はグローバルスコープの値となり、イベントの中は Happy、イベント後も Happy です。

　2番目の関数 event2() では、グローバル変数 x と同じ変数名 x に別の値 Sad を代入しているので、これはローカル変数となります。そのため、イベント中は Sad、イベント後は、関数内で定義された変数を覚えていないので、グローバル変数 x の値の Happy です。

　3番目の関数 event3() では、global 文を用いて x を定義しているので、x はグローバル変数となり、グローバルスコープで定義されていた Happy が上書きされて Tired になります。グローバル変数なので、イベントが終わった後も関数内で定義された値を覚えていて、Tired になります。

　4番目の関数 event4() では、ローカル変数で x の値を Excite と定義しています。更にネストされた関数 happening() を定義して、その中で x を参照しているので、これは外側のローカルスコープ（ネステッドスコープ）の値を参照していることになり、イベント中の値は Excite になります。イベント後はローカル変数の値を忘れてしまうので、前回のループの履歴から Tired になります。

　5番目の関数 event5() では、最初に x = Fun と、ローカル変数を定義していますが、ネストされた関数 happening() の中で、nonlocal 宣言で x を定義し直して Scare を代入しているので、ネストされた関数を実行した後は、ネステッドスコープの x が上書きされます。したがって、イベント中は Scare、イベント後は前回のループの履歴から Tired になります。

CHAPTER

7

エラーと
例外の処理

7.1	エラーと例外の基本	334
7.2	例外の種類と対応方法	342
7.3	ユーザ定義例外	349
7.4	クリーンアップ	353

7.1

エラーと例外の基本

エラーには、構文エラー（**syntax error**）や例外（**exception**）といった種類があります。通常、例外が発生するとプログラムはエラーメッセージを表示して停止しますが、例外処理を記述しておくことで、例外が発生したときでもプログラムの実行を継続することができます。

構文エラー

Python はインタプリタですので、1 行ごとにコードを解釈して実行していきます。このとき、スペルミスやインデントのミス、インタプリタが理解できない構文によって検知されるエラーのことを、構文エラーといいます。

```
01: my_value = [1, 2, 3]
02: [x for x of my_value]
```

```
Out      File "<ipython-input-4-117bc50f4af3>", line 2
           [x for x of my_value]
                        ^
         SyntaxError: invalid syntax
```

for 文ではシーケンスオブジェクトの前に in 演算子を書かなくてはいけませんが、誤って「of」と書いたことによって構文エラーが発生しました。

エラーメッセージでは、エラーを検知したファイル名と行番号、エラーを検知したプログラム行が表示されます。また、行のどこでエラーとなったのかが、^ 記号によって示されます。

例外

構文が正しいにもかかわらず、実行中に検知されるエラーのことを、例外といいます。たとえば、リストの要素数を超えたインデックスを指定して要素を参照しようとしたり、数字ではない文字列を数値に変換しようとしたりすると、例外が発生します。

いくつかの例外を、意図的に発生させてみましょう。

◆ 例外① : ValueError

```
01: int('a')
```

7.1 エラーと例外の基本

```
Out   ---------------------------------------------------------------
      ValueError                              Traceback (most recent call last)
      <ipython-input-1-b3c3f4515dd4> in <module>()
      ----> 1 int('a')

          ValueError: invalid literal for int() with base 10: 'a'
```

'a' という文字を整数に変換しようとして、ValueError という例外が発生しました。
変換しようとした値が期待される型ではないために発生する例外です。

◆例外②：IndexError

```
01:  fib_num_list = [0, 1, 1, 2, 3, 5, 8]
02:  fib_num_list[10]
```

```
Out   ---------------------------------------------------------------
      IndexError                              Traceback (most recent call last)
      <ipython-input-7-e80fc56efa07> in <module>()
          1 fib_num_list = [0, 1, 1, 2, 3, 5, 8]
      ----> 2 fib_num_list[10]

          IndexError: list index out of range
```

リストの要素数の範囲を超えたインデックスを指定して要素を参照しようとして、
Index Error という例外が発生しました。指定したインデックスがないために発生する
例外です。

◆例外③：KeyError

```
01:  second_name_rank = {1: 'satou', 2: 'suzuki', 3: 'takahashi'}
02:  second_name_rank[4]
```

```
Out   ---------------------------------------------------------------
      KeyError                                Traceback (most recent call last)
      <ipython-input-15-203c5dd91e1f> in <module>()
          1 second_name_rank = {1:'satou', 2:'suzuki', 3:'takahashi'}
      ----> 2 second_name_rank[4]

          KeyError: 4
```

辞書に登録されていないキーを指定して要素を参照しようとして、KeyError という
例外が発生しました。登録されていないキーが指定されたために発生する例外です。

7 エラーと例外の処理

◆例外④：ZeroDivisionError

```
01:  100.0 / 0
```

```
Out  -------------------------------------------------------------------
     ZeroDivisionError                      Traceback (most recent call last)
     <ipython-input-16-a0f4d1414f75> in <module>()
     ----> 1 100.0 / 0

         ZeroDivisionError: float division by zero
```

　小数を 0 で割ろうとして、ZeroDivisionError という例外が発生しました。数値を 0 で割ることは定義されていないために発生する例外です。何かの値を他の値で割るときは、0 で割らないように対策することを覚えておきましょう。

◆例外⑤：TypeError

```
01:  my_list = [0, 1, 2, 3]
02:  my_list[0.0]
```

```
Out  -------------------------------------------------------------------
     TypeError                              Traceback (most recent call last)
     <ipython-input-11-f7be9f3b96e3> in <module>()
           1 my_list = [0, 1, 2, 3]
     ----> 2 my_list[0.0]

         TypeError: list indices must be integers or slices, not float
```

　リストのインデックスに小数を指定して、TypeError という例外が発生しました。引数などに想定されていない型の変数を渡すなどしたときに発生する例外です。

例外の処理

　このような例外が起こった場合でも、プログラムの実行を止めずに処理を継続する方法があります。例外が発生する可能性のある処理を、try: というキーワードの下にインデントをつけてまとめて書き、次に、except: というキーワードの下にインデントをつけて、例外が発生したときに実行する処理を書きます。

　次の例では、引数 x を整数に変換して返す関数 to_int() で、整数に変換できない値が引数 x に指定されたとき、ValueError 例外が発生しても None を返して処理を継続するようにしています。

7.1 エラーと例外の基本

```
01:  def to_int(x):
02:      try:
03:          return int(x)
04:      except:
05:          return None
06:
07:  print(to_int('a'))
08:  print(to_int('5'))
```

```
Out   None
      5
```

to_int('a') によって ValueError 例外が発生しましたが、例外処理により、return None の処理に制御が移り、次の print(to_int(5)) が実行されました。

同じように、リストを参照するときにインデックス不正による例外が発生しても、処理を継続できる関数 listinf() を考えてみましょう。

```
01:  def listinf(x, index):
02:      try:
03:          return x[index]
04:      except:
05:          print('list index out of range')
06:          return None
07:
08:  fib_num_list = [0, 1, 1, 2, 3, 5, 8]
09:  listinf(fib_num_list, 10)
```

```
Out   list index out of range
```

問題 .1

人の名前をキーに、年齢を要素にした以下のような内容の辞書変数 name_age を用意し、キーを引数として要素を返す関数 dict_info(dict_tbl, key) を作成してください。その後、dict_info 関数に name_age 変数と 'satou'、name_age 変数と 'yamada' を指定して実行し、正しく動作することを確認してください。ただし、key 引数に name_age に登録されていない人名が指定された場合は、try-except を使って 'key is not found' を返すようにします。

CHAPTER 7

エラーと例外の処理

7 エラーと例外の処理

```
01:  {'tanaka': 35, 'satou': 25, 'suzuki': 27}
```

ヒント

name_age 辞書変数と dict_info 関数を定義し、dict_info(name_age, 'satou') と dict_info(name_age, 'yamada') を順に実行する処理を考えてみましょう。

try-except 文は、dict_info 関数内に書きます。try: の次にインデントをつけて key の要素を return する処理を書き、except: の次にインデントをつけて 'key is not found' を return する処理を書きましょう。

解答

次のようなコードを書くことができます。

```
01:  name_age = {'tanaka': 35, 'satou': 25, 'suzuki': 27}
02:
03:  def dict_info(dict_tbl, key):
04:      try:
05:          return dict_tbl[key]
06:      except:
07:          return 'key is not found'
08:
09:  print(dict_info(name_age, 'satou'))
10:  print(dict_info(name_age, 'yamada'))
```

```
Out  25
     key is not found
```

解説

dict_info(dict_tbl, key) 関数では、辞書変数 dict_tbl に key が登録されていれば、キーに対応した値を dict_tbl[key] で返します。もし、キーが dict_tbl に登録されていなかったり、dict_tbl に指定された変数が辞書でなかったりすると、何らかの例外が発生します。except 節ではとくに例外の型を指定していないため、すべての例外をキャッチすることになります。

この解答では、どんな例外もエラーメッセージが 'key is not found' になり、具体的に何の例外が発生しているのかわかりません。例外情報を取得して、例外処理を例外の種類別に書く方法は、次の節で学習します。

338

7.1 エラーと例外の基本

問題 . 2

プログラミングにおいてよくある例外として、ゼロ除算による例外があります。
小数を要素とするリスト変数の平均値を求める関数 list_average() を、try-except
文を用いて作成してください。

ヒント

リスト要素の平均値を求めるには、リストの要素を合計して、リストの要素数で
割ります。リストの要素数が 0 のとき、ゼロ除算による例外となります。

解答

次のようなコードを書くことができます。

```
01:  def list_average(x):
02:      try:
03:          return sum(x)/len(x)
04:      except:
05:          print('list_length:', len(x))
06:          return None
07:
08:  print(list_average([3.9, 4.5, 2,3]))
09:  print(list_average([]))
```

```
Out  3.35
     list_length: 0
     None
```

解説

リストの要素の合計をリストの要素数で割ったときにゼロ除算エラーが発生する
ため、try 節の中で除算を行い、例外が発生したときは except 節で None を返す
ようにしています。

CHAPTER 7

エラーと例外の処理

339

7 エラーと例外の処理

問題.3

次のプログラムを実行したときに発生する例外の型はどれでしょうか？

```
01:  int('3.5')
```

① IndexError
② KeyError
③ ZeroDivisionError
④ ValueError

ヒント

小数の文字列 '3.5' を、整数に変換しようとしています。

解答

④

解説

　小数の文字列 '3.5' を整数に変換することはできませんので、ValueError 例外となります。整数の文字列 '3' であれば、整数に変換することができます。

340

7.1 エラーと例外の基本

問題.4

次のプログラムを実行したときに発生する例外の型はどれでしょうか？

```
01: my_list = []
02: my_list.insert(3)
```

① IndexError
② KeyError
③ TypeError
④ ValueError

ヒント

insert メソッドを使って、リストに値を格納しようとしています。insert メソッドに渡す引数が正しく指定されているか、考えてみましょう。

解答

③

解説

リストの insert メソッドの引数は、インデックスと値の 2 つですが、引数が 1 つしか指定されていません。引数の数が足りない場合は、以下のように TypeError 例外が発生します。

```
01: my_list = []
02: my_list.insert(3)
```

```
Out  -----------------------------------------------------------------
     TypeError                          Traceback (most recent call last)
     <ipython-input-15-a0a18bce3cbf> in <module>()
           1 my_list = []
     ----> 2 my_list.insert(3)

         TypeError: insert() takes exactly 2 arguments (1 given)
```

CHAPTER 7

エラーと例外の処理

341

7.2 例外の種類と対応方法

Python では、try-except 文によって例外処理を書くことができます。except 節には例外の種類を指定することができ、except 節で処理する例外の種類を限定したり、例外の種類に応じて複数の except 節を書いたりすることができます。送出された例外の型が except 節に指定された例外の型と一致しないときは、更に外側の except 節に指定されている例外の種類と一致するか、チェックが行われます。また、raise 文では意図的に例外を送出することができます。

例外の種類によって例外処理を分ける

ここでは例として、ファイルを開く際の例外処理のコードを見てみましょう。

```python
01: import sys
02: try:
03:     with open('test1.txt') as f:
04:         s = f.readline()
05:     print(s)
06: except FileNotFoundError:
07:     print('FileNotFoundError:', sys.exc_info())
08: except IOError:
09:     print('IOError:', sys.exc_info())
10: except ValueError:
11:     print('ValueError:', sys.exc_info())
12: except OSError as err:
13:     print('OSError:', sys.exc_info())
14:     print('err:',err)
15: except:
16:     print('Unexpected Error:', sys.exc_info())
```

```
Out  FileNotFoundError: (<class 'FileNotFoundError'>, FileNotFoundError(2,
     'No such file or directory'), <traceback object at 0x000002966D183248>)
```

上記の例では、test1.txt ファイルが存在しなかったため、FileNotFoundError となり、例外処理として、print('FileNotFoundError:', sys.exc_info()) が実行されました。

また、except 節で、as の後に変数を指定すると、この変数にエラーの情報を渡すことができます。

複数の例外処理をまとめる

複数の例外を、1 つの except 節にまとめることもできます。

```
01: try:
02:     with open('test1.txt') as f:
03:         s = f.readline()
04:     print(s)
05: except (FileNotFoundError, IOError, ValueError,OSError) as err:
06:     print(':', sys.exc_info())
07:     print('err:', err)
08: except:
09:     print('Unexpected Error:', sys.exc_info())
```

```
Out : (<class 'FileNotFoundError'>, FileNotFoundError(2, 'No such file or
      directory'), <traceback object at 0x000002966D183488>)
      err: [Errno 2] No such file or directory: 'test1.txt'
```

else 節による try 節の正常終了の確認

try-except 文の最後に else 節を入れることで、try 節の処理が正常に終了したことを確認することができます。

```
01: try:
02:     with open('test.txt') as f:
03:         s = f.readline()
04:     print(s)
05: except FileNotFoundError:
06:     print('FileNotFoundError:', sys.exc_info())
07: else:
08:     print('Read File Complete')
```

```
Out  Hello test.txt
     Read File Complete
```

上記の例では、test.txt の内部データである「Hello test.txt」を読み込んで print 文で出力することに成功したため、else 節の print('Read File Complete') が実行されました。

7 エラーと例外の処理

強制的な例外の送出（raise）

raise 文を使うと、強制的に例外を発生させることができます。また、例外には値をつけることができ、例外処理で参照することができます。

強制的に例外を発生させ、例外に 'RaiseTest' の文字列と、例外発生時刻をつけてみましょう。

```
01: import datetime
02: try:
03:     raise Exception('RaiseTest', datetime.datetime.now())
04: except Exception as inst:
05:     print(inst)
```

```
Out  ('RaiseTest', datetime.datetime(2019, 6, 1, 14, 14, 22, 814682))
```

よく使う例外の種類

以下に、実際のプログラミングでよく使う例外を紹介します。

例外名	例外が送出される状態
KeyboardInterrupt	ユーザが割り込みキー（通常は Control + C キーまたは Delete キー）を押す
AttributeError	属性がオブジェクトに存在せず、参照や代入が失敗する
IndexError	範囲外のインデックスが指定される
KeyError	辞書の参照、集合の remove メソッドで存在しないキーが指定される
MemoryError	メモリが不足している
NameError	変数、関数などの名前が見つからない
SyntaxError	プログラムの構文を解析できない
TypeError	組み込み演算または関数の受け取ったオブジェクトの型が適切ではない
ValueError	演算子や関数が受け取ったオブジェクトの型が適切ではない
ZeroDivisionError	除算や剰余演算の割る数が 0 である
FileNotFoundError	指定されたファイルやディレクトリが存在しない

344

7.2 例外の種類と対応方法

問題.1

リスト変数と、インデックスを引数としてインデックスの要素を削除する関数 list_del_nth(list, index) を作成してください。もし、index（整数）の要素が list にない場合は、try-except 文を使ってメッセージ 'Index Not Found' を出力し、それ以外の例外が発生したときは 'Unexpected Error' を出力してください。また、try 節が正常に完了したときは、'Successfully' を出力してください。

ヒント

try 節の中にインデックスの要素を削除する処理を書き、IndexError が指定された except 節の中に IndexError 例外送出時の処理を書きましょう。

解答

次のようなコードを書くことができます。

```
01: def list_del_nth(list_, index):
02:     try:
03:         del list_[index]
04:     except IndexError:
05:         print('Index Not Found')
06:     except:
07:         print('Unexpected Error')
08:     else:
09:         print('Successfully')
10:
11: my_list = ['a', 'b', 'c', 'd']
12: list_del_nth(my_list, '5')
13: list_del_nth(my_list, 5)
14: list_del_nth(my_list, 0)
15:
16: my_list
```

```
Out   Unexpected Error
      Index Not Found
      Successfully
      ['b', 'c', 'd']
```

CHAPTER 7

エラーと例外の処理

345

7 エラーと例外の処理

解説

list_del_nth 関数の中に try-except 文を書きますが、IndexError が指定された except 節を追加し、節の中に IndexError 例外送出時の処理を書きます。更に、except 節の中に、その他の例外送出時の処理を書きます。個々の例外の種類に対応した処理と、適切なエラーメッセージを書くことができれば、何らかの不具合が発生したときに原因がわかりやすくなり、プログラムの安定性と保守性を実現することができます。

問題.2

与えられた引数の値を 2 乗して返す関数 square() を作成してください。ただし、関数内で引数の型を確認して、引数が整数もしくは小数でなければ TypeError 例外を送出するものとします。

ヒント

引数の型をチェックするには、関数 isinstance() を使用します。TypeError 例外を送出するには、raise 文を使用します。

解答

次のようなコードを書くことができます。

```
01: def square(x):
02:     if not isinstance(x, (int, float)):
03:         if isinstance(x, str) and x.isdigit():
04:             x = int(x)
05:         else:
06:             raise ValueError('square', x)
07:     return x ** x
08:
09: print(square(2))
10: print(square('a'))
```

```
Out  4
     -------------------------------------------------------------
     ValueError                              Traceback (most recent
     call last) 続く
```

346

```
<ipython-input-5-c0c032e48e92> in <module>
      9
     10 print(square(2))
---> 11 print(square('a'))

<ipython-input-5-c0c032e48e92> in square(x)
      5             x = int(x)
      6         else:
---> 7             raise ValueError('square', x)
      8     return x ** x
      9

ValueError: ('square', 'a')
```

解説

関数 square() では、引数 x の値を isinstance 関数で取得し、整数、小数、もしくは整数に変換できる文字列でなければ、raise 文で TypeError 例外を送出しています。関数やクラスのメソッドを作成するときは、データチェックの結果によって、適切な例外を送出するとよいでしょう。

COLUMN

組込み例外クラスの階層

組込み例外クラスは階層構造となっており、すべての組込み例外の基底クラスは BaseException です。次の階層では BaseException を基底クラスとして Exception、KeyboardInterrupt、SystemExit、GeneratorExit の 4 つの例外クラスが派生します。更に Exception からは、NameError、TypeError、ValueError、MemoryError、LookupError といった具体的な例外クラスが派生します。そして NameError、ValueError、LookupError などからは、更に詳細な例外クラスが派生します。

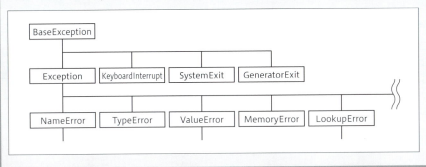

7 エラーと例外の処理

Python 公式ドキュメントの例外処理に関する、以下のページを参考にするとよいでしょう。

https://docs.python.org/ja/3/library/exceptions.html

例外処理の except 節で処理される例外型は、except 節に指定した例外型（クラス）および、その型から派生した例外型（クラス）となります。

IndexError 例外は、LookupError から派生した例外です。except 節に LookupError を指定して、IndexError 例外が except 節で処理されているか試してみましょう。

```
01:  def indexerr_test_func():
02:      try:
03:          my_list = [0, 1, 2, 3]
04:          val = my_list[5]
05:      except LookupError:
06:          print('indexerr_test_func LookupError exception')
07:  indexerr_test_func()
```

```
Out   indexerr_test_func LookupError exception
```

LookupError を指定した except 節で、IndexError 例外を処理することができました。

348

7.3

ユーザ定義例外

前節のコラムで紹介したとおり、すべての組込み例外は **BaseException** を基底クラスとしたクラスです。また、**Exception** 例外クラスを継承することによって、ユーザ自身が新しい例外クラスを作成することができ、**raise** 文によって強制的に例外を送出することができます。

例外クラスの継承

Exception 例外クラスを継承して、ExceptA という例外クラスを作成してみましょう。ここではまず、Exception クラスを継承して、ExceptA クラスを定義します。クラスの中で、__str__ 関数を定義すると、オブジェクトを print した際の表示を返すことができます。

```
01: class ExceptA(Exception):
02:     def __str__(self):
03:         return "例外Aが発生しました"
04:
05: try:
06:     raise ExceptA()
07: except ExceptA as ea:
08:     print(ea)
09: except:
10:     print('Unexpected Error:', sys.exc_info())
```

Out	例外Aが発生しました

try 節の raise ExceptA() で、ExceptA 例外を送出することができました。それに続く ExceptA 例外を指定した except 節によって、ExceptA 例外をキャッチして、ea に渡された ExceptA の情報を print 文で出力することができました。

ユーザ定義例外の使い方

ユーザ定義例外の使い方を考えてみましょう。

x1、x2、limit_number を引数とし、x1 × x2 の結果を返す、ただし最大値を limit_number とする関数 multiplication_limit(x1, x2, limit_number) を考えます。ここで、演算の結果が limit_number を超えるとき、ユーザ定義例外 MyValueLimitError を送出し、MyValueLimitError 例外を指定した except 節で limit_number を返す例外処理を

CHAPTER 7

エラーと例外の処理

349

7 エラーと例外の処理

組み込んでみましょう。

```
01: import sys
02:
03: class MyValueLimitError(Exception):
04:     def __init__(self, x1, x2, limit_number):
05:         self.x1 = x1
06:         self.x2 = x2
07:         self.limit_number = limit_number
08:
09:     def __str__(self):
10:         return '値の取りうる範囲を超えています{0} {1} {2} '.format(self.x1,
            self.x2, self.limit_number)
11:
12: def multiplication_limit(x1, x2, limit_number):
13:     try:
14:         x = x1 * x2
15:         if x > limit_number:
16:             raise MyValueLimitError(x1, x2, limit_number)
17:         return x
18:     except MyValueLimitError as vle:
19:         print(vle)
20:         return limit_number
21:     except:
22:         print('Unexpected Error:', sys.exc_info())
23:         return None
24:
25: limit_number = 10000
26: multiplication_limit(100, 101, limit_number)
```

```
Out  値の取りうる範囲を超えています 100 101 10000
     10000
```

　multiplication_limit 関数の引数に、100, 101, 10000 を指定して実行したところ、100 × 101 は 10000 以上となるため、MyValueLimitError 例外が raise されて、例外処理が limit_number に指定された 10000 を返しました。

350

7.3 ユーザ定義例外

問題.1

辞書にキーが登録されていないことを示すユーザ定義例外 MyDictKeyError クラスと、辞書 dict_tbl、および変数 key を引数とする関数 get_dict_value(dict_tbl, key) を作成してください。get_dict_value(dict_tbl, key) 関数は、key が dict_tbl に登録されていないときは MyDictKeyError を送出し、key が dict_tbl に登録されているときは key に対応する値を返すものとします。

ヒント

MyDictKeyError クラスは、Exception クラスを継承して作成します。クラスの中で、__init__ 関数でインスタンス変数に key を格納し、__str__ 関数で key が辞書に登録されていない旨の文字列を返すようにします。

get_dict_value(dict_tbl, key) 関数では、key が dict_tbl に登録されているかどうかを in もしくは not in 演算子で確認し、登録の有無に応じて MyDictKeyError 例外を送出するか、dict_tbl[key] を返すようにします。

解答

次のようなコードを書くことができます。

```
01: color_reference = {1: 'red', 2: 'blue', 3: 'yellow', 4: 'green',
    5: 'purple'}
02:
03: class MyDictKeyError(Exception):
04:     def __init__(self, key):
05:         self.key = key
06:     def __str__(self):
07:         return '辞書にkeyが登録されていません {0}'.format(self.key)
08:
09: def get_dict_value(dict_tbl, key):
10:     if key not in dict_tbl:
11:         raise MyDictKeyError(key)
12:     else:
13:         return dict_tbl[key]
14:
15: my_dict = {1: 'red', 2: 'blue', 3: 'yellow'}
16:
17: try:
18:     my_color = get_dict_value(my_dict, 5)
19: except MyDictKeyError as err:  続く
```

CHAPTER 7

エラーと例外の処理

351

7 エラーと例外の処理

```
20:     print(err)
21:     key = err.args[0]
22:     my_dict[key] = color_reference[key]
23:     print(key, color_reference[key], 'をmy_dictに追加しました')
24:     my_color = color_reference[key]
25:
26: my_color
```

```
Out  辞書にkeyが登録されていません 5
     5 purple をmy_dictに追加しました
     'purple'
```

解説

　MyDictKeyError 例外クラスでは、インスタンス変数に例外発生時のキーを保存するようにしています。この例外を except MyDictKeyError 節でキャッチしたとき、my_dict テーブルで参照しようとした数値とそれに対応する色を、my_dict に追加する処理を書いています。

　このように、ユーザ定義例外クラスに例外発生時の情報を保存しておき、対応する except 節中で何らかの対応処理を書く、といったことができます。必要に応じてユーザ定義例外を作り、対応する例外処理を書くことで、よりよいプログラムを作ることができます。

　実際に辞書を使うときは、5.7 節で説明した辞書の get メソッドを使うことをおすすめします。

COLUMNCOLUMNCOLUMNCOLUMNCOLUMNCOLUMN

ユーザ定義例外の活用

　独自に作成した関数やクラスでは、独自の例外型を定義することで、例外処理を作りやすくすることができます。独自の例外型は、できるだけ簡単なものが望ましいです。必要なだけの属性をもたせておき、例外が発生したときにハンドラがエラーに関する情報を取り出すことができれば十分です。なお、複数のユーザ定義例外を送出する必要のあるモジュールを作るときは、モジュールで使用するユーザ定義例外の基底クラスを作成し、それを継承して生成していくのがよい方法です。

7.4 クリーンアップ

何らかの処理を行った後、不要となった変数を削除したり、開いていたファイルを閉じたりといったことを、確実に行いたいときがあります。そのようなときは、例外処理の中にクリーンアップの処理を書くことができます。また、例外処理に限らず、with 文を使って、ユーザが自動的にクリーンアップを行うオブジェクトを作成し、利用することもできます。

finally によるクリーンアップ

try-except 文による例外処理に finally 節を追加することにより、処理を終えるときに必ず実行されるクリーンアップ動作を記述することができます。

finally 節は、try 文から抜ける前に必ず実行されるものです。例外が発生して except 節で処理されなかったときや、あるいは例外が except 節や else 節で発生したときは、finally 節の実行後に、発生した例外が再送出されます。また、try 文内の他の節から break 文、continue 文、return 文によって抜けるときも、finally 節はその出口で実行されます。

ここで、例外処理の else 節と finally 節の明確な違いを、整理しておきましょう。else 節は try 節が正常に終了したときだけ実行され、finally 節は try 節が正常に終了してもしなくても必ず実行されます。

例として、try 節の中で Exception を raise して、finally 節でクリーンアップ動作を行う処理を作成してみましょう。まず、try 節の中で、0 から 100 までの整数のリストを生成する for ループを作り、ループの中で値 10 の要素を追加したときに例外を送出します。そして finally 節で、クリーンアップ動作としてリストをクリアします。

```
01:  def generate_intlist(x):
02:      test_list = []
03:      try:
04:          print('Try       +++++++++++++++++++++++')
05:          for i in range(x):
06:              test_list.append(i)
07:              if i == 10:
08:                  raise Exception()
09:          print(test_list)
10:      except Exception as inst:
11:          print('Exception +++++++++++++++++++++')
12:          print('test_list', test_list)
13:          print(inst)
14:      else: 続く
```

```
15:            print('Normal Fin +++++++++++++++++++++')
16:        finally:
17:            print('Finally +++++++++++++++++++++++')
18:            print('test_list', test_list)
19:            test_list.clear()
20:            print('finally: clear test_list complete')
21:            print('test_list', test_list)
22:
23:    test_list = []
24:    generate_intlist(100)
```

```
Out  Try      +++++++++++++++++++++++
     Exception +++++++++++++++++++++
     test_list [0, 1, 2, 3, 4, 5, 6, 7, 8, 9, 10]

     Finally +++++++++++++++++++++++
     test_list [0, 1, 2, 3, 4, 5, 6, 7, 8, 9, 10]
     finally: clear test_list complete
     test_list []
```

　実行結果から、try 節、except 節、finally 節の順に処理が実行されており、try 節で追加した整数のリストが、finally 節でクリアされ、クリーンアップされていることがわかります。なお、try 節で例外が発生して正常終了していないため、else 節は実行されていません。

with 文による標準的なクリーンアップ処理

　オブジェクトの中には、不要になった際に実行される標準的なクリーンアップ処理が定義されているものがあります。たとえば、以下のファイルをオープンして内容を画面に表示する処理では、コードの実行が終わった後にファイルを開いたままでいることになります。

```
01:  f = open("test.txt"):
02:  for text_line in f
03:      print(text_line)
```

```
Out  Hello test.txt
```

　使用後に必ずファイルを閉じるよう、with 文によって以下のように書き換えることができます。with 文を使えば、ファイルの処理中にエラーが起こったときも含めて、常に正しくクリーンアップ処理が行われます。

7.4 クリーンアップ

　ファイル読み込み時、書き込み時によく使われるテクニックですので、覚えておきましょう。

```
01:  with open('test.txt') as f:
02:      for line in f:
03:          print(line, end='')
```

Out `Hello test.txt`

with 文とコンテキストマネージャの関係

　with 文とコンテキストマネージャについて、簡単に説明します。with 文にはコンテキストマネージャをもつオブジェクトを指定し、実行するコードブロックを書きます。コンテキストマネージャは、コードブロックを実行するときに、指定したオブジェクトの __enter__ メソッドを実行し、出口で __exit__ メソッドを実行してくれます。オブジェクトの __exit__ メソッドには、オブジェクト自身のクリーンアップ処理が書かれます。

with 文を使えるクラスを作ってみる

　with 文を使えるクラスを作ってみましょう。__enter__(self) メソッドと、__exit__ (self, exc_type, exc_value, traceback) メソッドの引数は決め打ちとなります。下の例はリストの要素を参照し、参照後にリストの要素をクリアするクラスです。nth メソッドは、指定したインデックス n の要素を返します。__exit__ メソッドでは、クリーンアップ処理として、リストの要素をクリアします。もし、存在しないインデックスが nth メソッドに指定されたときは、__exit__ メソッドが引数に、エラー種別、エラー内容、トレースバック情報が設定されて実行されます。

```
01:  class ListInfo:
02:      def __init__(self, my_list):
03:          print('__init__')
04:          self.my_list = my_list
05:
06:      def __enter__(self):
07:          print('__enter__')
08:          return self
09:
10:      def nth(self, n):
11:          return self.my_list[n]
12:
13:      def __exit__(self, exc_type, exc_value, traceback):
14:          print('__exit__') 続く
```

7 エラーと例外の処理

```
15:          self.my_list.clear()
16:          print('   exc_type : ', exc_type)
17:          print('   exc_value: ', exc_value)
18:          print('   traceback: ', traceback)
19:          return True
```

with 文で実行した結果は、次のようになります。存在する要素のインデックスを nth メソッドに指定した場合は、__exit__ メソッドの引数はすべて None となります。with 文に ListInf クラスを指定して、リストの n 番目のインデックスを指定してみましょう。まず、0 番目のインデックスを指定してみます。

```
01: my_list = ['a', 'b', 'c', 'd', 'e']
02: with ListInfo(my_list) as li:
03:     print('nth_inf:', li.nth(0))
04: print(my_list)
```

```
Out  __init__
     __enter__
     nth_inf: a
     __exit__
         exc_type :  None
         exc_value:  None
         traceback:  None
     []
```

0 番目の要素 1 を参照し、my_list をクリアすることができました。次に、存在しない 10 番目のインデックスを指定してみます。

```
01: my_list = ['a', 'b', 'c', 'd', 'e']
02: with ListInf(my_list) as li:
03:     print('nth_inf:', li.nth(10))
04: print(my_list)
```

```
Out  __init__
     __enter__
     __exit__
         exc_type :  <class 'IndexError'>
         exc_value:  list index out of range
         traceback:  <traceback object at 0x000001ABEA562308>
     []
```

__exit__ メソッドの引数に例外情報が設定され、my_list をクリアできました。

7.4 クリーンアップ

問題.1

　with 文を使ってテキストファイルを書き出しモードでオープンし、'Hello out_test.txt' の文字列を書き込んでください。

ヒント

　書き込みモードの場合、open 文に 'w' を指定します。w は 'write' の意味です。また、読み込みの場合には 'r' を指定します。

解答

　次のようなコードを書くことができます。

```
01:  fname = 'out_test.txt'
02:  s = 'Hello out_test.txt'
03:  with open(fname, 'w') as f:
04:      f.write(s)
05:
06:  with open(fname, 'r') as f:
07:      for line in f:
08:          print(line, end="")
```

```
Out  Hello out_test.txt
```

解説

　書き込みモードでも、読み込みモードでも、with 文を使ってオープンしたファイルは、処理の完了とともに自動的に閉じられます。このように、with 文を使ってファイルの閉じ忘れを防ぐといったコーディングの作法やルールといったものを定めておくことで、プログラムの品質を高めることができますので、覚えておきましょう。

問題.2

以下のプログラムを実行した際の実行結果として、正しいものはどれでしょうか？

7 エラーと例外の処理

```python
01:  def test_function():
02:      try:
03:          print('try')
04:          return
05:      except:
06:          print('except')
07:      else:
08:          print('else')
09:      finally:
10:          print('finally')
11:
12:  test_function()
```

① try
　finally

② try
　except
　else
　finally

③ try
　else
　finally

④ finally

ヒント

　try 節の中で return 文を実行しています。try 節の中で return 文を実行すると、結果がどのようになるかを考えましょう。

解答

①

解説

　try 節の中で return 文を実行すると、else 節は実行されません。よって正解は①となります。

358

CHAPTER

8

標準ライブラリ

8.1	os	360
8.2	pathlib	368
8.3	collections	373
8.4	re	379
8.5	math／statistics	385
8.6	datetime	393
8.7	json	398
8.8	sqlite3	403
8.9	decimal	409
8.10	logging	417

8.1

os

os モジュールは、OS（オペレーティングシステム）に関連する処理を行う関数を集めたモジュールです。このモジュールを使うメリットは、macOS、Windows、Linux などの OS の種類に依存しないプログラムを作れるようになることです。ファイル操作や子プロセスの立ち上げなどの処理は OS に依存するものですが、このモジュールを使ってプログラムを作っておくと、OS の違いを吸収してくれます。また、OS の種類に応じてプログラムに違う動作をさせたいときも、このモジュールが利用できます。

ファイルのパス名操作を OS 互換で行う

ファイルのパス名操作の例として、random モジュールの置き場所を取得して、操作してみましょう。random モジュールは標準ライブラリに含まれ、Python で乱数を扱いたいときに便利なモジュールです※。

※注　ここでは random モジュールの使い方は説明しません。

まず、random モジュールのパスを取得します※。

※注　このとき表示される内容は、プログラムの実行環境によって異なります。どのバージョンの Python をインストールしたかによっても異なりますし、コンピュータのオペレーティングシステムによっても異なります。

```
01: import random
02: path_to_random = random.__file__
03: path_to_random
```

```
Out  '/Users/hyuki/miniconda3/lib/python3.6/random.py'
```

次に、os モジュールをインポートして、パスを操作してみましょう。

```
01: import os
```

なお、このとき from os import * としてはいけません。組み込み関数の open が上書きされて違う動作の関数になってしまうためです。（import については第 2 章 2.13 節を参照）。

360

8.1 os

◆ファイルやディレクトリが存在するかどうか調べる

```
01:  os.path.exists(path_to_random)
```

Out True

◆ディレクトリかどうか調べる

```
01:  os.path.isdir(path_to_random)
```

Out False

◆ファイルかどうか調べる

```
01:  os.path.isfile(path_to_random)
```

Out True

◆最後のファイル名（ディレクトリ名）を除いたパスを返す

```
01:  parent_path_name = os.path.dirname(path_to_random)
02:  parent_path_name
```

Out '/Users/hyuki/miniconda3/lib/python3.6'

◆最後のファイル名（ディレクトリ名）を返す

```
01:  os.path.basename(path_to_random)
```

Out 'random.py'

◆パスとファイル名を分割して返す

```
01:  dir_path_name, file_name = os.path.split(path_to_random)
02:  dir_path_name, file_name
```

Out ('/Users/hyuki/miniconda3/lib/python3.6', 'random.py')

CHAPTER 8

標準ライブラリ

8 標準ライブラリ

◆ パスとファイル名をつなげる

```
01:  os.path.join(dir_path_name, file_name)
```

```
Out   '/Users/hyuki/miniconda3/lib/python3.6/random.py'
```

◆ パスの（ファイルまたはディレクトリの）サイズを返す（単位は Bytes）

```
01:  os.path.getsize(path_to_random)
```

```
Out   27442
```

ファイルやディレクトリの操作

　ファイルやディレクトリを操作する関数を紹介します。

　os モジュールに含まれる関数を使って、1. カレントディレクトリを表示、2. ディレクトリを作成、3. そのディレクトリへ移動、4. ファイルを作成して名前を変更、5. ファイルを削除、6. 最初のディレクトリに移動、7. ディレクトリを削除、という一連の操作をしてみます。

◆ os.getcwd() ～カレントディレクトリのパスを返す

```
01:  initial_dir = os.getcwd()
02:  print("os.getcwd(): ", initial_dir)
```

```
Out   os.getcwd():   /Users/hyuki/Work/le_projects/PythonText
```

◆ os.mkdir() ～ディレクトリを作成する

```
01:  my_dir = "os_practice"
02:  os.mkdir(my_dir)
```

◆ os.chdir() ～カレントディレクトリを変更する

```
01:  os.chdir(my_dir)
```

　カレントディレクトリを確認します。

```
01:  print("os.getcwd():", os.getcwd())
```

```
Out   os.getcwd(): /Users/hyuki/Work/le_projects/PythonText/os_practice
```

362

ファイルを作成します。

```
01: file_name = "os_test.txt"
02: with open(file_name,"w") as f:
03:     f.write("Live in the present.")
```

◆os.listdir() ～ファイルやディレクトの一覧を返す

```
01: print("os.listdir(): ", os.listdir())
```

```
Out  os.listdir():  ['os_test.txt']
```

◆os.rename() ～ファイルやディレクトリの名前を変更する

```
01: new_file_name = "new_os_test.txt"
02: os.rename(file_name, new_file_name)
```

変更した後のファイル名を確認します。

```
01: print("os.listdir(): ", os.listdir())
```

```
Out  os.listdir():  ['new_os_test.txt']
```

◆os.remove() ～ファイルを削除する

```
01: os.remove(new_file_name)
```

ファイルが削除されたことを確認します。

```
01: print("os.listdir(): ", os.listdir())
```

```
Out  os.listdir():  []
```

カレントディレクトリを最初のディレクトリに変更します。

```
01: os.chdir(initial_dir)
```

カレントディレクトリを確認します。

```
01: print("os.getcwd():", os.getcwd())
```

```
Out  os.getcwd(): /Users/hyuki/Work/le_projects/PythonText
```

◆ os.rmdir() 〜ディレクトリを削除する※

※注　8.2 節で紹介する pathlib にも、ディレクトリを削除するメソッドがあります。詳細はドキュメントを参照してください。
https://docs.python.org/ja/3/library/pathlib.html#pathlib.Path.rmdir

```
01:  os.rmdir(my_dir)
```

◆ ディレクトリの存在を確認する

```
01:  os.path.exists(my_dir)
```

```
Out  False
```

プロセス管理

OS のコマンドを起動したいときは、os.system() を使います。

◆ シェルコマンド mkdir でディレクトリを作成する※

※注　ここでは、シェルコマンドを実行できることを示す例として mkdir というシェルコマンドを実行していますが、ディレクトリを作成する目的では、通常は os.system.mkdir() または os.system.makedirs() を使います。

```
01:  os.system('mkdir today')
02:  print("os.getcwd(): ",os.getcwd())
```

```
Out  os.getcwd(): /Users/hyuki/Work/le_projects/PythonText
```

◆ ディレクトリの存在を確認する

```
01:  if os.path.exists("today"):
02:      print("ディレクトリ today があります。これを消去します。")
03:      os.rmdir("today")
04:      print("ディレクトリ today を消去しました。")
```

```
Out  ディレクトリ today があります。これを消去します。
     ディレクトリ today を消去しました。
```

プロセスに関する情報を取得、操作する

os.environ という変数には、環境変数とその値の組が、辞書に似た形式で保存されて

いますが。環境変数とは、"HOME"、"PWD"、"LANG" など、OS がプロセスごとにもっている情報です。環境変数に保存されている情報は、ユーザや動作環境によって異なり、時とともに変化しますが、この環境変数が取得されるのは Python が起動した直後です。表示するには、

```
01:  print(os.environ)
```

としてください。ここでは、例として "HOME" という環境変数に保存されている情報を表示します。

```
01:  os.environ["HOME"]
```

```
Out  '/Users/hyuki'
```

また、os.getenv() というメソッドで取得することもできます。

```
01:  os.getenv("HOME")
```

```
Out  '/Users/hyuki'
```

問題 . 1

　カレントディレクトリに save_dir というディレクトリが存在するかを調べ、存在するときは存在することを表示し、存在しなければ作成して、作成したことを表示する関数を作成してください。関数の名前は prepare_dir() としてください。

ヒント

　ファイルやディレクトリの存在を確認するには、os.path.exists(< ファイル名 >) を使います。ここでは、ファイル名の代わりにディレクトリ名を指定します。ディレクトリを作成するには、os.mkdir(< ディレクトリ名 >) を使います。

解答

```
01:  import os
02:  def prepare_dir(dir_name="save_dir"): 続く
```

```
03:     if os.path.exists(dir_name):
04:         print("ディレクトリ '{}' が存在します。".format(dir_name))
05:     else:
06:         os.mkdir(dir_name)
07:         print("ディレクトリ '{}' を作成しました。".format(dir_name))
```

実行例

1回目を実行してみます。

```
01: prepare_dir()
```

Out　ディレクトリ 'save_dir' を作成しました。

2回目を実行してみます。

```
01: prepare_dir()
```

Out　ディレクトリ 'save_dir' が存在します。

解説

関数 prepare_dir() のデフォルト引数にディレクトリ名 save_dir を与えています。この関数を続けて実行すると、1回目はディレクトリが存在しないので作成し、2回目のときは存在するので、存在しますと表示しています。

問題 . 2

問題 .1 で作成したディレクトリ save_dir の存在を確認して、存在していればそのことを報告し、ディレクトリを消去して消去したことを報告し、存在しなければ存在しないことを報告する関数を作成してください。関数名は delete_dir() としてください。

ヒント

ディレクトリの存在を確認するには、os.path.exists(< ファイル名 >) を使います。ディレクトリを消去するには、os.rmdir(< ディレクトリ名 >) を使います。

8.1 os

解答

```
01:  import os
02:
03:  def delete_dir(dir_name="save_dir"):
04:      if os.path.exists(dir_name):
05:          print("ディレクトリ '{}' が存在します。".format(dir_name))
06:          os.rmdir(dir_name)    続く
07:          print("ディレクトリ '{}' を消去しました。".format(dir_name))
08:      else:
09:          print("ディレクトリ '{}' はありません。".format(dir_name))
```

実行例

1回目を実行してみます。

```
01:  delete_dir()
```

```
Out  ディレクトリ 'save_dir' が存在します。
     ディレクトリ 'save_dir' を消去しました。
```

2回目を実行してみます。

```
01:  delete_dir()
```

```
Out  ディレクトリ 'save_dir' はありません。
```

解説

　関数 delete_dir() のデフォルトの引数として、ディレクトリ名 save_dir を与えています。1回目の実行でディレクトリの存在を確認して、消去しています。2回目の実行で、ディレクトリが存在しないことを報告しています。

8.2

pathlib

pathlib は、ファイルやディレクトリを Path オブジェクトとして扱うためのモジュールです。Python 3.4 から追加された機能で、os モジュールのファイル操作に比べ、シンプルで、よりオブジェクト指向的に操作することができます。また、Python 3.6 からは標準ライブラリも pathlib に対応したため、利用しやすくなっています。今後は、pathlib がより積極的に使用されると考えられます。

Path オブジェクト

pathlib.Path() の引数にパスを指定すると、Path オブジェクトを生成します。相対パスでも絶対パスでも構いません。

たとえば、現在のカレントディレクトリの Path オブジェクトは、次のように生成します。

```
01: import pathlib
02: p = pathlib.Path('.')
```

引数を指定しなくても、カレントディレクトリ（'.'）を指定したことになります。

また、ファイル名を指定することもできます。次の例は、カレントディレクトリ内のファイル sample.txt の Path オブジェクトを生成します。

```
01: import pathlib
02: file = pathlib.Path('sample.txt')
```

下記では、生成した Path オブジェクトを操作していきます。

◆ 絶対パスに変換する

resolve メソッドで、相対パスで作った Path オブジェクトから絶対パスに変換された Path オブジェクトが得られます。

```
01: p.resolve()
```

◆ 文字列に変換する

pathlib モジュールを他のモジュールと併用するときは、そのモジュールが Path オブジェクトに対応しているかどうかを確認する必要があります。Path オブジェクトが使えない場合は、文字列に変換するなどの適切な処理を行う必要があります。

Path オブジェクトを文字列として使用するには、str() で変換します。

```
01: import pathlib
02: q = pathlib.Path('sample.txt')
03: qs = str(q)
```

◆ディレクトリ内のディレクトリ／ファイル一覧を取得する

ディレクトリ内のディレクトリ／ファイルの一覧を取得するには、iterdir メソッドを使います。実際には、iterdir メソッドはジェネレータを返します。それを for 文で 1 件ずつ取り出して表示しています（ジェネレータについては 6.4 節を参照してください）。

```
01: import pathlib
02: p = pathlib.Path('.')
03: for fd in p.iterdir():
04:     print(fd)
```

◆ファイル名の一部を指定してディレクトリ／ファイルを取得する

たとえば、ディレクトリ内のディレクトリ／ファイルのうち、名前が「.py」で終わるものの一覧は、glob メソッドを使って次のように記述します。やはりジェネレータを返すので、list 関数を使ってリストにして表示します。

```
01: import pathlib
02: p = pathlib.Path('.')
03: print(list(p.glob('*.py')))
```

◆ディレクトリ／ファイルの存在を確認する

ディレクトリ／ファイルの存在を確認するには、調べたいディレクトリ名／ファイル名の Path オブジェクトを作成して、exists メソッドを呼び出します。exists メソッドは、その Path オブジェクトが存在すれば True を返し、存在しなければ False を返します。

```
01: import pathlib
02: file = pathlib.Path('aaa/bbb.txt')
03: print(file.exists())
```

◆ファイルかどうかを判定する

Path オブジェクトがファイルかどうかを確認するには、is_file メソッドを用います。

```
01: import pathlib
02: p = pathlib.Path('aaa/bbb.txt')
03: print(p.is_file())
```

8 標準ライブラリ

◆ ディレクトリかどうかを判定する

Path オブジェクトがディレクトリかどうかを確認するには、is_dir メソッドを用います。

```
01: import pathlib
02: p = pathlib.Path('aaa/bbb.txt')
03: print(p.is_dir())
```

◆ パスを連結する

Path オブジェクトに対して演算子「/」を使うことで、パスを連結することができます。

```
01: import pathlib
02: root = pathlib.Path('/')
03: pp = root / 'aaa' / 'test.txt'        # 演算子「/」によるパスの連結
04: print(pp)
```

Out `/aaa/test.txt`

また、joinpath メソッドでも同じことができます。joinpath() を使う場合、引数に複数のパスを渡してつなげることができます。

```
01: import pathlib
02: p = pathlib.Path('/')
03: pp2 = p.joinpath('aaa', 'test.txt')
04: print(pp2)
```

Out `/aaa/test.txt`

◆ 親ディレクトリのパスを作る

Path オブジェクトに '..' を連結することで、親ディレクトリのパスを作ることができます。

```
01: import pathlib
02: p = pathlib.Path('.')
03: pp = p.joinpath('..')
04: print(pp)
```

Out `..`

ただし、この方法で作ると、パスは相対パスになってしまいます。絶対パスが必要な場合は、前述の resolve メソッドを使って変換します。

8.2 pathlib

問題. 1

次のプログラムを実行すると、どのような結果が得られるでしょうか？

```
01: import pathlib
02: p = pathlib.Path('.')
03: for pf in p.iterdir():
04:     if pf.is_file():
05:         print(str(pf))
```

ヒント

iterdir() が返すリストの要素も Path オブジェクトなので、is_file() によってファイルかどうかを判定できます。

解答

カレントディレクトリにあるファイルだけを表示します。

解説

1行目では、pathlib モジュールをインポートしています。

2行目では、Path オブジェクトを作成しています。パスとして '.' を指定しているので、対象ディレクトリはカレントディレクトリです。

3行目では、iterdir() で Path オブジェクトの位置にあるディレクトリ／ファイルの一覧（厳密にはジェネレータ）を返します。変数 pf で、それぞれのディレクトリ／ファイルを1つずつ受け取ります。受け取った情報も Path オブジェクトです。

4行目では、is_file メソッドでファイルかどうかを判定して、ファイルならば表示します。

CHAPTER 8

標準ライブラリ

8 標準ライブラリ

問題 . 2

　カレントディレクトリにある、名前が「a」で始まるディレクトリの一覧を表示するプログラムを書いてください。

ヒント

　glob() を使います。

解答

```
01:  import pathlib
02:  p = pathlib.Path('.')
03:  for pf in p.glob('a*'):
04:      if pf.is_dir():
05:          print(pf)
```

解説

　1 行目では、pathlib モジュールをインポートしています。

　2 行目では、Path オブジェクトを作成します。問題では対象ディレクトリはカレントディレクトリなので、パスとして '.' を指定しています。

　3 行目では、glob() で名前を指定して、一覧を取得します（厳密にはジェネレータ）。変数 pf で、ディレクトリ／ファイルを 1 つずつ受け取ります。受け取った情報も Path オブジェクトです。

　4 行目では、is_dir メソッドでディレクトリかどうかを判定して、ディレクトリならば表示します。

　もし、ディレクトリが指定されている場合には、Path オブジェクトの作成時に指定のパスを引数に渡します。変数 pf には Path 型の値が入っているので、表示するだけの場合は直接 print 関数に渡して問題ありませんが、文字列として扱う場合は、str() で文字列型にする必要があります。

372

8.3

collections

プログラミングをしていると、リスト型や辞書型などを使って大量のデータをまとめて扱うというコードが日常的に登場します。collections モジュールに含まれるクラスや関数を使うと、こうした作業が少しシンプルになることがあります。

defaultdict

早口言葉でお馴染みの「すもももももももものうち（スモモも桃もモモのうち）」という文字列に、それぞれの文字が何回使われているかを知りたいとします。辞書型を使って、次のようなプログラムを書くことができます。

```
01:  data = 'すもももももももものうち'
02:  count_dic = {}
03:  for v in data:
04:      if v in count_dic:
05:          count_dic[v] += 1
06:      else:
07:          count_dic[v] = 1
08:  count_dic
```

Out `{'す': 1, 'も': 8, 'の': 1, 'う': 1, 'ち': 1}`

事前にキーが存在するかをチェックするコードが、少し面倒に見えます。こんな場面で役に立つのが、defaultdict です。コードを次のように書き換えることができます。

```
01:  import collections
02:  count_dic = collections.defaultdict(int)
03:  for v in data:
04:      count_dic[v] += 1
05:  count_dic
```

Out `defaultdict(int, {'す': 1, 'も': 8, 'の': 1, 'う': 1, 'ち': 1})`

collections.defaultdict は、組み込みの辞書型（dict 型）を継承したサブクラスになっているので、使い方はほとんど同じです。大きな違いは、最初にインスタンスを用意するときに、関数を引数に指定している点です。存在しないキーが指定されると、この関

8 標準ライブラリ

数が呼び出されます。こうした関数は、ファクトリ関数と呼ばれます。ここで指定している int 関数は、引数なしで呼ばれると 0 を返します。

```
01: int()
```

```
Out  0
```

defaultdict は、存在しないキーを受け取ると、このファクトリ関数を呼び出してキーと値のペアを作ってくれるのです。このため、キーの存在を確認するコードを書かなくて済みます。

ファクトリ関数は、何かの値を生成するものであればよいので、たとえば list 関数にすることもできます。

```
01: count_dic = collections.defaultdict(list)
02: for v in data:
03:     count_dic[v].append(v)
04: count_dic
```

```
Out  defaultdict(list,
                  {'す': ['す'],
                   'も': ['も', 'も', 'も', 'も', 'も', 'も', 'も', 'も'],
                   'の': ['の'],
                   'う': ['う'],
                   'ち': ['ち']})
```

すべて同じ文字が並ぶことがわかっているので、あまりリストにする意味はありませんが、これを組み込みの辞書型で書くと次のようなコードになります。

```
01: count_dic = {}
02: for v in data:
03:     count_dic.setdefault(v, []).append(v)
04: count_dic
```

```
Out  {'す': ['す'],
      'も': ['も', 'も', 'も', 'も', 'も', 'も', 'も', 'も'],
      'の': ['の'],
      'う': ['う'],
      'ち': ['ち']}
```

setdefault メソッドは、1 つ目の引数で指定されたキーが辞書にないとき、エラーを送出するのではなく、2 つ目の引数を値として返してくれます。辞書型の setdefault メ

8.3 collections

ソッドと比較して、defaultdict を使うと、コードがシンプルでわかりやすくなること
が実感できると思います。

Counter

単純にデータの個数を数え上げるだけであれば、Counter が便利です。先に紹介した
すももの文の例題は、次のように書くことができます。

```
01: counter = collections.Counter(data)
02: counter
```

Out `Counter({'す': 1, 'も': 8, 'の': 1, 'う': 1, 'ち': 1})`

Counter も、defaultdict と同様に辞書型のサブクラスです。辞書と同じように、キー
を使って要素にアクセスできます。

```
01: counter['す']
```

Out `1`

Counter の便利なところは、キーがないときにエラーではなく 0 を返してくれるとこ
ろです。

```
01: counter['ぽ']
```

Out `0`

また、個数が多い順に並べ替えることも可能です。

```
01: counter.most_common()
```

Out `[('も', 8), ('す', 1), ('の', 1), ('う', 1), ('ち', 1)]`

most_common というメソッド名から推測できるように、上位いくつまで表示する
かを引数で指定できます。

```
01: counter.most_common(1)
```

Out `[('も', 8)]`

CHAPTER 8

標準ライブラリ

8 標準ライブラリ

namedtuple

前述した counter.most_common() で返されるのは、タプルのリストです。それぞれの要素がタプルになっていて、文字、出現回数の順に並んでいます。このようにデータをタプルで管理することはよくありますが、タプルを扱うときは、何番目に何が格納されているのかを把握しておく必要があります。

```
01: top = counter.most_common()[0]
02: print(top[0], top[1])
```

```
Out  も 8
```

ここで紹介する namedtuple は、タプルの各要素に名前をつけることができます。例として、文字と出現回数を保持する namedtuple を作ってみましょう。

```
01: CharCount = collections.namedtuple('CharCount', ['char', 'count'])
```

namedtuple は Python のクラスになるので、キャメルケースで命名します。クラスの初期化メソッドを呼び出す感覚で、新しいインスタンスを作ることができます。

```
01: mo = CharCount('も', 8)
02: mo
```

```
Out  CharCount(char='も', count=8)
```

namedtuple が __repr__ メソッドを用意してくれるので、タプルをそのまま画面に表示するのとは違い、わかりやすい文字列になります。それぞれの要素には、属性を使ってアクセスできます。

```
01: print(mo.char, mo.count)
```

```
Out  も 8
```

namedtuple を利用すると、タプルを使ったプログラムよりも、コードがわかりやすくなります。

なお、namedtuple はタプルと同じように、値の変更はできません。

```
01: mo.count += 3
```

376

8.3 collections

```
Out   -------------------------------------------------------------------
      AttributeError                          Traceback (most recent call last)
      <ipython-input-18-af54518a07c5> in <module>
      ----> 1 mo.count += 3

      AttributeError: can't set attribute
```

また、namedtuple のインスタンスを生成するときに、アンパック代入を利用すると便利です。counter の most_common の戻り値を、CharCount のリストに変更してみましょう。

```
01:  cc_list = [CharCount(*v) for v in counter.most_common()]
02:  cc_list
```

```
Out   [CharCount(char='も', count=8),
       CharCount(char='す', count=1),
       CharCount(char='の', count=1),
       CharCount(char='う', count=1),
       CharCount(char='ち', count=1)]
```

CHAPTER 8

標準ライブラリ

377

8 標準ライブラリ

問題.1

　文字列を受け取って、使われている文字数を数え、1回しか出てこない文字を返すプログラムを作ってください。入力する文字列は、この節の例文を利用しても構いません。

ヒント

　collections.Counter を使えば、文字の数え上げはすぐにできます。後は、1文字しかない文字を拾い上げればよいだけです。

解答

```
01:  import collections
02:  data = 'すもももももももものうち'
03:  count = collections.Counter(data)
04:  res_dict = collections.defaultdict(list)
05:  for ch, cnt in count.items():
06:      res_dict[cnt].append(ch)
07:  res_dict[1]
```

Out　['す', 'の', 'う', 'ち']

解説

　解答だけでもコードが動くように、collections モジュールを import するところから始めました。もう少し短くしたいときは、次のように書くこともできます。

```
01:  # importとdata=は省略
02:  count = collections.Counter(data)
03:  [v[0] for v in count.items() if v[1] == 1]
```

Out　['す', 'の', 'う', 'ち']

378

8.4 re

re は、正規表現（**regular expression**）のためのモジュールです。正規表現は、文字の検索やその後の処理を実現してくれる高度な機能ですが、少し扱いが難しいのも事実です。文字列型のメソッドだけではできない処理があるときに、正規表現の利用を検討するとよいでしょう。

文字列の検索

日本の東海道山陽新幹線には「こだま、ひかり、のぞみ」という種類があり、それぞれ番号が振られています。たとえば、「ひかり 539 号」という具合です。次のような配列を考えてみましょう。

```
01: super_express = ['Nozomi3','Nozomi64','Nozomi150','Hikari440','Hika
    ri538', 'Kodama730']
```

このリストのそれぞれの要素を処理して、名前と番号のタプルに変換することを考えます。'Nozomi3' は ('Nozomi', 3) になります。新幹線の種類を知っていれば、次のようなコードで対応できます。

```
01: def splitter(value, sp):
02:     res = value.split(sp)
03:     if len(res) == 2:
04:         return (sp, int(res[1]))
05:     return None
06:
07: result = []
08: for v in super_express:
09:     for s in ['Nozomi', 'Hikari', 'Kodama']:
10:         temp = splitter(v, s)
11:         if temp is not None:
12:             result.append(temp)
13:
14: result
```

```
Out [('Nozomi', 3),
     ('Nozomi', 64),
     ('Nozomi', 150),  続く
```

379

8 標準ライブラリ

```
 ('Hikari', 440),
 ('Hikari', 538),
 ('Kodama', 730)]
```

　この他にも、文字列のメソッドである find() を使って、新幹線の名前が文字列の中にあるかどうかを探すコードも書けます。しかし、いずれにしても、名前のリストを用意する必要があります。

正規表現を使った検索

　新幹線の名前をよく見ると、（文字列）＋（数字）という並びになっていることがわかります。このルールを使って文字列を分割する方法はないのでしょうか。こういった場面で役に立つのが、正規表現です。まずは、修正したコードを示して同じ結果になることを確かめてから、re モジュールについて詳しく見ていくことにします。

```
01: import re
02:
03: result = []
04: for v in super_express:
05:     g = re.search(r'([a-zA-z]+)(\d+)', v)
06:     result.append((g.group(1), int(g.group(2))))
        # 3.6以降ではg[1]やg[2]と書けます
07:
08: result
```

```
Out [('Nozomi', 3),
 ('Nozomi', 64),
 ('Nozomi', 150),
 ('Hikari', 440),
 ('Hikari', 538),
 ('Kodama', 730)]
```

　コードがだいぶ短くなりましたが、同じ結果が得られています。しかも、正規表現を使ったコードは新幹線の名前に依存していません。中心となっている、re.search の部分を見ていきましょう。

　[a-z] は小文字のアルファベットに該当します。先頭に大文字のアルファベットがあるので、[a-zA-Z] とします。＋ は 1 回以上の繰り返しです。([a-zA-Z]+) で、アルファベットで書かれた文字列を探し出し、それを 1 つのグループにしてくれます。

　\d は 10 進数の数字 1 文字分を表現しています。その後の + は、\d の 1 回以上の繰り返しです。つまり \d+ で 1 つ以上の数字の列を見つけることができます。これが丸括弧で囲まれていて、1 つのグループとして扱われます。

380

g.group(0) には文字列全体が入ります。たとえば、'Nozomi3' などです。これが正規表現で解析されるので、g.group(1) には 'Nozomi'、g.group(2) には '3' が格納されます。

理解を深めるために、間違えた正規表現を書いてみましょう。たとえば、[a-z]+ とすると、大文字が抜けてしまいます。

```
01: for v in super_express:
02:     g = re.search(r'([a-z]+)(\d+)', v)
03:     print(g.group(1), g.group(2), sep='/')
```

```
Out  ozomi/3
     ozomi/64
     ozomi/150
     ikari/440
     ikari/538
     odama/730
```

re モジュールの \w は、ある 1 文字に該当します。しかしこれは数字も含んでしまうので、次のような結果になってしまいます。

```
01: for v in super_express:
02:     g = re.search(r'(\w+)(\d+)', v)
03:     print(g.group(1), g.group(2), sep='/')
```

```
Out  Nozomi/3
     Nozomi6/4
     Nozomi15/0
     Hikari44/0
     Hikari53/8
     Kodama73/0
```

\w+ で、文字と数字の 1 回以上の繰り返しに該当してしまいます。最後まで行かないのは、\d があるためです。これが数字 1 つ分を意味するので、これは別のグループになります。

正規表現では、バックスラッシュ \ が多用されます。しかし、バックスラッシュは制御文字の一部として使われることからわかるように、特別な意味があります。この特別な意味をもたせないように、文字列のリテラル表現には先頭に r をつけます。こうすることで、文字列をそのまま解釈してもらえます。これは raw 文字列記法と呼ばれます。正規表現を使う場合でも、バックスラッシュを含まなければ raw 文字列として書く必要はありませんが、常につけておくと統一的に書けるのでおすすめです。

8 標準ライブラリ

正規表現のさまざまな書き方

　正規表現はもともと Python 特有の機能ではなく、コンピュータにおける文字列処理で一般的に使われる機能です。テキストエディタが正規表現の機能をもっていることも珍しくありません。ただし、プログラミング言語やアプリケーションソフトの違いによって、正規表現の書き方が異なることはあります。また、同じ Python の re モジュールを使った場合でも、いろいろな書き方ができます。

　先ほどの例を使って、正規表現のさまざまな書き方を紹介します。[a-zA-Z] としていたところは、数字ではなく文字にマッチすればよいので、次のように書くこともできます。

```
01: for v in super_express:
02:     g = re.search(r'(\D+)(\d+)', v)
03:     print(g.group(1), g.group(2), sep='/')
```

また、以下のコードも同じ結果になります。

```
01: for v in super_express:
02:     g = re.search(r'([^0-9]+)(\d+)', v)
03:     print(g.group(1), g.group(2), sep='/')
```

　＾は否定を意味します。0 から 9 の数字ではないという意味になるため、アルファベットや記号などの文字が該当します。この正規表現を使えば、日本語を含んだ文字列にも対応できます。

```
01: super_express_jp = ['のぞみ3','のぞみ64','のぞみ150','ひかり440','ひかり
    538', 'こだま730']
02:
03: for v in super_express_jp:
04:     g = re.search(r'([^0-9]+)(\d+)', v)
05:     print(g.group(1), g.group(2), sep='/')
```

```
Out  のぞみ/3
     のぞみ/64
     のぞみ/150
     ひかり/440
     ひかり/538
     こだま/730
```

　丸括弧を使わなければ、正規表現が該当した部分がそのまま返ります。たとえば、番

号を無視して名前だけを取り出すには次のようにします。

```
01: super_express_jp = ['のぞみ3','のぞみ64','のぞみ150','ひかり440','ひかり
    538', 'こだま730']
02:
03: for v in super_express_jp:
04:     g = re.search(r'[^0-9]+', v)
05:     print(g.group(0))
```

```
Out  のぞみ
     のぞみ
     のぞみ
     ひかり
     ひかり
     こだま
```

問題 . 1

　次の文章から、半角英字、ハイフン、数字が組み合わさった単語をすべて抜き出してください。

　かなり昔の RX-7 で東京駅まで送ってもらい、成田空港から Boeing787 で高松空港まで行き、帰りは N700 系で岡山から戻りました。

ヒント

　re モジュールには findall という関数があり、文字列の中から指定された正規表現にマッチする部分をすべて探すことができます。

解答

```
01: import re
02:
03: data = 'かなり昔のRX-7で東京駅まで送ってもらい、成田空港からBoeing787で
    高松空港まで行き、帰りはN700系で岡山から戻りました。'
04: re.findall(r'[a-zA-Z-]+\d+', data)
```

8 標準ライブラリ

```
Out  ['RX-7', 'Boeing787', 'N700']
```

解説

re.findall() に、適切な正規表現を渡せばよいだけです。RX-7 にハイフンが使われているため、アルファベットの他に 1 文字追加してあります。\D を使うと数字ではないすべての文字にマッチしてしまうので、次のように意図しない結果になってしまいます。

```
01:  re.findall(r'\D+\d+', data)
```

```
Out  ['かなり昔のRX-7', 'で東京駅まで送ってもらい、成田空港からBoeing787', '
     で高松空港まで行き、帰りはN700']
```

正規表現は非常に強力ですが、少し難解なのも事実です。ちょっとしたミスで結果が大きく変わることもあるので、慣れないうちは無理せず文字列型のメソッドを使ったプログラミングで問題を解決することをおすすめします。

8.5

math / statistics

math モジュールには、数学に関連した関数や定数などが集められています。また、statistics モジュールには、簡単な統計計算ができる関数があります。データ解析の基本となる、これらのモジュールについて紹介します。

定数

数学関連の計算に必要な定数が、いくつか用意されています。直径が 1 の円の面積として知られる π は、math モジュールに含まれています。

```
01:  import math
02:  math.pi
```

```
Out   3.141592653589793
```

自然対数の底として知られる、ネイピア数 e もあります。

```
01:  math.e
```

```
Out   2.718281828459045
```

また、無限大は∞という記号が使われますが、英語では infinity なので、inf という定数が math モジュールに含まれています。

```
01:  math.inf
```

```
Out   inf
```

無限大のデータ型は、浮動小数点数型です。

```
01:  type(math.inf)
```

```
Out   float
```

データ解析をしていると、大量のデータの一部に欠損値が含まれることがよくあります。これを表現する定数に、nan があります。これは、Not a Number の略です。

CHAPTER 8

標準ライブラリ

385

8 標準ライブラリ

```
01:  math.nan
```

```
Out  nan
```

無限大と同じく、これも浮動小数点数型です。

```
01:  type(math.nan)
```

```
Out  float
```

なお、無限大と無限大を比較すると、True が返ります。

```
01:  math.inf == math.inf
```

```
Out  True
```

比較で気をつけなければならないのは、nan です。nan と nan を比較しても、False となります。

```
01:  math.nan == math.nan
```

```
Out  False
```

定数の演算

inf や nan になっているオブジェクトを、数値と同じように演算するのは危険です。これらを判定するための専用の関数が、math モジュールに用意されています。

isfinite は、無限大と nan ではないときに True を返します。

```
01:  math.isfinite(0.0)
```

```
Out  True
```

```
01:  math.isfinite(math.inf)
```

```
Out  False
```

```
01:  math.isfinite(math.nan)
```

386

8.5 math / statistics

```
Out  False
```

この他、inf と nan 専用の関数も用意されています。

```
01:  math.isinf(math.inf)
```

```
Out  True
```

```
01:  math.isnan(math.nan)
```

```
Out  True
```

ある変数に格納された数値が、無限大や nan かどうかを確認するときは、== 演算子ではなくこれらの関数を使うようにしてください。

数値の比較

コンピュータの中で保持されている浮動小数点数には誤差があるため、2.3 節でも紹介したように次のようなちょっと不思議なことが起こります。

```
01:  a = 0.3
02:  b = 0.1 + 0.1 + 0.1
03:  a == b
```

```
Out  False
```

math モジュールには、浮動小数点数の誤差を許容して、数値が近いかどうかを判定してくれる関数 isclose() があります。

```
01:  math.isclose(a, b)
```

```
Out  True
```

math.isclose() の引数を確認してみましょう。

```
01:  help(math.isclose)
```

CHAPTER 8

標準ライブラリ

387

8 標準ライブラリ

```
Out   Help on built-in function isclose in module math:

      isclose(...)
          isclose(a, b, *, rel_tol=1e-09, abs_tol=0.0) -> bool

          Determine whether two floating point numbers are close in value.

              rel_tol
                  maximum difference for being considered "close", relative to
      the
                  magnitude of the input values
              abs_tol
                  maximum difference for being considered "close", regardless
      of the
                  magnitude of the input values

          Return True if a is close in value to b, and False otherwise.

          For the values to be considered close, the difference between them
          must be smaller than at least one of the tolerances.

          -inf, inf and NaN behave similarly to the IEEE 754 Standard.  That
          is, NaN is not close to anything, even itself.  inf and -inf are
          only close to themselves.
```

rel_tol は、相対的な許容誤差です。デフォルトの値が 1×10^{-9} となっているので、True が返ってくるということは2つの値が9桁同じであることが保証されます。

数値計算をしていると、値をどんどん小さくしていき、0になったら終了するというアルゴリズムをよく見かけます。しかし、実際にはピッタリ0になることは稀です。こうした場合には、許容できる誤差の数値を直接 isclose の abs_tol に指定して、2値の近さを計算するとよいでしょう。たとえば、次のような具合です。

```
01:  a = 0.0
02:  b = 1 / pow(2, 53)
03:  tol = 1 / pow(2, 50)
04:  math.isclose(a, b, abs_tol=tol)
```

```
Out   True
```

bはピッタリ0ではありませんが、許容される誤差より小さいので、0と判定されます。0からの誤差なので、bがマイナスでも True になります。これが、単純な比較とは違う点です。

388

8.5 math／statistics

```
01:  b = -1 / pow(2, 53)
02:  math.isclose(a, b, abs_tol=tol)
```

```
Out   True
```

統計関数

statistics モジュールには、簡単な統計関数が用意されています。サンプルデータを作って試してみましょう。0から1までの小数を15個作って、リストにします。小数は、小数点以下第1位までで丸めておきます。

```
01:  import random
02:  # seedに数字を与えて乱数列を初期化すると、同じ環境であれば結果が再現します。
03:  random.seed(85)
04:
05:  data = [round(random.random(),1) for i in range(15)]
06:  data
```

```
Out   [0.2, 0.6, 0.1, 0.9, 0.2, 0.5, 0.8, 0.9, 0.6, 0.7, 0.5, 0.8, 0.2, 0.7,
      0.6]
```

このリストのデータの平均値を求めてみましょう。次のようなコードで計算することができます。

```
01:  sum(data) / len(data)
```

```
Out   0.5533333333333333
```

statistics モジュールにある、算術平均を計算する mean() でも、同じ計算ができます。

```
01:  import statistics
02:  statistics.mean(data)
```

```
Out   0.5533333333333333
```

順番に並べたときに真ん中に来る値（中央値）は、median() で求められます。

```
01:  statistics.median(data)
```

CHAPTER 8

標準ライブラリ

389

8 標準ライブラリ

```
Out   0.6
```

　全体の中でもっとも頻繁に出現する数値は、最頻値といいます。これは mode() という関数で計算できます。

```
01:   statistics.mode(data)
```

```
Out   ------------------------------------------------------------------
StatisticsError                          Traceback (most recent call last)
<ipython-input-52-c2fb4b989cc7> in <module>
----> 1 statistics.mode(data)

~/anaconda3/lib/python3.6/statistics.py in mode(data)
    505      elif table:
    506          raise StatisticsError(
--> 507              'no unique mode; found %d equally common values'
% len(table)
    508              )
    509      else:

StatisticsError: no unique mode; found 2 equally common values
```

　エラーが出てしまいました。データを並べ替えると、原因がわかります。

```
01:   sorted(data)
```

```
Out   [0.1, 0.2, 0.2, 0.2, 0.5, 0.5, 0.6, 0.6, 0.6, 0.7, 0.7, 0.8, 0.8, 0.9,
```

　0.2 と 0.6 が 3 回ずつ出現するので、最頻値を決められません。データを入れ替えると、うまくいきます。生成される乱数によって結果が変わるので、うまくいかない場合は何度かコードを実行してみてください。

```
01:   data = [round(random.random(),1) for i in range(15)]
02:   statistics.mode(data)
03:   sorted(data)
```

　標準モジュールの statistics には、簡単な統計関数だけが用意されています。本格的な数値計算や統計解析を行いたい場合は、NumPy、SciPy、pandas といった外部パッケージの利用がおすすめです。

8.5 math / statistics

問題.1

　円周率 π をシミュレーションで求めることを考えます。原点を中心として半径 1 の円と、これを取り囲む 1 辺が 2 の正方形を考えます。x 座標と y 座標がともに正となる第 1 象限だけを考え、ここにランダムに点を発生させます。図中で原点と点線で結ばれている点は、原点から距離 L にあり、$L=(x_0^2 + y_0^2)^{\frac{1}{2}}$ となります。L が 1 以下ならば円の内側にあり、それ以外は円の外側と考えることができます。math.pi との誤差が 1.0×10^{-5}（0.00001）より小さくなるまでに、いくつの点を発生させればよいでしょうか？

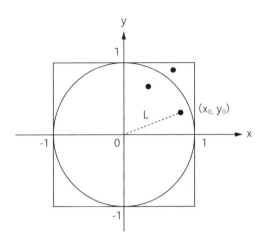

ヒント

　random モジュールの random() を使えば、0 から 1 までの小数をランダムに得られます。また、math.isclose() で誤差を許容して、等しいかどうかを確認できます。いま注目している第 1 象限には、円全体の 4 分の 1 が入っています。

解答

```
01:   import math
02:   import random
03:
04:   total = 0
05:   num_inside = 0   続く
```

8 標準ライブラリ

```
06:  sim_pi = 0
07:  while not math.isclose(sim_pi, math.pi, abs_tol=1e-5):
08:      x = random.random()
09:      y = random.random()
10:      L = pow(x**2 + y**2, 0.5)
11:      total += 1
12:      if L <= 1:
13:          num_inside += 1
14:      sim_pi = 4 * num_inside / total
15:  print(sim_pi)
16:  print(total)
```

```
Out   3.1415937189784318
      11081
```

解説

　math.pi との誤差が abs_tol で指定した値を下回ると、計算が終了します。乱数を使っているので上記の結果は一例で、結果はその都度違います。何度か実行してみるとわかりますが、数千回から場合によっては数万回の計算が必要です。

　この問題のような、乱数を使って近似値を求める計算手法を、モンテカルロ法と呼ぶことがあります。モンテカルロは賭場（カジノ）で有名な地域なので、この名前がついています。カジノというとラスベガスを思い出す方も多いでしょう。乱数を使ったアルゴリズムに、乱択アルゴリズムと呼ばれるものがあります。乱択アルゴリズムは、更にモンテカルロアルゴリズムとラスベガスアルゴリズムに分けられます。乱数と賭け事は密接な関係にありますが、アルゴリズムの名前にもそれが反映されているのは、小洒落ているといえるかもしれません。

8.6

datetime

datetime モジュールは、日付や時間を処理するためのモジュールです。日付と時間の計算以外にも、ユーザの指定に合わせて出力を整形したり、効率的に属性を取り出して操作したりできるように作られています。また、タイムゾーンを扱うこともできます。

現在年月日の取得

datetime モジュールの date クラスを使って、今日の年月日を取得し、表示してみましょう。

```
01:  from datetime import date
02:  day_now = date.today()
03:  day_now
```

Out `datetime.date(2019, 5, 4)`

年月日の差分の取得

適当な年月日の date 型変数を生成し、今日との差を取ってみましょう。date 型のデータの差分は、timedelta 型になります。

```
01:  xday = date(1980, 1, 1)
02:  td = now - xday
03:  td
```

Out `datetime.timedelta(14368)`

now（2019 年 5 月 4 日）と 1980 年 1 月 1 日の差は 14368 日とわかりました。

現在日時の取得

datetime クラスを使って今日の年月日時分秒ミリ秒を取得し、変数および各属性を表示してみましょう。

```
01:  from datetime import datetime
02:  now = datetime.today()  続く
```

8 標準ライブラリ

```
03:  print(now)                    # 現在年月日時分秒マイクロ秒
04:  print(now.year)               # 現在年
05:  print(now.month)              # 現在月
06:  print(now.day)                # 現在日
07:  print(now.hour)               # 現在時
08:  print(now.minute)             # 現在分
09:  print(now.second)             # 現在秒
10:  print(now.microsecond)        # 現在マイクロ秒
```

```
Out   2019-05-04 14:44:51.101821
      2019
      5
      4
      14
      44
      51
      101821
```

日時の生成

datetime 型のコンストラクタを使って、適当な時刻の変数を作成してみましょう。

```
01:  datetime(2019, 5, 1, hour=15, minute=15, second=15, microsecond=0)
```

```
Out   datetime.datetime(2019, 5, 1, 15, 15, 15)
```

datetime モジュールで利用可能なデータクラス

データ型	説明	属性
date	日付	year, month, day
time	時刻	hour, minute, second, microsecond, tzinfo
datetime	日付時刻	year, month, day, hour, minute, second, microsecond, tzinfo
timedelta	時刻間の差	

datetime クラスメソッドとインスタンスメソッド

前に紹介した datetime モジュールのデータクラスから、一例として datetime クラスのクラスメソッドとインスタンスメソッドを使ってみましょう。datetime クラスは日付と時刻とをもつデータクラスで、よく利用されています。クラスメソッド datetime.now() を使って現在時刻を取得してみましょう。

394

8.6 datetime

```
01:  from datetime import datetime
02:  dt_now = datetime.now()
03:  dt_now
```

```
Out  datetime.datetime(2019, 5, 10, 16, 40, 2, 990412)
```

現在時刻を取得することができました。次にタイムゾーン UTC (協定世界時) を指定して現在時刻を取得してみましょう。now メソッドの引数にタイムゾーンを指定します。

```
01:  import datetime
02:  dt_now = datetime.datetime.now(datetime.timezone.utc)
03:  dt_now
```

```
Out  datetime.datetime(2019, 5, 10, 7, 50, 29, 262901, tzinfo=datetime.
```

UTC の現在時刻を取得することができました。utcnow メソッドを使っても同様に UTC 時刻を取得することができます。

date メソッドを使って、datetime 型変数 dt_now から datetime.date 型に変換してみましょう。

```
01:  dt_now.date()
```

```
Out  datetime.date(2019, 5, 10)
```

date 型の日時を取得することができました。time メソッドを使って datetime 型変数 dt_now から datetime.time 型に変換してみましょう。

```
01:  dt_now.time()
```

```
Out  datetime.time(17, 3, 22, 551168)
```

datetime.time 型に変換することができました。

文字列時刻データを datetime に変換する

特定のデータフォーマットの時刻データを、strptime メソッドを使って読み込んで、datetime 変数を生成してみましょう。strptime 関数の第一引数に読み込みたい文字列、第二引数にフォーマットを指定します。フォーマットは、%d: 日、%m: 月、%Y: 年、%H: 時、%M: 分を使って指定することができます。

CHAPTER 8

標準ライブラリ

395

8 標準ライブラリ

```
01:  dt = datetime.strptime("21/11/2006 16:30", "%d/%m/%Y %H:%M")
02:  dt
```

```
Out  datetime.datetime(2006, 11, 21, 16, 30)
```

datetime 型の変数を、strftime メソッドを使って、指定したフォーマットの文字列に変換してみましょう。

```
01:  dt.strftime("%Y年%m月%d日 %H時%M分")
```

```
Out  '2006年11月21日 16時30分'
```

datetime と timedelta の演算

datetime 型の時刻データを、1 日時間を進めてみたい場合を考えてみましょう。datetime 型変数と timedelta 型変数は、加算、減算をすることができます。1 日分の timedelta 型変数を生成し、datetime 型変数に加算してみましょう。

```
01:  import datetime
02:  t_delta = datetime.timedelta(days=1)
03:  dt = datetime.datetime.strptime("21/11/06 16:30", "%d/%m/%y %H:%M")
04:  dt + t_delta
```

```
Out  datetime.datetime(2006, 11, 22, 16, 30)
```

datetime 型変数に 1 日の timedelta 型変数を加算して、時刻を 1 日進めることができました。

8.6 datetime

問題.1

'20180101120130' の文字列を 2018 年 01 月 05 日 12 時 01 分 30 秒として、datetime 変数を生成してください。更に、読み込んだ変数を再び '20180101120130' に変換して表示してください。

ヒント

フォーマットを指定するディレクティブは、4 桁の年 :%Y、0 埋めした 2 桁の月 :%m、0 埋めした 2 桁の日 :%d、0 埋めした 2 桁の時 :%H、0 埋めした 2 桁の分 :%M、0 埋めした 2 桁の秒 :%S を使います。strptime メソッドの第一引数に問題文の文字列を、第二引数にフォーマットを指定すると、datetime 変数に変換することができます。次に、datetime 変数の strftime メソッドの第一引数にフォーマットを指定すると、文字列に変換することができます。

解答

次のようなコードを書くことができます。

```
01:  from datetime import datetime
02:  t_str = '20180105120130'
03:  dt = datetime.strptime(t_str, "%Y%m%d%H%M%S")
04:  print(dt)
05:  print(dt.strftime("%Y%m%d%H%M%S"))
```

```
Out  2018-01-05 12:01:30
     20180105120130
```

解説

datetime.strptime() の第一引数に '20180101120130' の文字列を指定し、第二引数に "%Y%m%d%H%M%S" の文字列フォーマットを指定し、datetime メソッドを実行しました。一般的な時刻データは文字列で入出力されるケースが多いため、文字列を datetime 型変数に格納し、再び文字列に戻して出力する処理はとてもよく利用されますので、覚えておきましょう。

CHAPTER 8

標準ライブラリ

397

8.7

json

json は複雑な構造のデータを簡単に保存することができるモジュールです。Python の複雑な構造のデータを文字列表現にコンバートすることを「シリアライズ」といいます。また、シリアライズされた文字列表現からもとのデータ構造を再構築することを「デシリアライズ」といいます。JSON は JavaScript Object Notaion の略であり、軽量なテキストベースのデータフォーマットとして知られています。

シリアライズ

任意の変数を生成し、JSON 形式にエンコーディングしてみましょう。json.dumps 関数により、エンコーディングすることができます。JSON 文字列は、簡単なコードで見ることができます。

```
01:  import json
02:  x = {0: [1, 2, 3, 4, 5], 1: [6, 7, 8, 9, 10], 2: {'a': [11, 12, 13],
     'b': [14, 15, 16]}}
03:  jds = json.dumps(x)
04:  jds
```

```
Out  '{"0": [1, 2, 3, 4, 5], "1": [6, 7, 8, 9, 10], "2": {"a": [11, 12, 13],
     "b": [14, 15, 16]}}'
```

デシリアライズ

エンコーディングした変数 jds を、デコーディングしてみましょう。json.loads 関数により、デコーディングすることができます。

```
01:  x2 = json.loads(jds)
02:  x2
```

```
Out  {'0': [1, 2, 3, 4, 5],
      '1': [6, 7, 8, 9, 10],
      '2': {'a': [11, 12, 13], 'b': [14, 15, 16]}}
```

JSON 形式でのファイル保存

json.dump 関数により、任意の変数を JSON フォーマットに変換することができます。

```
01:  import json
02:  with open('test1.json', 'w') as f:
03:      json.dump(x, f)
```

JSON 形式ファイルの読み込み

保存された JSON 形式のファイルを再び読み込み、デコーディングしてオブジェクト
に戻すには、load 関数を使用します。

```
01:  import json
02:  with open('test1.json', 'r') as f:
03:      x3 = json.load(f)
04:  x3
```

```
Out  {'0': [1, 2, 3, 4, 5],
      '1': [6, 7, 8, 9, 10],
      '2': {'a': [11, 12, 13], 'b': [14, 15, 16]}}
```

JSON 形式の確認

json.JSONDecodeError 例外を利用すると、変数が JSON 形式として正しいかどうか
を確認することができます。以下の例では、try 節の中で my_text を json.loads でデコー
ディングし、json.JSONDecodeError が発生したとき、JSON 形式ではないという判定
をしています。

```
01:  my_text = "{'a':1 "
02:  try:
03:      json.loads(my_text)
04:  except json.JSONDecodeError as e:
05:      print('Not JSON Format')
06:  else:
07:      print('JSON Format')
```

```
Out  Not JSON Format
```

8 標準ライブラリ

便利な機能

　ここでは、コマンドラインインターフェースについて説明します。json.tool モジュールは、JSON オブジェクトの検証と整形出力のための、単純なコマンドラインインターフェースを提供します。infile 引数、outfile 引数が指定されない場合は、それぞれ sys.stdin と sys.stdout が使われます。以下の構文により、実行することができます。

```
$ python -m json.tool infile outfile
```

　先ほど保存した test1.json ファイルを、コマンドライン画面に表示してみましょう。

```
$ python -m json.tool test1.json
```

以下の結果が表示されます。

```
{
    "0": [
        1,
        2,
        3,
        4,
        5
    ],
    "1": [
        6,
        7,
        8,
        9,
        10
    ],
    "2": {
        "a": [
            11,
            12,
            13
        ],
        "b": [
            14,
            15,
            16
        ]
    }
}
```

8.7 json

問題.1

　JSON形式の名簿データファイルを作成してください。名簿に登録するデータは、以下の構成のものとします。名簿データをファイルに保存したら、再び別の変数に読み込んで、全要素を表示してください。

名前：tanaka,　　年齢：20,　　血液型：A,　　性別：男性
名前：satou,　　年齢：19,　　血液型：O,　　性別：女性
名前：suzuki,　　年齢：20,　　血液型：AB,　　性別：男性

ヒント

　各人の名前をキー、{年齢,血液型,性別}を要素とする、辞書型変数を作成しましょう。{年齢,血液型,性別}は、更に辞書型変数を作り、年齢、血液型、性別をキーとして、値を要素としましょう。

解答

　次のようなコードを書くことができます。

```
01: import json
02:
03: name_list = {
04:     'tanaka':{
05:         'age':20,
06:         'bloodtype':'A',
07:         'gender':'male'
08:     },
09:     'satou':{
10:         'age':19,
11:         'bloodtype':'O',
12:         'gender':'female'
13:     },
14:     'suzuki':{
15:         'age':20,
16:         'bloodtype':'AB',
17:         'gender':'male'
18:     }
19: }
20:
21: with open('name_list.json', 'w') as f1: 続く
```

CHAPTER 8

標準ライブラリ

401

8 標準ライブラリ

```
22:        json.dump(name_list, f1)
23:
24: with open('name_list.json', 'r') as f2:
25:        name_list_l = json.load(f2)
26:
27: for key, val in name_list_l.items():
28:        print(key, val)
```

```
Out   tanaka {'age': 20, 'bloodtype': 'A', 'gender': 'male'}
      satou {'age': 19, 'bloodtype': 'O', 'gender': 'female'}
      suzuki {'age': 20, 'bloodtype': 'AB', 'gender': 'male'}
```

解説

　name_list という辞書の中に、tanaka、satou、suzuki という各人の名前をキーとして、ネストした辞書を作成しています。そして、ネストした辞書には、age、bloodtype、gender というキーで各人の年齢、血液型、性別を登録しています。

　作成した name_list という辞書を json モジュールの dump メソッドで name_list.json ファイルに保存し、次に name_list.json ファイルを json モジュールの load メソッドで読み込み、for 文でキーと各要素を print 文で表示しています。

COLUMNCOLUMNCOLUMNCOLUMNCOLUMNCOLUMN

オブジェクト中の名前が重複したときは

　オブジェクト中の名前が重複したときの json モジュールは、重複した名前のうち最後に出現した名前と値のペアのみを残し、それ以外を無視します。このようなケースを考えて、名前が重複していないかに注意しましょう。

```
01: import json
02: test_json = '{'age': 11, 'age': 12, 'age': 13}'
03: json.loads(test_json)
```

```
Out   {'age': 13}
```

402

8.8

sqlite3

sqlite は軽量で扱いやすいデータベースで、python に標準モジュールとして含まれています。他にも MySQL などのデータベースがありますが、sqlite はそれらとは違い、常駐するサーバープロセスを必要としません。SQL 構文を用いて、データの追加・読み取り・更新・削除を行うことができます。

データベースの作成、テーブルの作成

データベースを使用するにあたって、個々のコマンド単体で使用するという状況は考えにくいので、一連の操作を塊として記述します。

```
01: import sqlite3
02:
03: # sample.db という名前のデータベースファイル
04: db = 'sample.db'
05:
06: # データベースに接続：Connectionオブジェクトを作成
07: # データベースがすでに存在するときはそのまま接続
08: # データベースがないときは新しく作成して接続
09: con = sqlite3.connect(db)
10:
11: # カーソルオブジェクトを作成
12: csr = con.cursor()
13:
14: # テーブルを作成
15: sql = 'create table Employee(name, email, department, position);'
16: csr.execute(sql)
17:
18: # 保存
19: con.commit()
20:
21: # 接続を終了
22: con.close()
```

最初は、データベースに接続しています。データベースに接続する際に、すでに存在するときはそのまま接続し、存在しなければ新しくデータベースを作成して接続します。

次にカーソルオブジェクトを作成します。SQL 文の実行は、カーソルオブジェクトの execute メソッドを呼び出して行います。SQL 文は、一般的な記述がほとんどその

CHAPTER 8

標準ライブラリ

403

8 標準ライブラリ

まま使えます。

最後に、テーブルを作成して、データを登録できる状態にしておきます。

データの追加・読み取り・更新・削除

上記はデータベースを作成しただけなので、データは何も入っていません。そこで、データの追加、削除、更新を実行します。実際には、SQL 文を作成してそれを関数に渡しています。

```
01: import sqlite3
02:
03: # sample.db という名前のデータベースファイル
04: db = 'sample.db'
05:
06: # データベースに接続
07: con = sqlite3.connect(db)
08:
09: # カーソルオブジェクトを作成
10: csr = con.cursor()
11:
12: # テーブルにデータを格納
13: sql = "insert into Employee(name, email, department, position) \
14: values('Yamada', 'yamada@abcxyz.co.jp','Sales','staff');"
15: csr.execute(sql)
16: sql = "insert into Employee(name, email, department, position) \
17: values('Suzuki', 'suzuki@abcxyz.co.jp','Development','staff');"
18: csr.execute(sql)
19:
20: # この時点の内容を確認
21: sql = "select * from Employee;"
22: csr.execute(sql)
23: print(csr.fetchall())
24:
25: # テーブルからデータを削除
26: sql = "delete from Employee where name = 'Yamada';"
27: csr.execute(sql)
28:
29: # この時点の内容を確認
30: sql = "select * from Employee;"
31: csr.execute(sql)
32: print(csr.fetchall())
33:
34: # テーブル中のデータを更新  続く
```

404

8.8 sqlite3

```
35: sql = "update Employee set position = 'Manager' where name = 'Suzuki';"
36: csr.execute(sql)
37:
38: # 保存
39: con.commit()
40:
41: # 内容を読み取って表示
42: sql = "select * from Employee;"
43: csr.execute(sql)
44: print(csr.fetchall())
45:
46: # 接続を終了
47: con.close()
```

```
Out   [('Yamada', 'yamada@abcxyz.co.jp','Sales','staff'),('Suzuki', 'suzuki@
      abcxyz.co.jp','Development','staff')]
      [('Suzuki', 'suzuki@abcxyz.co.jp','Development','staff')]
      [('Suzuki', 'suzuki@abcxyz.co.jp','Development','Manager')]
```

カーソルオブジェクトの fetchall() は、直前に実行した SQL 文の結果を取得すること
ができます。

テーブルの削除

次の操作で、テーブル自体を削除することができます。

```
01: csr.execute('drop table data_set')
02: con.commit()
```

8 標準ライブラリ

問題 . 1

次のプログラムを実行した結果を、確認してみましょう。

```
01: import sqlite3
02:
03: db = 'test.db'
04: con = sqlite3.connect(db)
05: csr = con.cursor()
06:
07: csr.execute('create table human(name, nickname);')
08:
09: csr.execute("insert into human(name) values('Ichiro');")
10: csr.execute("insert into human(name) values('Jiro');")
11: csr.execute("insert into human(name) values('Saburo');")
12:
13: csr.execute("update human set nickname = 'Lazer' where name =
    'Ichiro';")
14:
15: csr.execute("select * from human;")
16: print(csr.fetchall())
17:
18: con.commit()
19: con.close()
```

ヒント

登録されていないデータは、「None」となります。

解答

```
Out  [('Ichiro', 'Lazer'), ('Jiro', None), ('Saburo', None)]
```

解説

まず、sqlite3 モジュールを import します。

```
01: import sqlite3
```

次にデータベース 'test.db' に接続し、カーソルオブジェクトを作成します。

406

8.8 sqlite3

```
01: db = 'test.db'
02: con = sqlite3.connect(db)
03: csr = con.cursor()
```

テーブルを作成します。テーブル名は 'human' で、要素は 'name' と 'nickname'
です。

```
01: csr.execute('create table human(name, nickname);')
```

データを挿入します。ここでは name のみを指定しています。指定されなかっ
た nickname には、None が代入されます。

```
01: csr.execute("insert into human(name) values('Ichiro');")
02: csr.execute("insert into human(name) values('Jiro');")
03: csr.execute("insert into human(name) values('Saburo');")
```

name が 'Ichiro' であるレコードの nickname を、'Lazer' に書き換えます。この
コードでは 1 レコードしか該当しませんが、複数レコードが条件に一致した場合は、
すべてのレコードに同じ処理が施されます。

```
01: csr.execute("update human set nickname = 'Lazer' where name = 'Ichiro';")
```

内容をすべて取り出して表示します。

```
01: csr.execute("select * from human;")
02: print(csr.fetchall())
03:
04: con.commit()
05: con.close()
```

問題 . 2

次のプログラムを実行した場合の結果を、確認してみましょう。なお、データベー
ス 'test.db' には、問題 [1] 実行後の結果が残っているものとします。

```
01: import sqlite3
02:
03: db = 'test.db' 続く
```

8 標準ライブラリ

```
04: con = sqlite3.connect(db)
05: csr = con.cursor()
06:
07: csr.execute("update human set nickname = 'Lazer' where name = 'Jiro';")
08:
09: csr.execute("delete from human where nickname = 'Lazer';")
10:
11: csr.execute("select * from human;")
12: print(csr.fetchall())
13:
14: con.commit()
15: con.close()
```

ヒント

nickname が 'Lazer' であるすべてのレコードが削除されます。

解答

```
Out  [('Saburo', None)]
```

解説

update 文で、'Jiro' の nickname を 'Lazer' に変更しています。

```
01:  csr.execute("update human set nickname = 'Lazer' where name = 'Jiro';")
```

問題 [1] で、'Ichiro' の nickname も 'Lazer' になっているので、この時点で、2 つのレコードの nickname が 'Lazer' になっています。delete 文で nickname が 'Lazer' のレコードを削除します。この条件に一致する 2 つのレコードが削除されます。

```
01:  csr.execute("delete from human where nickname = 'Lazer';")
```

したがって、name が 'Saburo' のレコードだけが残っています。

8.9

decimal

ここでは、固定小数点（10進浮動小数点）を扱う decimal モジュールについて解説します。
decimal モジュールは、有効桁数を指定した計算や、数値の丸めや四捨五入を行う場合
に便利な機能を提供します。有効桁数の指定、切り捨てや切り上げなどの規則に厳密さが
要求される金額の計算などで使うと便利です。

Decimal クラスとは

Decimal クラスは、10進浮動小数点数を扱う際に、Pythonの数値演算で生じる誤差
を回避するために利用されます。

Python の浮動小数点数型（float 型）は2進数を使って演算を行うため、とても小さ
な誤差が出ることがあります。たとえば、0.1 * 3 を計算すると、0.3 にはなりません。

```
01:  0.1 * 3
```

```
Out  0.30000000000000004
```

厄介なのは、数値を比較するときです。2章 2.3節でも見ましたが、数学の論理上で
は同じ数字を比較したつもりなのに、等しくないと判定されてしまいます。

```
01:  0.1 * 3 == 0.3
```

```
Out  False
```

Decimal クラスは、この問題を解決することができます。

Decimal クラスの使い方

Decimal を使うには、decimal モジュールから Decimal クラスをインポートします。

```
01:  from decimal import Decimal
```

数値を十進数で正確に計算するには、Decimal 型に文字列型の数値を与えます。

CHAPTER 8

標準ライブラリ

409

8 標準ライブラリ

```
01:  # 文字列型を引数に渡す
02:  d0 = Decimal('0.1')
03:  print(d0, d0 * 3)
04:  d0, d0 * 3
```

```
Out   0.1 0.3
      (Decimal('0.1'), Decimal('0.3'))
```

```
01:  Decimal('0.1') * 3 == Decimal('0.3')
```

```
Out   True
```

ところで、Decimal の引数に浮動小数点数型のデータを渡すと、浮動小数点数型の値を有効桁数 28 桁で表現します。有効桁数 28 桁で表した 0.1 に 3 を掛けても、もちろん正確な 0.3 にはなりません。

```
01:  # float型を引数に渡す
02:  d1 = Decimal(0.1)
03:  print(d1, d1 * 3)
04:  d1, d1 * 3
```

```
Out   0.1000000000000000055511151231257827021181583404541015625
      0.3000000000000000166533453694
      (Decimal('0.1000000000000000055511151231257827021181583404541015625'),
       Decimal('0.3000000000000000166533453694'))
```

Decimal 型の引数は、タプルの形式も受けつけます。引数に与えるタプルは、符号のフラグ（0 は正、1 は負）、それぞれの桁の値を表すタプル、小数点以下の桁数を表す指数、の 3 つの要素からなります。たとえば、小数点以下 2 桁とする場合は指数に -2 を指定します。下記に具体例を示します。

```
01:  # （符号、（それぞれの桁の値のタプル）、指数）のタプルを引数に渡す
02:  deci_pi = Decimal((0, (3, 1, 4), -2))
03:  n_sqrt_2 = Decimal((1, (1, 4, 1, 4), -3))
04:
05:  print(deci_pi, n_sqrt_2)
06:  deci_pi, n_sqrt_2
```

```
Out   3.14 -1.414
      (Decimal('3.14'), Decimal('-1.414'))
```

float の混入を避ける

Decimal 型を宣言する際の引数には、文字列型と浮動小数点数型（float 型）を指定できます。文字列型を引数に与えて Decimal 型を宣言した場合は正確な計算ができますが、float 型を引数に与えた場合は正確な計算ができません。そこで、うっかり float 型を混ぜないように、混ぜたらエラーになるように設定しましょう。

```
01:   from decimal import Decimal, getcontext, FloatOperation
02:   # floatトラップを有効にする
03:   getcontext().traps[FloatOperation] = True
```

これで、下記のように float 型を Decimal の引数に与えて初期化すると、FloatOperation というエラーメッセージが出ます。

```
01:   Decimal(0.1)
```

```
Out  -------------------------------------------------------------------
     FloatOperation                         Traceback (most recent call last)
     <ipython-input-9-f2d975fe9cb1> in <module>()
             Decimal(0.1)

     FloatOperation: [<class 'decimal.FloatOperation'>]
```

有効桁数を表記した計算

Decimal を使うと、有効桁数の表記に意味をもたせた計算を行うことができます。小数点以下の最後に書かれている 0（ゼロ）には、その桁までの精度が保証されるという意味があります。

```
01:   Decimal('1.300') + Decimal('1.200')
```

```
Out  Decimal('2.500')
```

print 文で表示しても、有効桁数を示す 0（ゼロ）が表示されます。

```
01:   print(Decimal('1.300') + Decimal('1.200'))
```

```
Out  2.500
```

8　標準ライブラリ

```
01:  Decimal('1.3') * Decimal('1.2')
```

```
Out  Decimal('1.56')
```

```
01:  Decimal('1.30') * Decimal('1.20')
```

```
Out  Decimal('1.5600')
```

計算精度を指定した計算

　何も指定しない場合（デフォルト）は、有効桁数は 28 桁に設定されています。この精度は、getcontext() で確認したり、変更したりすることができます。

　まず、デフォルトの状態で、1/7 を Decimal で計算してみます。

```
01:  from  decimal import Decimal, getcontext
02:  print(getcontext())
03:  Decimal(1) / Decimal(7)
```

```
Out  Context(prec=28, rounding=ROUND_HALF_EVEN, Emin=-999999, Emax=999999,
     capitals=1, clamp=0, flags=[Inexact, FloatOperation, Rounded],
     traps=[InvalidOperation, DivisionByZero, FloatOperation, Overflow])
     Decimal('0.1428571428571428571428571429')
```

　有効桁数を任意に変えることもできます。精度を 6 桁にしたり、42 桁にしたりするには、次のようにします。無限小数になる有理数 1/7 を計算してみましょう。

```
01:  getcontext().prec = 6
02:  Decimal(1) / Decimal(7)
```

```
Out  Decimal('0.142857')
```

```
01:  getcontext().prec = 42
02:  Decimal(1) / Decimal(7)
```

```
Out  Decimal('0.142857142857142857142857142857142857142857')
```

数値を丸める

数値を丸めるには、quantize() メソッドを使います。引数には、Decimal 型で桁数と丸め方法を指定できます。下記に具体例を示します。

◆ゼロ方向に丸める（切り捨て）

```
01:  from decimal import ROUND_DOWN
02:  Decimal('7.325').quantize(Decimal('.01'), rounding=ROUND_DOWN)
```

Out `Decimal('7.32')`

◆四捨五入する

```
01:  from decimal import ROUND_HALF_UP
02:  Decimal('7.325').quantize(Decimal('.01'), rounding=ROUND_HALF_UP)
```

Out `Decimal('7.33')`

丸めモードについては、全部で 8 種類あります。

丸めモード	意味
ROUND_CEILING	正の無限大方向に丸める
ROUND_DOWN	ゼロ方向に丸める
ROUND_FLOOR	負の無限大方向に丸める
ROUND_HALF_DOWN	五捨六入
ROUND_HALF_EVEN	近い方に、引き分けなら偶数整数方向に丸める
ROUND_HALF_UP	四捨五入
ROUND_UP	ゼロから離れる方向に丸める
ROUND_05UP	ゼロ方向に丸めた後の最後の桁が 0 または 5 ならばゼロから遠い方向に、そうでなければゼロ方向に丸める

数学関数

◆sqrt()

2 の平方根 $\sqrt{2}$ は、次のように求めます。

```
01:  getcontext().prec = 28
02:  Decimal('2').sqrt()
```

8 標準ライブラリ

```
Out   Decimal('1.41421356237309504880168872420')
```

◆exp()

指数関数 e^x で $x = 1$ の場合：e^1 は、次のように求めます。

```
01:  Decimal('1').exp()
```

```
Out   Decimal('2.718281828459045235360287471')
```

◆ln()

自然対数 $\ln x$ で $x = 10$ の場合：$\ln 10$ は、次のように求めます。

```
01:  Decimal('10').ln()
```

```
Out   Decimal('2.302585092994045684017991455')
```

◆log10()

底が 10 の対数関数 $\log_{10} x$ で $x = 10$ の場合：$\log_{10} 10$ は、次のように求めます。

```
01:  Decimal('10').log10()
```

```
Out   Decimal('1')
```

問題. 1

　小数点以下に僅かな違いがある 2 つの大きな数の差を求め、差から僅かな違いを引いたとき、浮動小数点数型だとゼロになりません。たとえば、百億より 0.2 大きい数 10,000,000,000.2 から百億 10,000,000,000 を引いたものを diff とし、diff - 0.2 を計算すると、次のようにかなり大きな差になります。

```
01:  diff = 10000000000.2 - 10000000000
02:  diff - 0.2
```

```
Out   7.629394531138978e-07
```

　これを Decimal クラスを使って計算し直すと、差がゼロになることを確認してください。

8.9 decimal

ヒント

Decimal の引数に値を渡すときは、文字列として渡します。

解答

```
01: diff_d = Decimal("10_000_000_000.2") - Decimal("10_000_000_000")
02: diff_d - Decimal("0.2")
```

```
Out   Decimal('0.0')
```

実行例

Decimal で計算すると、大きな数にも関わらず、差が 0.2 になっています。

```
01:   from decimal import Decimal
02:   diff = 10000000000.2 - 10000000000
03:   diff_d = Decimal("10000000000.2") - Decimal("10000000000")
04:   print(diff)
05:   print(diff_d)
```

```
Out   0.20000076293945312
      0.2
```

解説

値が 0.2 だけ違う 2 つの浮動小数点数型のデータの差を考えるとき、小さな数のときは差の絶対値が 1.0e-17 程度の大きさになっています。

```
01:   a0 = 1.2 - 1.0
02:   a0 - 0.2
```

```
Out   -5.551115123125783e-17
```

2 つの数が千（1.0e+3）程度になっているときは、差の絶対値は 1.0e-14 程度の大きさです。

```
01:   a1 = 1000.2 - 1000.0
02:   a1 - 0.2
```

CHAPTER 8

標準ライブラリ

415

8 標準ライブラリ

```
Out   4.546363285840016e-14
```

　2 つの数が 100 億（1.0e+10）程度になっているときは、差の絶対値は 1.0e-7 程度の大きさです。

```
01:   a5 = 10_000_000_000.2 - 10_000_000_000
02:   a5 - 0.2
```

```
Out   7.629394531138978e-07
```

　2 つの数が小数点以下の違いをもたないときは、大きさの程度が 100 億でも、差の絶対値はゼロになります。

```
01:   a6 = 10_000_000_002.0 - 10_000_000_000.0
02:   a6 - 2
```

```
Out   0.0
```

　解答に示したように、Decimal を使えば、差の絶対値はゼロになります。

COLUMNCOLUMNCOLUMNCOLUMNCOLUMNCOLUMN

大きな数の可読性を上げる

　Python 3.6 以降の場合、大きな数を扱うときは数値の途中にアンダースコアを含めることで、可読性を上げることができます。たとえば、10000000000 は 10_000_000_000 と書くことができます。このルールは PEP515 に記述されています。

8.10

logging

logging モジュールは、ソフトウェアが実行中に各種の情報を記録するためのモジュール
です。重要性（ロギングレベル）を指定することができ、ファイルや標準エラー出力に、様々
な情報を出力することができます。レベルには、**DEBUG**、**INFO**、**WARNING**、**ERROR**、
CRITICAL があり、各レベルごとに情報を出力するメソッドがあります。ログファイルに取る
ことによって、プログラムの実行情況を、後々に調べることができます。もしもプログラム
に不具合が発生したときには、ログファイルが原因調査のための資料になります。

logging モジュールによる標準エラー出力

各レベルの logging モジュールのメソッドを実行し、メッセージを出力してみましょ
う。

```
01:  import logging
02:  logging.debug('debug level message')
03:  logging.info('info level message')
04:  logging.warning('warning level message')
05:  logging.error('error level message')
06:  logging.critical('critical level message')
```

```
Out   WARNING:root:warning level message
      ERROR:root:error level message
      CRITICAL:root:critical level message
```

標準エラー出力に、WARNING、ERROR、CRITICAL レベルのメッセージが表示されま
した。デフォルト設定の出力先は標準エラー出力となり、DEBUG 、INFO レベルは出
力されません。デフォルト以外の出力先には、ファイルへの出力、Email、データグラム、
ソケット、HTTP 経由による転送などがあります。

logging モジュールによるファイル出力

次に、logtest1.log ファイルにメッセージを出力してみましょう。

```
01:  import logging
02:  logging.basicConfig(filename='test1.log', level=logging.DEBUG)
03:  logging.debug('logfile open')   続く
```

8 標準ライブラリ

```
04:  logging.info('test info output')
05:  logging.warning('test warining output')
```

　test1.log ファイルに、以下のメッセージが出力されました。ログ出力の閾値である
ロギングレベルを level=logging.DEBUG と設定していますので、すべてのメッセージ
が表示されています。

```
01:  DEBUG:root:logfile open
02:  INFO:root:test info output
03:  WARNING:root:test warining output
```

ロギングレベルの設定

　ロギングレベルを warning に設定して、同様の処理を実行してみましょう。

```
01:  import logging
02:  logging.basicConfig(filename='test1.log',level=logging.WARNING)
03:  logging.debug('logfile open : level = warning')
04:  logging.info('test info output : level = warning')
05:  logging.warning('test warining output : level = warning')
```

　test1.log ファイルに、以下のメッセージが出力されました。ログ出力の閾値である
ロギングレベルを level=logging.WARNING と設定していますので、WARNING 以上の
レベルのメッセージが表示されています。

```
01:  WARNING:root:test warining output : level = warining
```

　ロギングレベルの数値は、以下の表のようになっています。

レベル	数値	説明
CRITICAL	50	プログラム自体が実行継続できない重大なエラー
ERROR	40	重大なエラー
WARNING	30	警告情報
INFO	20	想定通りの事象発生
DEBUG	10	デバッグ用の詳細情報
NOTSET	0	設定なし

レコードフォーマットの指定

出力するレコードのフォーマットを format 引数に指定して、時刻情報を追加してみましょう。フォーマットの指定方法の詳細については、Python 公式ドキュメントの下記のページを見てみましょう。

https://docs.python.org/ja/3/library/logging.html#logrecord-attributes

```
01:  import logging
02:
03:  logging.basicConfig(filename='test1.log', level=logging.WARNING,
                          format='%(levelname)s:%(asctime)s:%(message)s')
04:  logging.warning('test warning format output')
```

レコードに時刻が追加され、test1.log ファイルに以下のメッセージが出力されました。

```
01:  WARNING:2019-05-06 22:36:42,452:test warning format output
```

異なるモジュールから同一ファイルに出力

異なるモジュールから同一のファイルにロギングすることを考えてみましょう。以下のように、2 つのモジュールに分割されたそれぞれの処理から、1 つのファイルに対してロギングを行うことができます。

・main.py モジュール

```
01:  import logging
02:  import myprocess
03:
04:  def main():
05:      logging.basicConfig(filename='test2.log', level=logging.INFO)
06:      logging.info('main.py call myprocess1 function')
07:      myprocess.process1()
08:      logging.info('main.py main function exit')
09:
10:  if __name__ == '__main__':
11:      main()
```

8 標準ライブラリ

・myprocess.py モジュール

```
01: import logging
02:
03: def process1():
04:     logging.info('myprocess.py process1 start')
```

test2.log ファイルに以下のメッセージが出力されました。

```
01: INFO:root:main.py call myprocess1 function
02: INFO:root:myprocess.py process1 start
03: INFO:root:main.py main function exit
```

例外処理からのログ出力

try-except 文の except 節から logging.exception メソッドを実行することで、例外情報をログに出力することができます。

```
01: import logging
02:
03: logging.basicConfig(filename='test3.log',level=logging.WARNING)
04: test_data = [1, 3, 6]
05: try:
06:     raise Exception
07: except:
08:     logging.exception('test exception message :%s', test_data)
```

test3.log には、以下のメッセージが出力されました。exception メソッドによって 1 行目にメッセージと、test_data 変数が出力されています。例外が発生したときにログを出力すると、プログラムをリリースした後の保守がしやすくなります。例外発生に関連するデータをログに出力しておくのもよいでしょう。exception は ERROR と同じレベルになりますので覚えておきましょう。

```
01: ERROR:root:test exception message:[1, 3, 6]
02: Traceback (most recent call last):
03:   File "<ipython-input-1-34a116fcf5db>", line 5, in <module>
04:     raise Exception
05: Exception
```

420

8.10 logging

問題.1

プログラムを実行して次の結果の出力ファイルを得たいとします。

```
WARNING:root:1
ERROR:root:2
```

下記のプログラムの空欄に記述すべきコードはどれでしょうか？

```
01:  import logging
02:
03:  logging.basicConfig(filename='practice1.log', level=□□□□□ )
04:  logging.warning('1')
05:  logging.error('2')
06:  logging.debug('3')
07:  logging.info('4')
08:  logging.shutdown()
```

① logging.INFO
② logging.WARNING
③ logging.ERROR
④ logging.CRITICAL

ヒント

　得たいメッセージはレベル順に見て、WARNING、ERROR となっています。ロギングレベル順序から、どのレベルを設定すればよいかを考えてみましょう。

解答

②

解説

　問題のプログラムでは、logging メソッドをレベル順に、DEBUG、INFO、WARNING、ERROR の順に実行していますので、WARNING をロギングレベルに設定すれば、得たいメッセージのレベルを満たすことができます。

CHAPTER 8

標準ライブラリ

421

8 標準ライブラリ

問題. 2

　引数 x1 を引数 x2 で割った数を返す関数 devide(x1, x2) を作成し、関数内で ZeroDivisionError を発生させ、try-except 文の except 節から logging.exception メソッドを使い、例外情報を標準出力に出力してください。

ヒント

　devide(x1, x2) の引数 x2 に 0 を指定し、ZeroDivisionError を発生させます。try 節の中で devide(x1, x2) を実行し、except 節の中で logging.exception メソッドを実行しましょう。

解答

次のようなコードを書くことができます。

```
01: import logging
02:
03: def devide(x1, x2):
04:     return x1 / x2
05:
06: logging.basicConfig(filename='testlog.log', level=logging.WARNING,
07:                     format='%(levelname)s:%(asctime)s:%(message)s')
08:
09: try:
10:     ret = devide(10, 0)
11: except:
12:     logging.exception('test exception message')
13: logging.shutdown()
```

```
ERROR:2019-08-20 01:41:33,589:test exception message
Traceback (most recent call last):
  File "<ipython-input-5-b6e80ff46c9e>", line 8, in <module>
    ret = devide(10, 0)
  File "<ipython-input-5-b6e80ff46c9e>", line 4, in devide
    return x1/x2
ZeroDivisionError: division by zero
```

解説

logging を import した後に devide(x1, x2) を定義し、次に logging.basicConfig メソッドでログファイル名と、ロギングレベルを設定しています。try-except 文の except 節の中で、logging.exception メソッドを実行し、メッセージとエラー発生個所の情報を、testlog.log ファイルに出力することができました。最後に logging. shutdown メソッドによりログファイルを閉じています。

Appendix

A.1	コンピュータの基本	**426**
A.2	Python のセットアップ	**429**
A.3	用語集	**433**
A.4	さらに学んでいくために	**437**

A.1

コンピュータの基本

ここでは、プログラミングに利用されるパーソナルコンピュータ（PC）について、OS の違いも含めてその基本を説明します。Python だけではなく、プログラミングの最初の 1 歩でつまづかないようにするための知識です。

オペレーティングシステム

　コンピュータの動作には、オペレーティングシステム（OS）が欠かせません。パーソナルコンピュータ（PC）用として現在広く使われている OS には、Windows、macOS、Linux などがあります。Linux には Ubuntu や CentOS など、いくつかの種類がありますが、その系譜を遡ると 1960 年代に開発が始まった UNIX 系 OS に辿りつきます。現在も開発が継続している UNIX 系 OS には、Linux として知られているものの他に、BSD 系といわれる OS もあります。実は、macOS は 2001 年に登場した Mac OS X から、内部を BSD 系 OS に変更しました。そのため、広い意味では Linux と macOS はどちらも UNIX 系 OS といえます。

　Windows は長い間独自 OS としての地位を守り続けてきましたが、2017 年頃から Windows Subsystem for Linux という機能が使えるようになり、UNIX 系 OS との親和性が高くなりました。将来のことはわかりませんが、PC で使われる OS のほとんどが UNIX 系になる日がくるかもしれません。

シェル

　シェルは、英語で貝殻（shell）を意味する単語です。コンピュータ用語として使われる場合は、カーネルと呼ばれる OS の主要部分を包み込み、ユーザとの間に入って操作を仲介してくれるソフトウェアを意味します。たとえば、ファイルのコピーや移動を行う場合、Windows であればエクスプローラー、macOS であれば Finder を使います。これらはシェルといえます。エクスプローラーや Finder は、ファイルの操作指示をユーザから受け取って OS に引き渡し、その結果をユーザに返してくれます。

　最近のコンピュータソフトウェアのユーザインターフェースは、マウスを使って操作するグラフィカルなものが一般的です。エクスプローラーや Finder を使ったファイルの操作も、フォルダの階層構造を目視しながらマウスで行えます。こうしたインターフェースは GUI（Graphical User Interface）と呼ばれます。エクスプローラーや Finder は GUI のシェルということになります。一方、コンピュータの黎明期には GUI は珍しく、CUI（Character User Interface）が一般的でした。CUI の Character は文字を意味し、必要なコマンドを文字列でシェルに渡して操作するものです。

　CUI のシェルでは Bash（バッシュ）が有名で、他に csh や zsh などが知られています。

426

Bash は多くの Linux でデフォルトシェルとして採用されており、macOS のターミナルでも Bash が起動します[※]。Windows にも CUI のシェルがあり、コマンドプロンプトが長い間使われてきました。コマンドプロンプトのコマンドは、Bash のコマンドとは少し違います。最近の Windows では、PowerShell が使われるようになってきています。PowerShell のコマンドはかなり Bash に近いものになっています。また、Windows Subsystem for Linux を使えば Windows でも Bash が動かせます。プログラミングをする場合、CUI のシェル操作が避けて通れません。慣れていない方は、Bash の基本的なコマンドを覚えるようにしてください。

※注　2019 年 9 月現在の情報ですが、macOS 10.15 から、zsh に変更される予定があるようです。

ファイルシステムの構成

次の図は、一般的な UNIX 系 OS のディレクトリ構造を表現したものです。

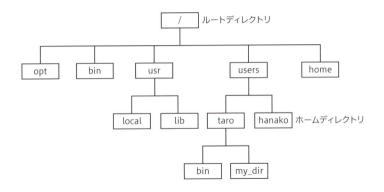

UNIX 系 OS では、ディレクトリを区切る文字が /（半角スラッシュ）なので、/ 一文字はルートディレクトリを意味します。Windows では、C:¥ に相当します。UNIX 系 OS には種類がたくさんあるため、それぞれの OS ごとにファイルシステムの構成も若干違います。図で /opt, /bin, /usr などは主に OS が稼働するために使われるファイルが格納されています。一方、/home や /users などの下には、ユーザごとのディレクトリが並びます。たとえば taro というユーザの場合、ホームディレクトリは /users/taro になります。

この他に重要な概念として、カレントディレクトリがあります。カレントディレクトリは、自分が今いるディレクトリです。GUI を基本としたソフトウェアを使っている場合はこのカレントディレクトリをほとんど気にする必要はありませんが、CUI のシェルを使った操作やプログラミングでは、カレントディレクトリを意識することが重要になります。

Appendix

ファイルパス

　ルートディレクトリから順にファイルシステムの構造を下がっていくと、ファイルパスが構成されます。たとえば、taro ユーザの my_dir は、

```
/users/taro/my_dir
```

と書くことができます。これは、絶対パスと呼ばれる表記方法です。
　カレントディレクトリからの相対的な位置でファイルパスを構成することもできます。たとえば、/users/taro/my_dir から見て、hanako ディレクトリを表記したい場合、

```
../../hanako
```

と書くことができます。こちらは、相対パスと呼ばれる表記方法です。../ は１つ上のディレクトリを意味します。この他、ホームディレクトリはチルダ（~）で表現できるので、taro ユーザであれば何処にいても、

```
~/my_dir
```

という表記方法で、/users/taro/my_dir の中のファイルにアクセスできます。

環境変数

　Bash などのシェルの動作をカスタマイズするための仕組みに、環境変数があります。もっともよく使われる環境変数の１つに PATH があります。CUI のシェルから python というコマンドを入力したときに、シェルはまずカレントディレクトリに python を探します。見つからない場合は環境変数 PATH に設定されているファイルパスを前から順に探していきます。コマンドを入力して実行に失敗する場合、多くはこの PATH の設定に原因があります。Python のインストーラはこの PATH の設定を自動でやってくれる機能をもっていますので、インストールのときはそれを活用するとよいでしょう。
　Bash の環境変数は、ホームディレクトリの .bashrc や .bash_profile といった設定ファイルに書き込まれます。自分で変更したい場合は、これらのファイルをテキストエディタで編集します。
　また、Windows でも環境変数を利用できます。コントロールパネルなどから GUI を使って環境変数を変更します。

A.2

Python のセットアップ

環境に合った Python のインストール方法を紹介します。OS による違いだけでなく、Python の配布形式の違いなどもあるため、ご自分の好みに合った方法を選ぶ参考にしてください。

Python のバージョン

Python には 2 系と 3 系という 2 つのバージョンがありますが、特別な理由がない限り、3 系を利用します。2 系は 2.7 が最終バージョンで、2019 年いっぱいでセキュリティパッチも含めたメンテナンスが終了する予定になっているためです。

また、2 系と 3 系では一部のコードに互換性がありません。もっともわかりやすい例は、print です。2 系では print は文だったので、print 'test' などとしていましたが、3 系では print は式になりました。関数として print() を使うので、print('test') と書きます。Web で情報を探していると、古い 2 系のコードを見つけてしまうこともあるので注意してください。本書のコードは、3.5 以上の Python で動作することを確認しています。3 系であれば、3.5 ではなくても最新のバージョンを利用して構いません。

OS ごとの注意点

Python のセットアップやその後の運用に関して、OS ごとに気をつける点をまとめておきます。

◆ Windows

Windows 系 OS も UNIX 系 OS の環境を取り込みつつありますが、まだまだ独自 OS の特徴を残している部分があります。まず利用している文字コードの問題があります。インターネットの普及によって世界的に Unicode が使われるようになってきました。なかでも、UTF-8 を利用した文字の符号化が一般的です。Python も基本的には文字列を UTF-8 で保持します。一方、日本語の Windows は内部で cp932 (Shift_JIS) と呼ばれる独自の文字コードを利用しています。このため、ファイルを読み込むときにエンコーディングを指定するなどの注意が必要になる場合があります。

また、日本語の Windows では半角のバックスラッシュ記号 (\) と半角の円記号 (¥) がきちんと区別されません。これらは別の文字ですが、cp932 では同じコードポイントが割り当てられているためです。日本語の Windows 環境を使っている場合は、半角の円記号として表示される文字の一部は、英語版の Windows や他の OS では半角のバックスラッシュになります。

APPENDIX

429

Appendix

◆macOS

macOSには、システムにPythonがインストールされています。しかしこれは現時点（2019年現在）では2系なので、別に3系のPythonをセットアップする必要があります。このとき、3系のPythonを起動するときに使うコマンドはpython3とします。この点は、後ほど説明します。

◆Linux

Linuxには多くのディストリビューション（配布形式）があります。それぞれのディストリビューションごとに対応が異なりますが、同じUNIX系OSであるmacOSと比べると、システムに同梱されているPythonが3系になっていることが多いようです。

どのPythonを選ぶか?

Pythonは一般的なアプリケーションソフトウェアのように、コンピュータにインストールすることでセットアップできます。Pythonにはいくつかのディストリビューションがあります。ここではPython Software Foundation（PSF）が配布している標準のPythonインストーラと、Anaconda社が配布しているAnacondaを中心に解説します。

◆標準のPython

PSF（www.python.org）からダウンロードできる、もっとも標準的なPythonインストーラです。最近はvanillaインストーラと呼ばれることがありますが、これは「トッピングはお好みで」ということを意味しているようです。ここでいうトッピングとは、データ解析などに使われるNumPyやpandas、またJupyterなどの外部パッケージを指します。標準のPythonにはこれらの外部パッケージは含まれません。Pythonをセットアップした後に、必要なパッケージを個別でインストールします。パッケージをダウンロードして、setup.pyなどのスクリプトでインストールする方法もありますが、pipコマンドを使って追加していく方法が一般的です。

Pythonの設定に慣れている方、ひとまず標準のPythonから始めてパッケージの追加方法も学んで行きたい方には、こちらがおすすめです。

◆Anaconda

データ解析サービスを提供する米Anaconda社のサイト（www.anaconda.com）からダウンロードできます。標準のPythonに加え、Jupyter環境の他、NumPyやpandasといった多くの外部パッケージを300個以上も同梱しているディストリビューションです。ほとんど追加のパッケージインストールを必要としないので、すぐに利用し始めたい方にはおすすめです。Anacondaを利用する場合は、外部パッケージの追加にpipではなく、condaコマンドを利用します。

◆注意点

外部パッケージの管理で、pipとcondaを混ぜるのは危険です。どちらかに統一す

A.3

用語集

本書はどこから読んでもよい構成になっているため、読んでいて各種用語がわからなくなることがあるかもしれません。簡単な用語集を作ったので、必要に応じて活用してください。

◆Bash

OS とユーザの間を取りもつソフトウェアを、シェルといいます。コマンドで操作するシェルの 1 つが Bash（バッシュ）です。Bash は広く使われていますが、他に csh や zsh が知られています。

◆CPython

厳密にいうと Python は言語仕様です。そのため、どのように実装するかは自由です。広く一般に使われている Python は、C 言語で実装されています。他に、Java で実装された Jython や、.NET Framework を使った Iron Python などが知られています。これらと区別するために、標準的な Python を CPython と呼ぶことがあります。なお、Python の高速化を目指して開発されている Cython は、スペルが似ていますが別モノです。

◆docstring

def で始まる関数定義や class 定義の直下に挿入される文字列リテラルです。二重引用符 3 つで囲む複数行の文字列リテラルが使われます。ドキュメントの自動生成などに利用されることが多いので、関数やクラスを作ったら、docstring を書く習慣をつけるとよいでしょう。

◆PEP（Python Enhancement Proposal）

PEP は、Python をよくするための提案です。PEP の後に番号がついて管理されます。若い番号には有名な PEP が多く、たとえば PEP8 は、Python におけるコーディング規範を定めたものです。Python の機能に関して提出された PEP は、議論され、受け入れられるとその後のバージョンの Python に反映されます。

◆オブジェクト

Python はオブジェクト指向言語なので、数値や文字列、その他のクラスのインスタンスはすべてオブジェクトです。クラスは設計図で、初期化メソッドが呼ばれて実体が作られると、それがインスタンスになります。

◆仮想環境

OS における仮想環境は、Docker や Virtual Box などを使って他の OS をインストー

ルできる環境を指します。Python における仮想環境は、外部パッケージのインストールのために用いられます。1 つのバージョンの Python のなかにいくつかの仮想環境を作り、外部パッケージを特定の仮想環境だけにインストールするということが可能です。

◆型（type）

Python は動的型付け言語なので、変数を用意してデータを代入するときに、変数の型を宣言する必要がありません。ただ、整数、小数、文字列など、データにはそれぞれ型と呼ばれる種類が決まっています。整数から文字列への型の変換は暗黙的には行われず、明示的に行う必要があります。

◆関数

処理をまとめて実行できるコードの集合です。入力としての引数（ひきすう）と、出力としての戻り値（または返り値）をもつこともあります。

◆クラス

データ型をもつオブジェクトのための設計図です。データ属性とメソッドと呼ばれる関数の属性をもちます。継承によって、他のクラスの機能をすべて受け継いだ新たなクラスを定義することも可能です。

◆コンテキストマネージャ

with 文のブロックに入るところと出るところで、オブジェクトの状態を管理する仕組みです。特にファイル操作でよく使われ、with 文を使って開けられたファイルは、明示的に close を呼ぶ必要がなくなります。

◆シーケンス

データが一列に並んだオブジェクトのことで、反復可能体（iterable）の一種です。インデックスによって個別のデータにアクセスできるだけでなく、for 文などで用いると明示的なインデックスの呼び出しがなくてもデータに順番にアクセスできます。リスト、文字列、タプルなどがシーケンスに相当します。

◆式

プログラミング言語の文法的な定義の 1 つで、評価されると何らかの値を返すものです。プログラムでは、式と文は違うものです。文は値を評価することができません。

◆スライス

シーケンスの一部が切り取られたものです。角括弧と、コロン 1 つまたは 2 つ [::] を使ったスライス記法は、リストや文字列などのシーケンス型に適用できます。

◆属性

オブジェクトが内部にもっている変数や関数のことです。オブジェクトの名前の後に

ドット（.）をつけ、属性名を指定することでアクセスできます。

◆テキストファイル

テキストエディタで開いて、中身を人間が確認したり、読み書きしたりできるファイルのことです。

◆デコレータ

他の関数を返す関数のことで、ある関数に新たな機能をつけ加えるときなどに使われます。@ から始まる便利な表記方法を使うこともできます。

◆特殊メソッド

前後にアンダースコア 2 つがついたメソッドのことです。__init__ や __repr__ など、Python から暗黙的に呼ばれてその機能を発揮するものが多いので、クラスのメソッドを作るときは前後にアンダースコアが 2 つついた名前は使わないようにしてください。

◆名前空間

オブジェクトの値が格納される場所のことです。ローカル、グローバル（モジュール）、組み込み（ビルトイン）の名前空間が重要です。たとえば、import random とすれば、グローバルの名前空間を汚しませんが、from random import * とすると、random モジュールに含まれる関数がすべてグローバルの名前空間に展開されることになります。

◆バイナリファイル

テキストエディタで開いても、そのままでは理解できないファイルのことです。画像や動画、コンパイルされたプログラムなどはバイナリファイルです。Python のオブジェクトを pickle 形式で保存するとバイナリファイルになりますが、json 形式で保存できればテキスト形式になります。

◆パッケージ

いくつかのモジュールやそのサブモジュールをまとめたものです。その実体は、ファイルシステムのディレクトリ構造になりますが、ファイル __init__.py を用意することで、この階層構造をパッケージとしてまとめられます。

◆反復子（イテレータ、iterator）

データの並びを表現するオブジェクトのことです。組み込み関数 next() の引数にすることで、次々に値が返ってくる仕組みになっており、返すべき値がなくなると StopIteration が送出されます。リストや文字列のように、必ずしもインデックスでアクセスできる必要はありません。

◆ファイルパス

特定のファイルにアクセスする道筋のことです。ルートディレクトリから書き下ろし

Appendix

たものは、フルパスと呼ばれます。また、カレントディレクトリからの相対的な位置関係でファイルパスを表現することも可能です。

◆ 文

式とは違い、値を評価できないコードのことです。if や for などが文になります。

◆ 変更可能体・変更不能体

変更可能体はミュータブル（mutable）、変更不能体はイミュータブル（immutable）とも呼ばれます。値を定義した後に、変更できるかどうかを意味します。たとえば、リストはミュータブルなオブジェクトですが、タプルや文字列はイミュータブルなオブジェクトになります。

◆ メソッド

クラスに属する関数です。あるクラスのインスタンスがあり、このメソッドが呼び出されると、メソッドの第一引数にはこのインスタンスが与えられます。これは通常 self で受け取られます。

◆ 文字コード

文字と数値の対応を決めた規則のことです。インターネットの普及で、Unicode（UTF-8）が世界的に使われるようになってきました。日本語の文字コードでは、Windows で使われている cp932 や、古い UNIX 系 OS で使われた EUC_JP などもあります。

◆ モジュール

Python のコードがまとまった 1 つのファイルです。1 つの Python ファイル（.py）は、1 つのモジュールとみなすことができます。import 文によって読み込むことができ、独自の名前空間をもっています。

A.4

さらに学んでいくために

プログラミングを習得するためには、言語のそのものに関する知識の他に、IT 関連のさまざまな周辺知識も必要です。ここでは、Python の書籍や Web 講座の他に、周辺知識に関する資料もいくつか挙げておきましたので、今後の学習の参考にしてください。

書籍

◆Python チュートリアル 第 3 版

グイド・ヴァンロッサム（著）、鴨澤 眞夫（翻訳）、オライリージャパン、2016

　冒頭でも紹介した、Python の生みの親であるオランダ人プログラマーの著者が書いた、Python の紹介文です。基本的には、Python 以外に何らかのプログラミング言語をすでに知っている人向けに書かれています。本書は、この内容に準拠しています。グイド氏による原著（https://docs.python.org/3/tutorial/）と、有志による翻訳（https://docs.python.org/ja/3/tutorial/）は、Web 上にあり、無料で読むことができます。

◆みんなの Python 第 4 版

柴田 淳（著）、SB クリエイティブ、2016

　日本語で書かれた Python 関連書籍のうち、もっとも長く売れ続けていると考えられる 1 冊です。Python の機能を網羅的に解説しています。今も進化を続けており、第 4 版ではデータサイエンスに関する話題も含まれるようになりました。著者がももいろクローバー Z のファンであることから、随所にファン垂涎の記述が見られるようです。

◆Python スタートブック［増補改訂版］

辻 真吾（著）、技術評論社、2018

　プログラミングの知識ゼロの初心者が読み始めても理解できるように書かれている、Python の入門書です。本書「Python 3 スキルアップ教科書」を読んで難しいと感じる方、前提知識が他に求められているのではないかと感じた方は、「Python スタートブック」に戻ってみると、理解がサクサクと進むかもしれません。

◆独学プログラマー

コーリー・アルソフ（著）、清水川 貴之（監訳・翻訳）、新木 雅也（翻訳）、日経 BP、2018

　発売以来、驚異的な売り上げを記録している Python の入門書です。プログラミングには、その言語自体の知識もさることながら、シェルや正規表現、データ構造やアルゴリズムなどさまざまな周辺知識が必要です。この本は、この点に注力して書か

れていることが特徴的です。最後のほうではプログラマーとしての仕事の見つけ方からチームでの働き方まで指南してくれます。個人的には、補章で訳者が原著のソースコードを題材にコードの改良案を示しているところが、多くの方に参考になると思っています。

◆エキスパート Python プログラミング 改訂 2 版

Michal Jaworski（著）、Tarek Ziade（著）、稲田 直哉（翻訳）、芝田 将（翻訳）、渋川 よしき（翻訳）、清水川 貴之（翻訳）、森本 哲也（翻訳）、KADOKAWA、2018

　　パッケージを作る、他言語を使って Python を拡張する、テスト駆動開発など、Python に関する高度な話題を網羅している書籍です。Python は入門しやすい言語として知られているために、入門書の数は多いですが、高度な話題を解説した本が欲しい場合にはぜひ手にしておきたい 1 冊です。コードの管理やドキュメントの作成など、Python 以外の言語でも重要な点に紙面が割かれており、どこを読んでも参考になる本です。

◆退屈なことは Python にやらせよう

Al Sweigart（著）、相川 愛三（翻訳）、オライリージャパン、2017

　　ファイルの移動やコピー、メールの送信、Web からの情報収集から Excel、PDF の操作まで、幅広いジャンルにおける作業を Python で自動化することを目的に執筆されている本です。550 ページを超える少し厚い本ですが、前半は Python の基本文法が解説されています。Web 開発やデータ解析以外に、Python を使ってどんなことができるのかを概観するにはよい情報源になります。多くの場合は外部パッケージを導入して作業を自動化することになりますが、これらのパッケージの変化は速く、OS などの環境に依存する部分も多いので、本に書いてあるコードをそのまま実行してもうまくいかないこともあるかもしれません。Python スキルの向上も兼ねて、目的に応じてコードを改変できるようになれるとよいでしょう。

◆Web を支える技術

山本 陽平（著）、技術評論社、2010

　　Python は、いくつかの代表的な Web アプリケーションフレームワークがあることからもわかるように、Web アプリ開発に向いている言語です。フレームワークに任せれば多くの処理はコードを書かずにすみますが、Web アプリを開発する場合には、Web とは何か？ということを理解しておくことは必須です。この本は、特定の言語に依存せず、Web の仕組みを基礎からわかりやすく、しかも正確に解説してくれている名著です。Web はいまも進化の途上にありますが、基本的な技術は誕生以来変わっていません。Web の基礎を固めるにはまさにうってつけの 1 冊です。

◆機械学習のエッセンス

加藤 公一（著）、SB クリエイティブ、2018

　　機械学習アルゴリズムの裏では数学が使われていますが、ほとんどの場面ではその

ことを考えることはないでしょう。この本は、その数学を学びたいという方向けに書かれた本です。実装には Python が使われていますが、Python の基本文法の説明はほとんどありません。その代わり、機械学習アルゴリズムとその裏で動く数学を、数式とコードで理解することができます。1 人で黙々と読むのは少し辛いかもしれないので、大学の研究室で輪読するか、仲間を見つけて理解を確認しながら読むとよいかもしれません。コンピュータ科学の視点からも示唆に富む記述が多く、読んで損のない 1 冊です。

◆ Python によるあたらしいデータ分析の教科書

寺田 学（著）、辻 真吾（著）、鈴木 たかのり（著）、福島 真太朗（著）、翔泳社、2018

Python でデータサイエンスを実践したいと思うと、NumPy や pandas、matplotlib に加え、scikit-learn などの外部パッケージが必要になります。この本は、これらの使い方を網羅的に説明しています。簡単に数学の基本を解説した章もあり、ギリシャ文字や行列の基本事項を思い出すのに便利です。一般社団法人 Python エンジニア育成推進協会が実施する「Python3 エンジニア認定データ分析試験」の教科書でもあります。

◆ リーダブルコード ―より良いコードを書くためのシンプルで実践的なテクニック

Dustin Boswell（著）、Trevor Foucher（著）、須藤 功平（解説）、角 征典（翻訳）、オライリージャパン、2012

読み手のことを考えてわかりやすいコードを書くための、考え方や具体的な方法について解説している本です。内容は Python に特化したものではなく、多くのプログラミング言語に共通の考え方が書かれています。扱われるコードの例も Python だけでなく、Java、C++、Javascript で書かれています。動けばよいだけのコードではなく、理解しやすい美しいコードの書き方について学べる 1 冊です。

◆ ゼロから作る Deep Learning ―Python で学ぶディープラーニングの理論と実装

斎藤 康毅（著）、オライリージャパン、2016

第三次 AI ブームの火付け役になったディープラーニングという技術について、その中身を既存の機械学習ライブラリやフレームワークに頼らずに、ゼロから Python を使って実装してみせてくれます。ニューラルネットワークの実用化にブレークスルーをもたらしたいくつかの技術について、その理論と実装をわかりやすく説明しています。Python を使ってどのようにコードを書いていけばよいかについても学べる内容になっています。

Web 教材

◆PyQ
https://pyq.jp/

　Python を使ったシステム開発を専門とする株式会社ビープラウドが手掛ける、Python 学習のための Web 教材です。Python の基本文法から、Django を使った Web 開発、データ分析まで、幅広く学ぶことができます。コースに応じて料金が違いますが、専門家から直接指導してもらえるコースもあり、コストはかかりますが上達の近道を進めるかもしれません。

◆【世界で 5 万人が受講】実践 Python データサイエンス
https://www.udemy.com/course/python-jp/

　Python でデータサイエンスをするための実践的な内容を、17 時間以上（約 100 レクチャー）にわたって解説した Web 教材です。ソースコードは Jupyter Notebook 形式でダウンロードでき、機械翻訳や統計も含め、データサイエンスのための基本事項を網羅しています。Udemy のシステムは値段を不定期に変更するため、できるだけ安いときに購入するのがおすすめです。

スクール

◆Start Python Lab
　書籍や Web で学ぶという方法の他に、実際のスクールに通うという手段もあります。「Start Python Lab」は、株式会社リーディングエッジ社が運営する Python のスクールです。会社の Web ページに詳しい情報があります。
https://www.leadinge.co.jp/

索引

記号・数字

.py	16
?	83
_ _enter_ _	355
_ _exit_ _	355
_ _init_ _.py	325
_ _name_ _	319
_ _str_ _	349
\n	53
\t	53
@	193
0b	49
0x	49
10 進数	42, 49
10 進浮動小数点	409
16 進数	49
2 進数	42, 49
8 進数	50

A

ABC	14
Anaconda	22, 430
add	238
and	76, 111, 276
append	64, 206
as	98, 342
AttributeError	344

B

BaseException	347
Bash	433
bin	49
black	202
block コメント	200
bool	106
break	121

C

chr	55
clear	208, 238, 252
close	135
cmath	323
collections	373
conda	22, 26, 430

continue	121
copy	210
count	208
Counter	373
cp932	429
CPython	433
CSV	15
CUI	16, 426
C 言語	15

D

date	394
datetime	393
decimal	409
Decimal	41, 409
def	144
defaultdict	373
del	224
dict	250
discard	238
divmod	42, 45
Django	15
Docker	432
docstring	148, 197, 200, 433

E

elif	109
else	109, 343
end	82
enumerate	264
except	336
Exception	347
execute	403
extend	64, 206

F

f	62
False	75
fetchall	405
FileNotFoundError	344
filter	178
finally	353
flake8	202
float	41, 44, 55, 409

■索引

for 115
format 59
FORTRAN 15
from 97
frozenset 239, 241
functools.lru_cache 194
functools.wraps 197

G

gc 227
get 251
global 163, 329
Google Colab 431
GUI 426

H

Hashable 238, 250
help 83
hex 49

I

IDLE 16
if 104
immutable 59, 229, 436
import 17, 93
in 76, 105, 115, 251
index 208
IndexError 335, 344
inf 385
inline コメント 200
input 47, 131
insert 206
int 44, 55
is 77
isclose 387
isdisjoint 245
isinstance 45
issubset 246
issuperset 247
items 264
iter 48, 307
iterable 86, 120
iterator 306, 435

J

join 132, 159
json 398
Jupyter Notebook 17, 431

K

KeyboardInterrupt 344
KeyError 335, 344

L

lambda 177
len 47, 59
list 48, 85, 120, 137
logging 417

M

map 85, 173
Markdown 18
math 33, 93, 323, 385
max 172
MemoryError 344
min 172
mutable 436

N

namedtuple 376
NameError 344
nan 385
next 48, 307
None 77
nonlocal 187, 329
not 76
NumPy 15, 390

O

oct 50
open 135
or 76, 111, 276
ord 55
os 360

P

pandas 390
pass 126, 144
pathlib 368
Path オブジェクト 368
PEP8 .... 36, 199, 433
pickle 140
pip 19, 430
Plone 15
pop 208, 238, 252
pow 34, 45
print 47

索引 ■

property	292
PSF	430
pylint	202
Python チュートリアル	7
Python Software Foundation	14, 430

R

R	28
raise	344
random	93, 131
range	48, 119, 306
range オブジェクト	120
raw 文字列記法	381
re	379
read	139
readline	136
remove	207, 238
return	145
reverse	64, 210
reversed	265
round	45

S

SciPy	390
seek	140
self	281
sep	82
set	235
setdefault	374
sort	64, 179, 208
sorted	184, 265, 268
SQL	403
sqlite3	403
statistics	385
StopIteration	307
str	52
strftime	396
strptime	395
sum	169, 172
super	298
SyntaxError	344
sys.path	98

T

Tab	104
tell	140
time	394
timedelta	394

Tornado	15
True	75
try	336
type	44
TypeError	336, 344

U

Unicode	55
UTF-8	55, 429

V

ValueError	334, 344
values	254
venv	25

W ～ Z

Web アプリ	28
while	125
with	135, 354, 434
write	136
yield	310
ZeroDivisionError	336, 344
zip	254, 264
Zope	15

ア行

浅いコピー	70, 214
アルゴリズム	33
アンパック	84, 87, 158, 230
アンパック代入	87
位置引数	81, 150
イテラブル	86
イテレータ	306, 435
イテレータオブジェクト	308
イミュータブル	59, 229, 436
インスタンス	280
インスタンス変数	282, 286, 299
インストール	431
インタラクティブシェル	16
インデックス	58, 69
インデント	104, 116, 199
隠蔽	289
エラー	334
演算子	30, 80
オブジェクト	169, 433
オペレーティングシステム	360, 426
親クラス	297

443

■ 索引

カ行

カーソルオブジェクト	403
外部パッケージ	19
返り値	146
書き込み	136
角括弧	63
仮想環境	25, 433
型	30, 44, 434
カプセル化	289
可変長引数	81
仮引数	144
関数	44, 81, 144, 434
関数内関数	186
キー	250
キーワード	37
キーワード引数	82, 150
機械学習	15
キャスト	48
キャメルケース	36
キュー	213
切り捨て	413
組み込み関数	44
組込み例外クラス	347
クラス	280, 434
クラス変数	287, 297
クリーンアップ	353
クロージャ	187
グローバルスコープ	328
グローバル変数	162
継承	296
コーディングスタイル	199
構文エラー	334
子クラス	297
誤差	41
固定小数点	409
コメント	54, 200
コンストラクタ	282
コンテキストマネージャ	355, 434
コンパイル	15

サ行

サブクラス	297
三項演算子	180, 222
シーケンス	87, 306, 434
シーケンス型	274
ジェネレータ	309
シェバン行	17
シェル	16, 426

タ行（右段上部）

式	434
四捨五入	413
辞書	250
実引数	145
集合	235, 242, 272
循環小数	42
条件式	75, 104, 125
小数	40
小数型	30
初期化メソッド	282
シリアライズ	398
真偽値	75
スーパークラス	297
数学関数	413
スクリプト	319
スクリプトファイル	17
スコープ	162, 327
スタック	212
スネークケース	36
スライス	69, 224, 434
セイウチ演算子	134
正規表現	379
整数型	30
セル	18
添え字	58, 69
属性	434

タ行

代入	35
代入式	134
対話モード	16
多重継承	300
タブ	104, 199
タプル	229, 272
短絡評価	274
遅延評価	175
データ型	44
データサイエンス	27
データ属性	280
データベース	403
テーブル	403
定数	385
テキストファイル	135, 435
デコレータ	192, 435
デシリアライズ	398
デフォルト値	151
ド・モルガンの法則	249
統計関数	389

444

索引 ■

ドキュメンテーション文字列........148, 200
ドキュメント...82
特殊メソッド 435

ナ行

内包表記 217
名前空間 162, 326, 435
日本語..38
ネステッドスコープ 328
ノートブック.. 18

ハ行

バイナリファイル 139, 435
配列...102
パス...368, 428
パッケージ.............................20, 321, 435
反復可能体..............86, 116, 120, 434
反復子 173, 306, 435
比較 272
比較演算子.....................................75, 105
引数...81, 144
引数リスト 84, 157
標準エラー出力 417
ビルトインスコープ 327
ブール演算子..76
ファイルオブジェクト.............................141
ファイルシステム.................................. 427
ファイル操作...135
ファイルパス 368, 428, 435
フィボナッチ数列.................... 125, 147
フェルマーの小定理............................34
フォーマット済み文字列リテラル 62
深いコピー..214
複合代入演算子.....................................35
複数同時代入...87
浮動小数点数型.........................30, 41, 409
文 436
冪乗 31, 40
ペラン数列...156
変更可能体.. 436
変更不能体.. 436
変数...35

マ行

前処理 28
マルチバイト文字.....................................38
丸めモード...413
マングリング 291

未定義 77
ミュータブル 436
無限大 385
無限ループ..126
メソッド 281, 299, 436
メルセンヌ数 32
文字コード 55, 436
モジュール 93, 318
モジュールファイル 17, 318
文字列...52
戻り値...146
モンテカルロ法 392

ヤ行

ユークリッドの互除法...............................32
ユーザ定義例外 349
有効桁数 411
読み込み..136
予約語 37

ラ行

ライブラリ 15
ラムダ式...177
リスト................................63, 102, 206, 272
リスト内包表記.............................217, 310
リテラル...37
ループ 264
例外 334
例外処理 334, 420
レコードフォーマット 419
連鎖 274
ローカルスコープ 328
ローカル変数 162
ロギング...417
ロギングレベル 418
ログファイル 417
論理演算子............................. 76, 105, 111

445

著者略歴

辻 真吾（つじ・しんご）

◆1章、2.1 ～ 2.6 と 2.10 節、8.3 ～ 8.5 節、付録の執筆を担当

1975 年生まれ。東京都足立区出身。東京大学工学部計数工学科卒業。「Python スタートブック　増補改訂版」（技術評論社）などの著書を執筆。バイオインフォマティクスを専門とするが、データサイエンスの新しい可能性を模索中。現在は、東京大学先端科学技術研究センターに勤務。情報処理技術者試験委員。

小林 秀幸（こばやし・ひでゆき）

◆4章、6章、8.1 節、8.9 節の執筆を担当

1971 年生まれ。千葉県出身。東京工業大学大学院卒 理学博士（物理学）。米国の理研 BNL 研究センターで陽子の内部構造を調べる研究を 4 年間行った後、プロセス開発エンジニアに転身、有機 EL 照明用光源の研究開発を 12 年間行う。元山形大学 INOEL 准教授。現在は株式会社リーディング・エッジ社で流体シミュレーションを行いつつ、Python を用いたプログラミング教育に力を入れている。

鈴木 庸氏（すずき・ようじ）

◆5章、7章、8.6 ～ 8.7 節、8.10 節の執筆を担当

1972 年生まれ。千葉県出身。東京工科大学工学部中退後、C/C++/MATLAB によるシステム開発、数理最適化、離散シミュレーション、データ分析に携わる。現在は株式会社リーディングエッジ社にて、Python による組み合わせ最適化、データ分析業務に従事、物流の最適化に取り組む。オペレーションズリサーチ学会員。

細川 康博（ほそかわ・みちひろ）

◆2.6 ～ 2.9 節、2.11 ～ 2.13 節、3 章、8.2 節、8.8 節の執筆を担当

1962 年生まれ。高知県出身。防衛大学校（応用物理専攻）卒業。主に自然言語処理や人工知能関連の業務に従事し、かな漢字変換や形態素解析などの開発に関与。現職は株式会社リーディング・エッジ社研究開発部部長。

「Start Python Club」について

Python でスタートする人の集いとしてお馴染みの「Start Python Club」は、月に 1 回、「みんなの勉強会」を開催しています。毎回、Python に限らず IT の各分野で活躍している方々を演者としてお招きしています。エッジの効いた内容の濃いトークで知見を広げたあとは、懇親会でビール片手に歓談しましょう。詳しくは、connpass のサイトをご覧ください。

https://startpython.connpass.com/

レビュー協力

阿久津剛史
あべんべん
石田一好
今井理希代
川崎拳人
菊地豊紀
金妍華
杉山剛
田中剛
田端哲朗
寺田学
nikkie
宮坂絵里子
山下卓将
横山直敬
吉村謙一

■DTP ／スタジオ・キャロット
■編集担当／青木 宏治

■お問い合わせについて

本書に関するご質問は記載内容についてのみとさせていただきます。本書の内容以外のご質問には一切応じられませんので、あらかじめご了承ください。なお、お電話でのご質問は受け付けておりませんので、書面またはFAX、弊社Webサイトのお問い合わせフォームをご利用ください。

〒162-0846　東京都新宿区市谷左内町 21-13
株式会社技術評論社
『Pythonエンジニア育成推進協会監修　Python 3 スキルアップ教科書』係
FAX：03-3513-6167
URL：https://book.gihyo.jp/116（技術評論社 Webサイト）

ご質問の際に記載いただいた個人情報は回答以外の目的に使用することはありません。使用後は速やかに個人情報を廃棄します。

Pythonエンジニア育成推進協会監修
Python 3スキルアップ教科書

2019 年 10 月 19 日　初版　第 1 刷発行
2025 年　1 月　7 日　初版　第 5 刷発行

著者　　辻 真吾、小林 秀幸、鈴木 庸氏、細川 康博
発行者　片岡 巌
発行所　株式会社技術評論社
　　　　東京都新宿区市谷左内町 21-13
　　　　　電話 03-3513-6150　販売促進部
　　　　　　　 03-3513-6160　書籍編集部

印刷／製本　日経印刷株式会社

定価はカバーに印刷してあります

本書の一部または全部を著作権法の定める範囲を超え、無断で複写、複製、転載、あるいはファイルに落とすことを禁じます。

© 2019 辻 真吾、小林 秀幸、鈴木 庸氏、細川 康博

造本には細心の注意を払っておりますが、万一、乱丁（ページの乱れ）や落丁（ページの抜け）がございましたら、小社販売促進部までお送りください。送料小社負担にてお取り替えいたします。

ISBN 978-4-297-10756-7 C3055
Printed in Japan